THÈSES

PRÉSENTÉES

A LA FACULTÉ DES SCIENCES DE PARIS

POUR OBTENIR

LE GRADE DE DOCTEUR ÈS SCIENCES NATURELLES

PAR

Hector GEORGE

Docteur en médecine, licencié ès sciences naturelles
Préparateur du cours de zoologie, anatomie et physiologie comparée à la Faculté des sciences de Paris
Professeur d'histoire naturelle à l'École Lavoisier
Ancien élève de l'École des hautes études (section des sciences naturelles)

1re THÈSE. — Monographie anatomique et zoologique des mammifères du genre Daman.

2e THÈSE. — Propositions données par la Faculté.

Soutenues le 28 mai 1875 devant la Commission d'examen.

MM. MILNE EDWARDS *Président.*
DUCHARTRE
HÉBERT } *Examinateurs.*

PARIS

G. MASSON, ÉDITEUR

LIBRAIRE DE L'ACADÉMIE DE MÉDECINE

PLACE DE L'ÉCOLE-DE-MÉDECINE

1875

ACADÉMIE DE PARIS

FACULTÉ DES SCIENCES DE PARIS

Doyen. . . . . MILNE EDWARDS, Professeur. Zoologie, Anatomie, Physiologie comparée.

Professeurs honoraires.
- DUMAS.
- BALARD.
- PASTEUR.

Professeurs.
- DELAFOSSE. . . . . Minéralogie.
- CHASLES. . . . . Géométrie supérieure.
- LE VERRIER. . . . . Astronomie.
- P. DESAINS. . . . . Physique.
- LIOUVILLE. . . . . Mécanique rationnelle.
- PUISEUX. . . . . Astronomie.
- HÉBERT. . . . . Géologie.
- DUCHARTRE. . . . . Botanique.
- JAMIN. . . . . Physique.
- SERRET. . . . . Calcul différentiel et intégral.
- H. SAINTE-CLAIRE DEVILLE. Chimie.
- DE LACAZE-DUTHIERS . . . Anatomie, Physiologie comparée, Zoologie.
- BERT. . . . . Physiologie.
- HERMITE. . . . . Algèbre supérieure.
- BRIOT . . . . Calcul des probabilités, Physique mathématique.
- BOUQUET. . . . . Mécanique physique et expérimentale.
- TROOST. . . . . Chimie.

Agrégés.
- BERTRAND. . . . . } Sciences mathématiques.
- J. VIEILLE . . . . }
- PELIGOT. . . . . Sciences physiques.

Secrétaire. . . . . PHILIPPON.

A

M. MILNE EDWARDS

MEMBRE DE L'INSTITUT ET DU CONSEIL SUPÉRIEUR DE L'INSTRUCTION PUBLIQUE

DOYEN DE LA FACULTÉ DES SCIENCES DE PARIS

PROFESSEUR-ADMINISTRATEUR AU MUSÉUM D'HISTOIRE NATURELLE

COMMANDEUR DE LA LÉGION D'HONNEUR

Hommage de profond respect et de sincère
reconnaissance.

PREMIÈRE THÈSE

MONOGRAPHIE ANATOMIQUE

DES

MAMMIFÈRES DU GENRE DAMAN

INTRODUCTION.

Sur les côtes de l'Afrique et dans la partie contiguë de l'Asie, en Syrie et dans la presqu'île arabique, au mont Liban, au Sinaï, dans les montagnes rocailleuses, arides et nues, on voit, à certains endroits, se chauffer au soleil, sur un bloc de rocher, des Mammifères de la taille du Lapin. L'approche de l'homme les effraye ; à sa vue, ils poussent un cri comme celui du Singe, glissent avec rapidité le long des parois rocheuses, disparaissent dans un trou ou bien entre des pierres, et de là regardent, curieux et inoffensifs, cette apparition inaccoutumée. Ces animaux à poil mou et fin, parsemé de soies plus longues, à pattes courtes, dépourvus de queue (car la queue est réduite à un moignon caché sous les poils), ce sont les Damans.

Malgré l'ancienneté du Daman, il avait cependant passé inaperçu pour les naturalistes jusqu'au commencement du siècle dernier. Les auteurs grecs et romains n'en font pas mention. Il n'en est pas plus question dans la longue obscurité du moyen âge. C'est un auteur hollandais, Kolbe, qui a le premier parlé du Daman dans sa description des animaux du cap de Bonne-Espérance (1). Cet ouvrage, publié d'abord à Nuremberg, en 1719, eut un grand succès et fut reproduit dans plusieurs éditions. Il fut notamment traduit en anglais (London, 1831) et

(1) *Caput Bonæ Spei hodiernum, das ist vollständige Beschreibung des Afrikanischen Vorgebirges der Guten Hoffnung.* etc. Nürnberg, 1719, p. 144-145, et p. 159 ; édition belge, vol. I, p. 173 et 189.

réédité en allemand (Frankfurt. 1745). Quelques années après, nous trouvons une édition belge et une traduction française : c'est cette dernière que je suivrai. Voici les deux passages où il est question de notre animal. Comme on y fait souvent allusion, et qu'ils sont les premiers documents scientifiques qu'on trouve sur le Daman, il me paraît utile de les reproduire en entier :

« Il se trouve aussi, au Cap, des Blaireaux; mais lorsqu'on examine un peu plus particulièrement la taille, la forme, les qualités intrinsèques et toute leur économie, et qu'on les compare aux Blaireaux qu'ont décrits Gesner, Francius, Aldrovande et autres, l'animal auquel les habitants du Cap donnent communément le nom de Blaireau (*Das*) ne paraît rien moins être qu'un Blaireau, soit qu'on fasse attention à sa graisse ou à sa chair interne. Ce prétendu Blaireau ressemble bien mieux à une Marmotte, et c'est pourquoi j'ai jugé à propos de le ranger sous sa vraie et naturelle dénomination, et d'y ajouter, en son lieu, quelques éclaircissements. » (Page 173.)

Et plus loin il ajoute :

« La Marmotte qui se trouve aussi au Cap, et à laquelle les habitants donnent fort mal à propos le nom de Blaireau (*Das*), est mise, par Gesner et autres, au rang des Souris. Comme ces animaux sont assez connus en Europe, je n'en dirai pas davantage, si ce n'est que leur chair est fort bonne à manger, et qu'étuvée et épicée, c'est une nourriture aussi appétissante que saine. M. Oortman, dont j'ai parlé plus d'une fois, avait un enfant d'esclave, âgé d'environ neuf ans, qui gardait les veaux, et qui fréquentait ainsi souvent les montagnes pierreuses voisines. Cet enfant en rapportait quelquefois un si grand nombre, qu'on était surpris qu'à un âge si tendre. il pût avoir assez de force pour les charger sur ses épaules et assez d'adresse pour les prendre. Mais la récompense adoucissait sa peine ; et l'enfant, sans se rebuter, dressa un chien pour cette chasse. Comme j'ai souvent mangé de la chair de ces animaux, je sais fort bien quel en est le goût, et je ne m'en suis jamais trouvé incommodé. » (Page 189.)

Cet animal fut donc observé d'abord au cap de Bonne-

Espérance. Dans le courant du xviiie siècle, son existence fut également signalée en Syrie et en Abyssinie par les récits de trois voyageurs : Prosper Alpin, Shaw et Bruce.

Prosper Alpin, médecin et botaniste vénitien, né en 1553, mort en 1617, rencontra le Daman dans le voyage qu'il fit en Égypte avec le consul vénitien George Emo, de 1580 à 1584, et il mentionna cet animal dans ses mémoires. Mais le récit de ses voyages ne fut imprimé et publié que plus d'un siècle après sa mort (1). Les passages où il parle du Daman, à l'occasion des Quadrupèdes sauvages que l'on chasse dans la partie de l'Arabie qui touche à l'Égypte, sont au nombre de deux. Comme je n'aurai pas l'occasion d'y revenir, je crois aussi devoir les citer intégralement.

Au livre Ier, chapitre 20 (p. 79 et 80), il dit, au sujet des Arabes qui habitent l'Égypte :

« Hi venatione nimiopere delectantur, unde et canes optimos » habent, accipitres, atque animalia rapacia quibus capiunt mul- » tos lepores, gazelas, cervos, onagros, juvencos sylvestres, » agros, glires, mustelas, volucres cujusque generis, et alia ani- » malia, maxime autem animal quoddam humile, cuniculo non » dissimile, quod *Agnum filiorum Israel* nuncupant. »

Au livre IV, chapitre 9 (p. 232), après avoir rappelé que les Arabes chassent les Lièvres dans le voisinage des montagnes, surtout auprès des monts Sinaï et Horeb, il ajoute :

« Venantur quoque quoddam animal humile, cuniculo non » dissimile, sed cuniculis majus, quod vocant *Agnum filiorum* » *Israel*. Horum carnes cuniculorum carne suaviores existunt. »

Après Prosper Alpin, Thomas Shaw signala aussi l'existence du Daman en Syrie. Shaw, ministre anglican, né en 1692, mort en 1751, profita de sa position de chapelain du comptoir d'Alger pour voyager pendant douze ans dans l'Afrique du Nord, en Syrie, en Égypte. Dans le récit de ses voyages publié à Oxford en 1738, et traduit en français en 1743 (2), il parle du

---

(1) *Historia naturalis Ægypti.* Leyde, 1735, 2 vol. in-4°.

(2) *Voyages dans plusieurs provinces de la Barbarie et du Levant.* trad. française. La Haye, 1743, 2 vol.

Daman dans deux passages différents. Dans le second volume (trad. franç., p. 75), on trouve les lignes suivantes :

« Le *Daman Israel* est aussi un animal du mont Liban, mais également commun dans tout le pays. C'est une bête innocente qui ne fait point de mal, et qui ressemble pour la taille et la figure au Lapin ordinaire, ses dents de devant étant aussi disposées de la même manière ; seulement il est plus brun, a les yeux plus petits et la tête plus pointue. Les pieds de devant sont pareillement courts et ceux de derrière longs à proportion, comme ceux du *Jerboa* (Gerboise). Quoiqu'il se cache quelquefois dans la terre, sa retraite ordinaire est dans les trous et fentes des rochers ; ce qui me fait croire que c'est cet animal, plutôt que le *Jerboa*, qu'on doit prendre pour le *Saphan* de l'Écriture. Personne n'a pu me dire d'où vient le nom moderne de *Daman Israel*, qui signifie en notre langue l'*Agneau d'Israël*. »

Déjà (tome Ier, chap. 2, p. 322) Shaw avait dit :

« Quelques auteurs ont pris le *Jerboa* pour le *Saphan* de l'Écriture : il ne se tient pourtant pas dans les rochers dans aucun des endroits où j'en ai vu. »

Shaw connaissait d'ailleurs, puisqu'il le rappelle en note, le passage de Prosper Alpin relatif à notre animal. Quant au nom arabe de *Daman Israel*, il est probable que c'est une corruption du nom arabe *Ghanam Israel* (Agneau d'Israël). C'est aussi l'opinion d'Ehrenberg, qui dit que ce mot n'existe, comme nom d'un animal, ni dans le langage vulgaire, ni dans les livres, ni chez les Arabes, ni chez les habitants de la Syrie. Le nom unique employé par les Arabes au Liban et au Sinaï est celui de *Vabr* ou *Vobr* (1).

Shaw cite aussi les passages de l'Écriture relatifs au *Saphan :* « Les hautes montagnes sont pour les Chamois, et les rochers sont la retraite des Saphans » (ps. CIII, 16). « Les Saphans sont un peuple impuissant, et néanmoins ils font leur maison parmi les pierres » (*Prov.* XXX, 26).

Mais c'est surtout à Bruce que l'on doit les renseignements les

---

(1) Hemprich et Ehrenberg, *Symbolæ physicæ, seu Icones et Descriptiones corporum naturalium*, etc. Berolini, 1828, *Decas Mammalium*.

plus précis sur le Daman. Jacques Bruce, né en Écosse en 1730, mort en 1794, nommé en 1763 consul à Alger, parcourut l'Afrique, pénétra en Abyssinie, et se mit à la recherche des sources du Nil de 1768 à 1772. Dans le récit de ses voyages (1), il décrit le Daman sous le nom d'*Ashkoko*, nom que lui donnent les Abyssiniens, non pas, comme on l'a dit, à cause de son cri spécial, mais à cause des longues soies qui, de place en place, font saillie hors de son pelage, assez semblables à de petits piquants de Hérisson, et nommées *ashkok* dans la langue de l'Amhara (Abyssinie du sud). Bruce a parfaitement décrit cet animal, ses mœurs, ses habitudes; et il a joint à sa description une figure de l'animal entier, et la représentation isolée de la paume des mains et de la plante des pieds, qui sont d'une exactitude remarquable, et qui suffiraient pour faire reconnaître le Daman.

Bruce rencontra encore cet animal en Arabie, en Syrie, en Judée, en Palestine, au mont Liban, où il est très-abondant. Il lui retrouva le nom arabe d'*Agneau des enfants d'Israël* signalé par Prosper Alpin et Shaw (*Gannim* ou *Ghanam Israel, Ghannem beni Israel*). Il supposa que le *Wabr* ou *Webro* et l'*Akbar* des Arabes étaient aussi des Damans, car ils n'ont pas de queue.

Enfin, comme Shaw, il crut reconnaître dans cet animal celui dont il est souvent question dans la Bible sous le nom de *Saphan*. Ce nom avait plus d'une fois embarrassé les traducteurs. La plupart d'entre eux, parmi lesquels il faut citer Luther, ont traduit ce mot par *Lapin*. Bochart, dans son *Hierozoïcon*, a cru que le Saphan désignait la grande Gerboise, opinion déjà réfutée par Shaw. Clément d'Alexandrie avait commis une erreur de même genre en y voyant une Hyène. Les Septante ont traduit *Saphan* par Χοιρογρύλλιος (Hérisson), et les moines du Sinaï l'appellent encore *Chœrogryllon* (2). Il est assez remarquable de trouver ce nom de *Hérisson* appliqué au même animal en Abyssinie et au mont Sinaï. Le traducteur arabe de la Bible a mieux compris le

(1) *Travels to the source of the Nile*. Edinburgh, 1773-1790, t. V, p. 139-146.
(2) Brehm, *les Mammifères*, trad. franç., t. II, p. 735.

sens du mot *Saphan*, qu'il a traduit par *el Vabr*, c'est-à-dire le nom vulgaire du *Daman* au mont Sinaï.

Bruce rappelle également les passages de la Bible où il est question des Saphans ; il ajoute que le Saphan ne peut être le Lapin, car il est indiqué comme n'ayant pas de queue, ce qui se rapporte parfaitement au Daman et n'est pas vrai du Lapin. « Il est certain d'ailleurs, dit-il, que, à cause de son abondance en Judée, le Daman a dû être connu de Salomon. » Moïse plaçait le Saphan parmi les Ruminants à pied fourchu, que les Juifs ne pouvaient manger (*Lévitique*, c. XI, vers. 5) ; et c'est sans doute la raison pour laquelle, aujourd'hui encore, en Abyssinie, ni chrétiens, ni musulmans, ne mangent la chair des Damans.

Tels sont les premiers renseignements qu'on ait eus sur l'existence du Daman au cap de Bonne-Espérance, en Syrie, en Abyssinie ; car je ne pense pas qu'on puisse attribuer une grande importance à la simple mention faite par Ludolf, qui, dans l'énumération des animaux sauvages (*Animalia fera*) de l'Éthiopie, indique, après le *Lepus*, un *Cuniculus* qui pourrait bien être notre animal (1). Il n'y a pas davantage à tenir compte d'une figure assez grossière du Daman, mêlée à d'autres figures des animaux du Cap, provenant de la vente de la bibliothèque de Boerhaave, et que Pallas a vue entre les mains de son nouveau possesseur, l'éminent botaniste Jean Burmann (2). C'était, avec la mention faite par Kolbe, tout ce que Pallas connaissait de cet animal : il n'avait trouvé rien autre chose dans les ouvrages des zoologistes et des voyageurs.

Ce fut la Hollande qui reçut les premiers Damans envoyés en Europe, en 1760. Grâce à sa prospérité commerciale et à ses nombreuses colonies, ce pays recevait depuis deux siècles les plus rares productions de la nature provenant de toutes les parties du monde. La colonie du Cap, fondée en 1650 par le Hollandais Jean van Riebeck, et qui devait plus tard, après des vicissitudes diverses, être occupée par l'Angleterre (1795), puis rendue à la

---

(1) Jobi Ludolfi, *alias Leut-holf dicti, Historia æthiopica*. Francofurti ad Mœnum, 1681, lib. I, cap. X, n° 75.

(2) Pallas, *Spicilegia zoologica*, fascic. secundus. Berlin, 1767, p. 19.

Hollande (1803), puis reprise par les Anglais (1808), auxquels elle fut laissée définitivement (1815) ; cette colonie du Cap fournissait en particulier à la Hollande des objets d'histoire naturelle rares et précieux. Parmi ces objets, un Daman fut envoyé en 1760 par Tulbag, gouverneur du cap de Bonne-Espérance. C'était une femelle, d'assez petite taille, encore jeune, et dont le pelage, assez différent de ce qu'on trouve chez les adultes, était d'un blanc jaunâtre fauve, à l'exception seulement du dos, tirant un peu plus sur le brun fauve. L'animal était conservé dans l'alcool ; il fut placé dans le cabinet d'histoire naturelle du prince d'Orange, suivant sa destination (1). Vosmaer, directeur de cette collection, donna de cet animal une courte description, qui parut dès l'année suivante ; il lui conserva le nom de *Marmotte bâtarde* adopté par Kolbe (2).

A partir de ce moment, nous retrouvons plusieurs Damans en Hollande. L'un d'eux, du sexe mâle, mort avant d'être adulte, fut placé au musée de l'Académie de Leyde par Allamand, directeur de ce musée. Un autre qui avait la grosseur d'un Rat quand il fut pris, et qui était âgé de cinq à six semaines, vécut assez longtemps en Hollande ; au bout de onze mois qu'il était dans ce pays, il n'avait pas encore atteint la taille d'un Lapin sauvage (*Lettre d'Allamand à Buffon*). Pallas cite un autre animal qui vécut quelque temps en Zélande, et d'après lequel il fit dessiner la figure du Daman (3). Enfin un autre Daman mâle, le plus célèbre de tous, vivait à Amsterdam vers 1765, et devait fournir la première étude anatomique de cet animal singulier.

Il y avait à cette époque à Amsterdam une ménagerie célèbre dans le monde entier, et connue sous le nom de *Blauwe Jan* (littéralement *Jean le Bleu*). Presque tous les étrangers allaient la visiter, et elle le méritait bien, d'après le témoignage de

(1) Par un singulier hasard, cet animal devait passer quarante ans plus tard dans les collections du Muséum d'histoire naturelle de Paris, et son squelette devait servir à Cuvier pour la première étude ostéologique qui fut faite du Daman, et dont je parlerai un peu plus loin.

(2) *Beschr. van eene soort van Afrikaansch basterd Mormeldier.* Amsterdam, 1761

(3) *Spicileg. zool.*, p. 20.

Vosmaer (1) et de Pallas (2). Parmi les animaux rares qu'offrait cette ménagerie à la curiosité du public, se trouvait un Daman mâle, adulte. Au public ordinaire se joignirent plusieurs savants pour l'observation de cet animal, notamment Allamand, Klochner, Vosmaer, Pallas. Le directeur de cette ménagerie, Bergmeyer, finit par se défaire de son Daman en faveur de la science, et il l'envoya à Vosmaer, qui le conserva quelque temps vivant, et en profita pour faire un certain nombre de remarques sur ses mœurs et ses habitudes (3). L'animal étant mort par excès de gloutonnerie, Vosmaer le donna à disséquer à Pallas, l'illustre naturaliste de Berlin, qui travaillait alors en Hollande.

Pallas (né en 1741, mort en 1811) publia le résultat de ses recherches sur le Daman, d'abord en 1766 (4), c'est-à-dire un an avant le second mémoire de Vosmaer, du témoignage de Vosmaer lui-même, qui cite dans sa monographie le travail de cet auteur. Ce travail parut également dans les *Spicilegia zoologica*, dont Pallas commença la publication en 1767, en repassant à Berlin pour aller rejoindre en Russie l'expédition astronomique chargée en 1769 de l'observation du passage de Vénus en Sibérie. Enfin, à son retour de ce long et célèbre voyage, il reproduisit également cette monographie dans les *Miscellanea zoologica*, dont il reprit la publication en 1778, à Leyde, à l'université de laquelle il avait terminé ses études et pris le grade de docteur en médecine.

La monographie de Pallas sur le Daman a été faite d'après trois exemplaires : d'abord l'individu mâle provenant de la ménagerie de Bergmeyer, puis la jeune femelle envoyée par Tulbag, et conservée dans l'esprit-de-vin au musée du prince d'Orange, et enfin l'individu mâle conservé au musée de l'Académie de Leyde et communiqué par Allamand. Pallas raconte qu'il disséqua cet animal avec une admiration qu'il ne saurait

---

(1) *Monogr.*, Marmotte bâtarde, p. 5.

(2) *Spicileg. zool.*, p. 19.

(3) *Monographies : Description d'une espèce de Marmotte bâtarde d'Afrique.* Amsterdam, 1767.

(4) *Miscellanea zoologica.* La Haye, 1766.

décrire. Ce qu'on ne saurait décrire non plus, c'est l'admiration que doit inspirer son ouvrage. Cette monographie de seize pages, écrite dans un latin d'une clarté et d'une précision merveilleuses, est un véritable chef-d'œuvre d'observation et de description. L'auteur intitule modestement ce travail et ceux qui l'accompagnent du nom de glanures (*Spicilegia*); mais après lui il n'y a plus qu'à glaner. Pour le Daman en particulier, il a touché à tout ce qui est important, et tout ce qui a paru depuis sur ce sujet, quoique plus complet, ne saurait prétendre à l'égaler.

Dans sa monographie, en effet, Pallas décrit successivement les différentes particularités extérieures de l'animal ; puis sa structure interne, le tube digestif et ses annexes, les organes génito-urinaires, le cœur, l'appareil respiratoire, les plexus nerveux, plusieurs parties du squelette, et jusqu'aux parasites de l'intestin et de la peau. Dans tout ce travail, il n'y a pas une erreur à reprendre, si ce n'est peut-être pour la détermination des glandes qu'il appelle les vésicules séminales, et dont on verra plus loin la détermination exacte.

Pallas, retirant le Daman du groupe des Blaireaux et des Marmottes, l'a placé dans le genre *Cavia*, établi par Klein pour les Agoutis, les Cochons d'Inde, etc., tout en faisant remarquer qu'il s'en distingue à l'intérieur par des différences importantes : *insigniter differt*. Il l'a décrit sous le nom de *Cavia capensis*. Ce nom devait être changé, mais les observations du grand naturaliste n'en subsistaient pas moins pleines et entières.

Vers la même époque où les premiers Damans du Cap arrivaient en Hollande, on recevait à Paris un crâne de Daman de Syrie, qui resta longtemps une énigme pour les naturalistes. Cette tête osseuse, trouvée à Sidon, en Syrie, dans le fond d'un puits desséché, avait été rapportée à Paris, au cabinet du roi, par le comte de Caylus. Elle fut décrite en 1767 par Daubenton, qui n'en connaissait pas l'espèce (1). Elle a été ensuite figurée par Buffon (*Suppl.* VII. pl. XXXVII) sous le faux nom de *Loris*

____

(1) App. Buffon, t. XV, p. 205, n° MDII.

du Bengale. Pallas est le premier qui ait reconnu à quel animal appartenait cette tête, comme le témoigne la phrase suivante contenue à la fin du onzième fascicule de ses *Spicilegia zoologica* (Berolini, 1776), page 85, dans une note additionnelle à l'histoire du *Cavia capensis* :

« Video ill. BUFFONIUM in *ultimo volumine* historiæ *Quadru-
» pedum* cranium Caviæ nostræ capensis, tanquam ignoti et
» obscuri animalis, in exsiccato fonte Sidonis antiquæ repertum
» et a *Comite* CAYLESIO Museo regio Parisino inlatum, descrip-
» sisse, quod hic monendum esse putavi. »

Mais cette note échappa sans doute aux zoologistes français, car dans les *Suppléments* à l'*Histoire naturelle* de Buffon (t. XV, p. 105), publiés par Lacépède en 1789, un an après la mort de Buffon, et treize ans après la note des *Spicilegia*, ce fameux crâne inconnu est toujours attribué au Loris paresseux du Bengale (1).

C'est vers 1770 qu'arriva à Paris le premier Daman. Sonnerat (né à Lyon en 1745, mort à Paris en 1814) l'avait recueilli au cap de Bonne-Espérance, en allant rejoindre l'intendant Poivre, son parent, à l'île de France. C'est le seul exemplaire que Buffon ait eu à sa disposition.

Buffon décrivit notre animal d'abord sous le nom de *Marmotte du Cap*. Mais plus tard il abandonna ce nom, et adopta définitivement celui de *Daman Israël*. D'ailleurs il n'a pu joindre à sa description aucune recherche originale. Tout ce qu'il rapporte des mœurs du Daman est emprunté à Prosper Alpin, à Shaw, et surtout à Bruce et à Allamand, qui lui adressèrent des notes spéciales à ce sujet. Il a fait aussi à la monographie de Pallas quelques emprunts, mais très-restreints, et il a laissé de côté toute la partie anatomique si merveilleusement traitée par Pallas. Tout ce qu'il crut pouvoir faire, c'est de séparer l'espèce du Cap de celle de Syrie, mais sur des carac-

______

(1) Cette tête est encore dans les collections de l'anatomie comparée, au Muséum de Paris, sous le n° I, 1847, et elle porte inscrite à l'encre la mention de son origine telle qu'elle y fut mise par Daubenton.

tères insuffisants et même erronés, comme je le dirai à la fin de
ce travail.

En 1782, un naturaliste allemand, le comte de Mellin, faisait
pour le Daman, sous le rapport zoologique, ce que Pallas avait
fait sous le rapport anatomique. Son histoire des mœurs du
Daman (1), étudiées sur un animal captif, est restée un ouvrage
classique que Cuvier estimait beaucoup (2), et à laquelle on
a fait de nombreux emprunts. Mellin n'adopte pas le nom de
Cavia proposé par Pallas, et il garde au Daman son nom hollandais de *Blaireau des rochers*, qu'il écrit indifféremment en
hollandais ou en allemand (*Klippdachs* ou *Klipdas*).

Enfin, en 1783, le Daman, qui a gardé le nom français que
lui donna Buffon, reçut le nom latin sous lequel il devait être
définitivement désigné en zoologie. À cette époque, Hermann,
professeur de zoologie à Strasbourg, fit du Daman un genre
particulier (3), pour lequel il créa ou plutôt ressuscita celui
d'*Hyrax* (Ὕραξ), nom grec employé dans Nicandre (*Alexiph.*,
v. 37), pour désigner chez les Éoliens la Souris ou la Musa-
raigne, ou (suivant quelques commentateurs) le Hérisson. Ce
nom fut adopté par Schreber (4) et par Gmelin (5).

Dès lors notre animal eut un nom définitif en français et en
latin; j'emploierai indifféremment celui de *Daman* ou d'*Hyrax*.

Mais si l'animal était nommé, il n'était pas encore classé. Il
ne l'est pas même encore aujourd'hui sans contestation, et le
but de la monographie que je soumets au jugement des zoologistes est précisément d'arriver à fixer la place définitive du
Daman parmi les Mammifères. Hermann le laissa parmi les Rongeurs, et tous les zoologistes classificateurs qui lui succédèrent,
et dont je reparlerai plus tard, le laissèrent à cette place.

C'est à Cuvier que revient le mérite d'avoir modifié ce clas-

(1) *Schriften der berlinischen naturforschenden Freunde*, IIIᵉ vol. Berlin.
1782, p. 271-284, avec 1 planche.

(2) Cuvier, *Ossem. foss.*, 4ᵉ édit., t. III, p. 247, note 3.

(3) *Tab. affinit. Anim.*, 1783, p. 115, note.

(4) *Säugethiere*, IVᵉ p., 920, nᵒ 31.

(5) *Syst. nat. de Linné.*

sement en s'appuyant sur des études ostéologiques plus appro-fondies. Il le fit avec un tel talent, qu'il entraîna toutes les con-victions, et fixa sur ce point l'état de la science pour de longues années, tant ce grand homme marquait d'une empreinte pro-fonde et sûre toutes les œuvres de son génie !

Dès 1800 il retirait le Daman de l'ordre des Rongeurs pour le mettre avec les Pachydermes (1). En 1804, il fit une étude détaillée du squelette du Daman (2), et il ajouta ainsi à l'ana-tomie de cet animal un complément des plus importants, qui lui permit de le classer définitivement parmi les Pachydermes. Il n'avait pourtant eu pour ce travail que la tête de Sidon de l'an-cienne collection, et le jeune animal envoyé par Tulbag, en 1760, au prince d'Orange, qui de la collection du stathouder était passé au Muséum de Paris, et qu'on avait extrait de l'alcool pour préparer son squelette (3).

Je n'ai pas l'intention, dans ces pages préliminaires, de discu-ter toutes les opinions qui se sont produites, pour la classification zoologique du Daman, à l'appui ou à l'encontre de celle de Cuvier. Ce sera l'objet d'un chapitre spécial. Je veux seulement rappeler les principaux travaux qui sont venus compléter l'étude ana-tomique du Daman, et qui se sont continués à peu près sans relâche jusqu'à ce jour.

Pour un animal relativement rare comme le Daman, et qui habite des régions assez peu fréquentées, les naturalistes ne peuvent se passer du concours des voyageurs. Le premier voya-geur européen qui ait pénétré en Abyssinie après Bruce, Henry Salt, y retrouva le même animal, mais il le mentionne d'une façon très-brève : « Une espèce de *Curia* (nommé *Gihe* (4) dans la langue de Tigré, et *Askoko* en Ahmara), allié de près à celui qu'on trouve au Cap (5). »

(1) *Leçons d'anat. comp.*, t. II, p. 66 (publié au mois de ventôse de l'an VIII).

(2) *Annales du Muséum*, 1804, t. III, p. 171-182, avec 2 planches.

(3) De Blainville, *Ostéographie*, t. III, DAMAN, p. 7 et 15.

(4) M. Ehrenberg fait remarquer (*Symbol. phys.*) qu'il faut probablement prononcer ce mot à la façon anglaise pour lui garder la consonnance du mot abyssinien.

(5) Salt, *Voyage en Abyssinie*, exécuté dans les années 1809 et 1810, traduit de l'anglais par Henry. Paris, 1816, 2 vol., t. II, p. 335.

ARTICLE Nº 5.

Un naturaliste français, envoyé par le Muséum de Paris, Delalande, parcourut le cap de Bonne-Espérance de 1818 à 1820 (1), et parmi les animaux qu'il rapporta de ce voyage figurent plusieurs Damans de tout âge, qui enrichirent utilement la collection du Muséum. Il avait emmené avec lui son neveu, Louis Verreaux, âgé de douze ans, qui devait plus tard recommencer le même voyage et rapporter en France plusieurs exemplaires de notre animal.

Dans son mémoire sur l'ostéologie du Daman, publié en 1804, Cuvier n'avait à sa disposition qu'un nombre de pièces très-restreint. Les collections rapportées du cap par Delalande, jointes à ce que Cuvier possédait déjà, lui offrirent pour vérifier l'exactitude de ses recherches une série de cinq squelettes et de dix têtes de tous les âges et de tous les degrés de développement (2).

A l'époque où Delalande terminait son voyage au Cap, deux naturalistes allemands, de grand mérite, commençaient en Afrique une série d'explorations dont la science devait retirer le plus grand profit. M. Ehrenberg, alors âgé de vingt-cinq ans, était chargé au mois d'avril 1820, par l'Académie des sciences de Berlin, de faire un voyage scientifique en Égypte, où le général Minutoli se rendait pour étudier les monuments de l'architecture ancienne. On avait adjoint à M. Ehrenberg son ami Hemprich, docteur en médecine comme lui, et comme lui passionné pour l'histoire naturelle. Le résultat de ce voyage a été consigné dans une fort belle publication in-folio, qui n'a qu'un inconvénient, c'est d'avoir été publiée par feuillets détachés que ne relie aucune espèce de pagination (3). Dans la préface de cet ouvrage M. Ehrenberg raconte que ce voyage, qui devait durer deux ans, en dura six, l'importance des résultats obtenus ayant décidé l'Académie des sciences à cette prolongation. M. Ehrenberg par-

_____

(1) *Précis d'un voyage au cap de Bonne-Espérance*, fait par ordre du gouvernement, par Delalande (*Mémoires du Muséum*, 1822, t. VIII, p. 149-168).

(2) Cuvier, *Recherches sur les ossements fossiles*, 4ᵉ édition. Paris, 1834, t. III, p. 249.

(3) *Symbolæ physicæ, seu Icones et Descriptiones*, etc. Berlin, 1828.

courut avec Hemprich la Libye, l'Égypte, la Nubie, le Dongolah,
les hauts sommets du Liban, les monts Sinaï, la mer Rouge et
les rivages de l'Abyssinie. Rien ne les arrêta, ni les obstacles,
ni les périls, ni les maladies, jusqu'au jour où Hemprich fut
enlevé par une fièvre pernicieuse à Massaoua, île du golfe Arabique contiguë à l'Abyssinie. Des compagnons que M. Ehrenberg avait emmenés d'Europe, c'était le neuvième qui succom-
bait : et de tous ceux qui avaient pris part au voyage dès le
commencement, M. Ehrenberg revint seul dans sa patrie. Il
publia les résultats de ce voyage en associant pieusement le nom
de son ami à la gloire de ces recherches. Ils avaient en effet
travaillé en commun. « Hemprich, dit M. Ehrenberg, s'occu-
pait surtout d'herpétologie, moi des animaux inférieurs ; il
récoltait les plantes, j'en faisais les descriptions. Souvent une
description commencée par l'un fut terminée par l'autre. Nous
avons souvent fait ensemble l'anatomie d'un animal, l'un dissé-
quant, l'autre écrivant. Tout était commun entre nous, et nous
étions convenus que, l'un de nous venant à mourir, il revivrait
dans l'œuvre de l'autre. Aussi ai-je gardé pour sa mémoire le
culte fidèle qu'il eût rendu à la mienne (1). »

Dans son anatomie du squelette du Daman, Cuvier, discutant
les ressemblances du Daman du Cap et de celui de Syrie, terminait en disant : « Au surplus, cette question ne peut être
entièrement vidée que lorsqu'on possédera des individus de Syrie
aussi nombreux et aussi complets que ceux que nous avons
maintenant du Cap. C'est une attention que l'on doit recom-
mander aux voyageurs qui visiteront le Levant (2). » M. Ehrenberg rappelle ces paroles, en disant qu'il n'y a aucuns vœux
plus dignes d'être exaucés que ceux de notre grand naturaliste,
et il ajoute qu'il s'estimerait heureux s'il était parvenu à combler cette lacune. La collection qu'il parvint à se procurer était
considérable : dix-huit Damans, dont sept du Sinaï, six du
Dongolah et cinq de l'Abyssinie. Il donna en même temps sur ces

____

(1) « Hanc ego in Hemprichianum sacra religionem quam in me servasset superstes
idem. » (Symbola physica, préface.)

(2) Annales du Muséum, t. III, 1804, et Ossements fossiles, 4ᵉ éd., t. III, p. 251.

animaux des renseignements que j'aurai à citer plus d'une fois, et une classification que je discuterai à la fin de ce travail.

Par une fortune singulière, nous n'avons guère rencontré jusqu'à présent, en dehors de Cuvier, que des naturalistes allemands dans l'étude de notre animal : Pallas, Mellin, M. Ehrenberg. Nous allons voir apparaître les Anglais, favorisés en cela par la possession de la colonie du Cap, par leur amour des voyages, et plus récemment encore par la guerre d'Abyssinie et contre les Ashantees. Dès 1826, André Smith (1), surintendant du Muséum de l'Afrique du Sud, découvrait aux environs du cap de Bonne-Espérance une nouvelle et très-singulière espèce de Daman, qui vit dans les arbres et que les colons du Cap désignent sous le nom de *Blaireau des arbres (Boom-Das)*. J'y reviendrai plus loin. Pour le moment, je reprends l'historique des études anatomiques dont le Daman a été l'objet.

En 1828, sir Everard Home signalait la forme en ceinture du placenta (2). En 1830, Kaulla publiait une monographie où il résumait l'état des connaissances sur l'*Hyrax*, avec quelques observations nouvelles, spécialement sur le fœtus (3). En 1832, M. Owen eut l'occasion d'ajouter également de nouveaux renseignements à l'histoire anatomique du Daman. Le sujet de ses recherches était un mâle adulte, placé par M. Thomas Bell dans la ménagerie de la Société zoologique de Londres, où il vécut la plus grande partie de l'été précédent. Il était mort dans une retraite d'hiver chauffée pour les petits animaux. La peau était déjà enlevée quand M. Owen eut l'occasion de l'examiner. Il étudia avec plus de détails le tube digestif et ses annexes et les organes génito-urinaires (4). En 1835, Hennah

---

(1) *Descriptions of two Quadrupedes inhabiting the South of Africa, about the cape of Good Hope*, by Andrew Smith, superintendent of the South African Museum (*Transactions of the Linnean Society of London*, vol. XV, 1826-1827, p. 461 et 468-470), lu par sir Everard Home le 19 juin 1827.

(2) *Placenta and fœtus of Hyrax capensis* (*Lectures on comp. Anat.*, vol. VI, 1828, pl. 61 et 62).

(3) *Monographia Hyracis, dissert. inaug. quam præside Rapp publ. examini submittit* H. Kaulla. Tubingæ, 1830.

(4) *Proceed. Zool. Soc. London*, 1832, p. 202-207; *Isis*, 1835, p. 455-456.

fit une communication plutôt zoologique qu'anatomique à la
Société zoologique de Londres (1) sur les mœurs de cet animal
qu'il avait observé au cap de Bonne-Espérance ; il avait également
observé trois individus en captivité qui lui ont fourni quelques
données nouvelles. Les observations de Read (2) ne sont
guère que la reproduction de celles de Hennah, de même que
celles de Martin (3) ne font que confirmer celles d'Owen, sans
y ajouter presque rien.

Peu à peu les voyageurs rapportèrent d'Afrique et de Syrie
des Damans vivants aux principales ménageries d'Europe, et l'on
put compléter sur ces animaux les études zoologiques dont le
comte Mellin avait donné l'exemple. Vers 1840, la ménagerie
du Muséum de Paris en possédait trois qu'elle devait à l'un de
ses voyageurs, Botta (4). Elle en avait eu déjà, car nous trouvons
dans la collection un mâle adulte du Cap, mort à la ménagerie
en 1826, et un Daman adulte d'Éthiopie, mort à la ménagerie
le 7 décembre 1835. L'un des individus donnés par Botta se tua
en tombant du haut de sa cage, où il était monté (5). La ménagerie de Paris posséda vers la même époque un autre Daman qui
avait vécu quelques années chez un particulier. Fr. Cuvier profita de ces diverses occasions, et notamment d'un Daman femelle
d'Éthiopie qu'il observa au Muséum, pour compléter les renseignements qu'on possédait déjà sur les mœurs de cet animal (6).

Les anatomistes devaient mettre à profit ces richesses nouvelles apportées par les voyageurs pour approfondir davantage
l'étude du Daman, qui présentait encore beaucoup de lacunes.

En 1845, dans ses recherches d'anatomie comparée sur l'organe de l'ouïe chez l'homme et les animaux (7), M. Hyrtl donnait

---

(1) *Notizen aus dem Gebeite der Natur und Heilkunde*, von L. F. v. Froriep. Weimar ,
1835, vol. XLV, n° 978, p. 152-153.

(2) *Proceed.*, 1835, p. 13. — *Isis*, 1837, p. 120-121.

(3) *Ibid.*, p. 14 ; — *ibid.*, p. 121.

(4) *Dict. d'hist. nat.* de d'Orbigny, 1844, art. DAMAN, p. 599.

(5) De Blainville, *Ostéogr.*, t. III, DAMAN, p. 13.

(6) *Hist. nat. des Mammifères*, t. III.

(7) *Vergleichend-anatomische Untersuchungen über das innere Gehörorgan des Menschen und der Säugethiere*. Prag, 1845.

ARTICLE N° 5.

sur l'oreille moyenne et l'oreille interne du Daman des renseignements encore inédits.

Vers la même époque, de Blainville (1) reprenait l'étude du squelette chez cet animal, et il parvenait, même après Cuvier, à fournir sur ce sujet un assez grand nombre de données nouvelles et importantes, spécialement sur les différences ostéologiques dans les espèces du genre Daman.

Pour cette étude, de Blainville eut à sa disposition des pièces que n'avait pas Cuvier, savoir : un squelette et quatre crânes du Daman de Syrie, rapportés par Botta ; un crâne de Syrie, donné par M. Ehrenberg ; un crâne d'Abyssinie, envoyé par deux jeunes voyageurs du Muséum morts dans ce voyage vers 1840, les docteurs Dillon et Petit ; et enfin un crâne tout nouveau, d'un intérêt particulier, celui du Daman des arbres.

Il existe en effet deux groupes de Damans bien distincts, et qui se différencient autant par leurs mœurs que par leur squelette. Les uns, qui habitent les rochers, se rencontrent en Syrie et sur toute la côte orientale de l'Afrique, depuis l'Abyssinie jusqu'au cap de Bonne-Espérance ; les autres, qui vivent dans les arbres, se rencontrent surtout le long de la côte occidentale de l'Afrique, depuis le Gabon et la Guinée jusqu'au Cap. Le Daman des arbres fut d'abord trouvé aux environs du Cap par André Smith (2). Fraser le rencontra sur la côte de Guinée, dans l'île de Fernando-Po (3). Verreaux le retrouva dans les grands bois de la Cafrerie (*Notes manuscrites*). Pel le rencontra sur la côte occidentale d'Afrique, jusque dans le pays des Ashantees, et Temminck donna (4) la description de cet animal. Enfin on a signalé encore le Daman des arbres sur la côte orientale d'Afrique, en Abyssinie (5), dans la contrée de Somali (6), dans la Zambésie (7) ;

(1) *Ostéographie des Mammifères*, 1839-1864, t. III, genre Hyrax.
(2) *Trans. Linn.*, 1827, p. 468-470.
(3) *Proceed. Zool. Soc. Lond.*, 1852, p. 99.
(4) *Esquisses zoologiques sur la côte de Guinée*, Leyde, 1853, p. 181-185.
(5) Lefebvre, *Voyage en Abyssinie* (Mamm. et Oiseaux), p. 30-31.
(6) Speke, *Proceed. Zool. Soc. Lond.*, 1859, p. 234.
(7) Kirk, *ibid.*, 1864, p. 656.

dans l'Angola et chez les Mossamedes (1), et à Mozambique (2).
Je reviendrai plus loin sur ces différentes découvertes, que je ne
fais que signaler ici.

La découverte du Daman des arbres par André Smith attira
l'attention des naturalistes sur cet animal nouveau. M. Jourdan,
professeur à la Faculté des sciences de Lyon, put acquérir en
Angleterre une peau avec crâne de cette espèce ; il en donna
communication à de Blainville, et c'est à l'aide de ce crâne
que de Blainville put faire l'étude ostéographique publiée vers
1845.

Cependant l'étude anatomique du Daman pouvait être encore
complétée sur plusieurs points, comme le démontrèrent les travaux ultérieurs.

En 1852, M. Hyrtl reprit l'étude du Daman au point de vue de
l'appareil circulatoire (3), et il signalait chez l'*Hyrax syriacus*
des réseaux admirables assez simples aux quatre membres. En
1864, il retrouvait la même disposition chez l'*Hyrax capensis* (4).

Le système musculaire n'avait pas encore été l'objet d'une
étude spéciale. Elle fut faite en 1865 par MM. Murie et Mivart (5), et combla une lacune importante, sans fournir cependant des résultats bien précis pour la classification de l'animal.

Je signalerai encore de nouvelles recherches faites sur le placenta par MM. Milne Edwards (6), Huxley (7), Hartmann (8),
et je terminerai en rappelant la monographie la plus récente du
genre *Hyrax*, celle du docteur Brandt. Déjà ce savant avait
présenté en 1862, à l'Académie des sciences de Saint-Pétersbourg, une note assez détaillée sur quelques points d'anatomie

(1) Welwitsch, *ibid.*, 1865, p. 401.

(2) Peters, *Sitzungsbericht der Gesellschaft naturf. Fr. zu Berlin*, 1870, p. 25.

(3) *Sitzungsberichte der mathem. naturw. Classe der Kaiserl. Akademie der Wissensch.*, VIII° vol., 1852, p. 462-466.

(4) *Denkschriften der Kaiserl. Akademie der Wissenschaften*. Wien, 1864, p. 140-
143.

(5) *Proceed. Zool. Soc. Lond.*, 1865, p. 329-352.

(6) *Recherches pour servir à l'hist. nat. des Mammifères*. Paris, 1868, p. 32-33.

(7) *Proceed. Zool. Soc. Lond.*, 1865, p. 237. — *Lectures of Elements of comp.
Anat.*, 1864, p. 95 et 111

(8) *Koner's Zeitschr.*, 1868, t. III, p. 367.

encore nouveaux (1); mais il a publié quelques années plus tard une véritable monographie qui résume tous les travaux antérieurs avec une autorité incontestable (2).

Parmi les sources où j'ai encore puisé d'autres renseignements sur l'*Hyrax* pour contrôler et vérifier l'exactitude, soit des recherches d'autrui, soit des miennes, je citerai Cuvier (3), Meckel (4), MM. R. Jones dans l'*Encyclopédie* de Todd (5), R. Owen (6), et nombre d'autres articles qu'il me paraît inutile de désigner en détail, parce qu'ils ne contiennent pas de recherches originales, et se bornent au résumé des connaissances acquises.

Je ne fais que mentionner ici les zoologistes classificateurs, dont j'aurai l'occasion d'examiner les travaux à la fin de cette étude, et dont les principaux sont MM. Ehrenberg (7), Gray (8) et W. Blanford (9).

Il semblerait qu'après tous ces travaux il n'y avait plus rien à faire dans l'étude du Daman. Cependant tout un grand appareil avait été négligé ou à peine effleuré : le système nerveux. De plus, les naturalistes sont en désaccord pour savoir quelle place il faut assigner à cet animal dans la série des Mammifères. Enfin, il existe aussi beaucoup de contradictions au sujet des espèces qu'il faut admettre dans ce groupe zoologique. Il y avait donc à compléter les travaux antérieurs sur bien des points, à contrôler les classifications précédentes, et à en trouver une plus satisfaisante et donnant moins de prise à la critique.

---

(1) *Bullet. de l'Acad. des sc. de Saint-Pétersbourg*, 3ᵉ série, 1862, t. V, p. 508, nᵒ 7.

(2) *Mémoires de l'Acad. des sc. de Saint-Pétersbourg*, 7ᵉ série, 1869, t. XIV, nᵒ 2, 127 pages avec 3 planches.

(3) *Leçons d'anatomie comparée*, 2ᵉ édit., 1835-1846. — *Ossem. foss.*, 4ᵉ édit., t. III, p. 245-271.

(4) *Traité d'anat. comp.*, 1821, trad. franç., 1828-1838.

(5) *Cyclopædia of Anat. and Physiol.*, 1839-1847, vol. III, Pachydermata, p. 858-876.

(6) *Anat. and Physiol. of Vertebrates*, 1866, t. II et III.

(7) *Symbolæ physicæ*, Berlin, 1828, decas I, Mammal.

(8) *Ann. and Mag. of natur. History*, 1868, t. I, p. 35-51 ; 1874, p. 132-136.

(9) *Proceed. Zool. Soc. Lond.*, 1869, p. 638-642.

J'ai divisé ce mémoire en trois sections. La première contient la partie anatomique (appareil digestif, appareil circulatoire, appareil respiratoire, squelette, système musculaire, système nerveux, organes des sens, appareil uro-génital). La deuxième contient la partie zoologique (mœurs, habitudes, chasse, captivité, utilité). La troisième contient la partie zootaxique (affinités du genre *Hyrax*, et discussion des genres et des espèces admis dans la famille des Hyraciens).

Ce travail, entrepris sous les auspices et sur les conseils de M. Milne Edwards, commencé (1) et achevé dans le laboratoire de zoologie de l'École pratique des hautes études, dont il a la direction, a porté sur trois Damans achetés pour servir aux travaux de l'École pratique, et que j'ai pu étudier immédiatement après leur mort. Ces trois individus appartenaient tous les trois à l'espèce du Cap; ils se composaient d'une femelle très-vieille, d'un mâle également très-âgé, et d'un autre mâle assez jeune. Je me suis attaché spécialement à l'étude du système nerveux, et en particulier de l'encéphale, que j'ai examiné dans tous ses détails. J'ai figuré beaucoup d'organes qui ne l'avaient été nulle part; et de tous ceux qui étaient déjà connus je me suis efforcé d'approfondir l'étude. J'ai revu tous les travaux de mes devanciers, et j'ai tâché, soit de rectifier les erreurs, soit d'accorder les différends, soit de combler plusieurs lacunes. Enfin, j'ai profité de cet ensemble de connaissances acquises ou nouvelles pour étudier la place définitive qui convenait au Daman dans le groupe des Mammifères, et pour passer en revue les différentes espèces créées dans ce genre par les zoologistes.

Ces résultats, dont on trouvera le détail à la fin de ce mémoire, m'ont paru suffisants pour m'enhardir à publier ce travail, où j'ai été soutenu par les encouragements de mes maîtres, MM. Henri Milne Edwards et Alphonse Milne Edwards, que je ne saurais trop remercier de leurs bienveillants conseils et de leur sympathique appui.

Je dois ajouter que les recherches histologiques contenues

---

(1) Voy. *Rapport sur l'École pratique des hautes études*, 1872-1873, p. 53-54.

ARTICLE N° 5.

dans ce mémoire ont été faites dans le laboratoire d'histologie zoologique de l'École des hautes études, dirigé par M. Ch. Robin. J'ai trouvé là auprès du directeur adjoint, M. le docteur Georges Pouchet, un accueil des plus affables, et, pour les recherches histologiques que j'ai eu à faire, une direction et un contrôle dont je dois reconnaître ici tout le prix.

I

APPAREIL DIGESTIF.

L'appareil digestif du Daman est une des parties de cet animal qui ont été le mieux étudiées. Pallas en a donné le premier une description très-exacte (1). Meckel s'en est également occupé dans son *Traité d'anatomie comparée*, publié à Halle en 1821 (2). Kaulla a apporté, quelques années plus tard, de nouveaux documents à cette étude (3). Richard Owen reprit la question en 1832 (4), et Martin en 1835 (5). Enfin, Cuvier, complétant l'étude ostéologique qu'il avait faite de cet animal en 1804 (6), a publié de nombreux détails sur les glandes salivaires, l'estomac, le canal digestif et le foie, dans ses *Leçons d'anatomie comparée* (7). On peut donc dire, avec Brandt (8), qu'il n'est guère possible de rien ajouter d'important à l'anatomie proprement dite du tube digestif du Daman. Mais il est un point encore très-peu étudié : c'est l'histologie. Je crois avoir signalé sous ce rapport un certain nombre de détails nouveaux,

(1) Pallas, *Spicilegia zoologica*. Berolini, 1767. — *Miscellanea zoologica*. Lugduni Batavorum, 1778.

(2) Traduction française de Riester et Alph. Sanson. Paris, 1828-1838.

(3) Kaulla, *Monographia Hyracis*, thèse soutenue sous la présidence de Rapp. Tubingæ, 1830.

(4) *On the Anatomy of Hyrax* (*Proceed. Zool. Soc. Lond.*, 1832, p. 202-207 ; *Isis*, 1835, p. 455-456).

(5) *Notes of a dissection of Hyrax capensis* (*Proceed. Zool. Soc. Lond.*, 1835, p. 14-16 ; *Isis*, 1837, p. 121).

(6) *Annales du Muséum*, 1804, t. III, p. 171-182.

(7) Deuxième édition, Paris, 1835, t. IV, 1re et 2e parties, *passim*.

(8) *Mém. de l'Acad. des sc. de Saint-Pétersbourg*, 7e série, 1869, vol. XIV, n° 2, p. 52.

sans prétendre cependant avoir approfondi cette étude, à cause de l'altération rapide de beaucoup d'éléments anatomiques qui auraient besoin d'être examinés immédiatement après la mort, et qui disparaissent ou se défigurent assez pour ne donner que des résultats incertains au bout de plusieurs mois, quelles que soient les précautions employées pour la bonne conservation des pièces anatomiques.

La lèvre supérieure du Daman a une disposition analogue à celle qu'on rencontre chez les Rongeurs. On y trouve un sillon assez profond (1), bordé de deux autres sillons très-étroits et très-superficiels; mais la division de la lèvre ne va pas plus loin, comme Pallas l'avait déjà indiqué (2).

Vosmaer avait noté la même disposition et trouvé le nez « comme divisé par une fine couture qui descend jusque sur la lèvre » (3). Cette lèvre ne recouvre que la moitié basilaire des dents incisives supérieures, dont les pointes sont visibles à l'extérieur.

« Environ le milieu du museau, sur la lèvre supérieure, sont placés, de chaque côté, six poils noirs en forme de moustaches, qui se rangent contre la tête et les joues (4). »

Pallas a trouvé le même nombre de poils à la moustache : « *Mystax utrinque in labio superiori e setis nigris, quarum 3 majores, totidemque ante eas minores, præter pilos sparsos versus nasum* (5). »

Sur la joue se trouve une verrue peu saillante, où Pallas a signalé deux longs poils : « *Verruca genæ biseta* (6). »

La lèvre inférieure n'offre rien de particulier; elle est couverte de petits poils comme la lèvre supérieure. Le prolongement de sa face extérieure sous la mâchoire n'offre à signaler qu'une verrue couverte de poils longs, déjà notés par Vosmaer :

(1) Voy. fig. 57.
(2) *Miscellanea zoologica*, p. 35 : « *Labium superius subbipartitum.* »
(3) Vosmaer, *Monogr.* Amsterdam, 1767, p. 7.
(4) *Ibid.*, p. 6 et 7.
(5) *Miscell.*, p. 34.
(6) *Ibid.*, p. 34.

« Sous le museau, vers le gosier, il (le Daman) a, sur une espèce de verrue, quelques longs poils noirs, ainsi que sur les joues (1). » J'ai trouvé ces poils au nombre de huit. Quant à leur usage présumé, j'y reviendrai à propos de l'enveloppe tégumentaire générale.

La lèvre inférieure est attachée à la mâchoire, à sa face interne, par un triple frein, un au milieu, assez peu visible, et de chaque côté un plus grand qui s'insère à la gencive en dehors de la dent incisive extérieure. Pallas a parfaitement décrit cette disposition : « *Labium inferius triplici plica frenulatum, quorum ad dentium primorum extimum utrinque insignior una, tertia in media exilis* (2). »

Je n'ai pas rencontré de glandes labiales dans la lèvre supérieure ; mais j'ai trouvé des glandes molaires assez volumineuses, et sous ce double rapport mes observations confirment celles de Meckel (3) et de Brandt (4). Ces glandes sont disposées de chaque côté de la bouche, à la face interne des joues, parallèlement aux arcades molaires. Il y en a une en haut et en bas de chaque côté. Elles ont environ 15 millimètres de long sur 2 millimètres de large. Au lieu d'avoir plusieurs orifices excréteurs, comme chez le Cheval, chacune n'en a qu'un seul, qui s'ouvre dans le voisinage de la commissure des lèvres.

La cavité buccale est plus large en arrière qu'en avant. Ses parois sont en apparence lisses et sans papilles (5) ; mais à l'examen microscopique on trouve la face interne des lèvres et des joues hérissée de papilles coniques très-richement vascularisées, tout à fait pareilles à celles qui revêtent l'extrémité antérieure de la langue.

Les glandes salivaires sont très-volumineuses. La parotide, placée en arrière de la branche montante de la mâchoire, qu'elle recouvre en partie, embrasse le cartilage de l'oreille, qu'elle déborde largement en avant et en arrière. Elle se pro-

(1) *Monogr.*, p. 7.
(2) *Miscell.*, p. 35.
(3) *Op. cit.*, t. VIII, p. 503.
(4) *Op. cit.*, p. 53.
(5) Meckel, *op. cit.*, p. 474. — Brandt, *op. cit.*, p. 53.

longe même en arrière et en bas, sur une partie de la région cervicale, et descend, comme Brandt l'a remarqué (1), jusqu'au dixième anneau de la trachée. Elle a une forme irrégulièrement triangulaire, à base postérieure (2), et son allongement d'avant en arrière tient sans doute à son aplatissement transversal. Elle est située immédiatement sous le peaussier, et recouvre le muscle sterno-maxillaire.

Son canal excréteur longe la face externe du masséter, tout près du bord supérieur. Il a une direction à peu près rectiligne ; cependant, vers sa terminaison, il s'infléchit en bas par une courbe allongée, atteint le buccinateur, pénètre entre ses fibres, et s'ouvre dans la bouche par un orifice oblique, au niveau de la troisième molaire supérieure.

La glande sous-maxillaire est moins volumineuse que la parotide, mais elle est encore très-considérable (3). Ses dimensions paraissent d'ailleurs assez variables. Ses rapports avec la parotide sont, suivant Meckel (4), comme 1 est à 5. D'après Cuvier (5), la sublinguale est presque aussi volumineuse que la parotide, et beaucoup plus grande que la sous-maxillaire. Ce n'est pas ce que j'ai observé. Suivant Brandt (6), la sous-maxillaire possède à peu près la moitié du volume de la parotide. D'après mes observations, ce rapport serait, non pas de 1 à 2, mais de 1 à 3.

La glande sous-maxillaire a une forme allongée d'avant en arrière, à peu près piriforme, à grosse extrémité antérieure. Elle est située au-dessous du muscle sterno-maxillaire, dans l'épaisseur de l'aponévrose cervicale qui recouvre les muscles sterno-hyoïdien et sterno-thyroïdien. En arrière, elle atteint et même dépasse le niveau de la parotide. Son canal excréteur longe la face interne du bord inférieur de l'os maxillaire, et va

(1) *Op. cit.*, p. 53.
(2) Voy. fig. 11.
(3) Voy. fig. 11.
(4) *Op. cit.*, t. VIII, p. 502.
(5) *Anat. comp.*, 2ᵉ édit., t. IV, 1ʳᵉ partie, p. 433.
(6) *Op. cit.*, p. 53.

s'ouvrir dans la bouche, au-dessous du frein de la langue, dans le plancher même de la cavité buccale.

Cette glande est composée de deux lobes très-distincts et séparés par une enveloppe fibreuse épaisse. L'un de ces lobes est allongé et recouvre le second, qui est de forme elliptique et aplati.

Quant à la glande sublinguale, Meckel l'a trouvée « grande, aplatie, et de même volume que la glande sous-maxillaire » (1). Pour Brandt, elle a la forme d'une masse aplatie, quadrangulaire, allongée et moitié moins volumineuse que la glande sous-maxillaire (2). Mais il faut remarquer que la dimension des organes mous est assez difficile à déterminer, à cause des tiraillements involontaires qu'on peut exercer sur eux, et des déformations qui en résultent.

Pour moi, j'ai trouvé le volume de la glande sublinguale inférieur à celui de la glande sous-maxillaire, mais supérieur à sa moitié. Il serait donc, d'après mes observations. intermédiaire aux deux mesures données par Meckel et par Brandt, et en tout cas très-différent des rapports indiqués par Cuvier, et que j'ai rappelés plus haut.

La glande sublinguale (3) est placée à la face profonde de la langue, entre le muscle mylo-hyoïdien et les muscles propres de la langue. Elle va s'ouvrir par un canal excréteur assez court au même niveau que celui de la glande sous-maxillaire, à côté du frein de la langue, dans le plancher même de la bouche.

Ces glandes ne présentent rien de particulier dans leur structure. Elles offrent l'aspect et la disposition des glandes en grappe ordinaires, et n'ont sous ce rapport rien de spécial ni qui mérite d'être signalé.

La voûte palatine présente une double rangée de saillies en croissant, à convexité antérieure, qui ont frappé l'attention des premiers observateurs. Leur nombre varie suivant l'âge des animaux, d'après Pallas, qui a vu treize paires de rides chez un

(1) *Op. cit.*, t. VIII, p. 503.
(2) *Op. cit.*, p. 54.
(3) Voy. fig. 58.

jeune animal, et huit ou neuf seulement chez un adulte (1). Vosmaer a trouvé le même chiffre. « Le palais de la bouche a huit cannelures ou sillons profonds (2). » Mellin a également trouvé au palais huit sillons profonds (3). Martin n'en a pas noté le nombre; il a seulement constaté que, dans cette double rangée, les saillies d'un côté correspondent aux dépressions de l'autre (4). Brandt a noté treize de ces replis du palais à gauche, et douze à droite (5); mais il a pu compter dans ce nombre des saillies irrégulières situées en avant du palais. M. Ehrenberg (6) a trouvé quatorze rides au palais chez l'*Hyrax abyssinicus*. Chez un animal âgé, je trouve ces crêtes au nombre de neuf paires; je trouve exactement le même nombre chez un animal assez jeune; enfin j'en trouve dix chez un animal très-vieux. On voit par là que ce nombre n'a rien de fixe, mais qu'il ne varie cependant que dans des limites assez étroites (7).

La langue, dans toute sa moitié antérieure, reproduit assez fidèlement les empreintes de toutes ces crêtes, et sa partie médiane présente une saillie irrégulière en dos d'âne, qui correspond à la dépression longitudinale dont est creusée la voûte palatine dans le milieu de toute sa longueur.

Ces crêtes palatines sont très-élevées, et séparées l'une de l'autre par des sillons également curvilignes. Lorsqu'on examine au microscope une coupe faite verticalement dans leur épaisseur, on voit qu'elles sont constituées par une couche dermique hérissée de papilles coniques et recouverte d'une couche épidermique très-épaisse formée de cellules pavimenteuses avec un noyau.

Les diverses parties du pharynx offrent quelques particularités qui méritent d'être signalées (8).

<hr>

(1) *Miscell.*, p. 35.
(2) *Monogr.*, p. 7.
(3) *Schriften der Berlin. Gesells. naturf. Freunde*, dritter Band Berlin, 1782, p. 272.
(4) *Proceed. Zool. Soc. Lond.*, 1835, p. 15.
(5) *Op. cit.*, p. 53.
(6) *Symbolæ physicæ*, decas 1, MAMMAL.
(7) Voy. fig. 12.
(8) Voy. fig. 12.

Le voile du palais est très-long. Il occupe à peu près une étendue égale à celle de la voûte palatine. Toute sa surface est hérissée de petites papilles de la même dimension que celles qui tapissent la base de la langue.

La luette fait défaut, et cette disposition confirme la règle ordinaire, car on sait que ce prolongement manque chez tous les Mammifères, sauf chez les Quadrumanes, et peut-être aussi chez les Chameaux et la Girafe, où l'on en retrouve un rudiment.

Les deux piliers par lesquels le voile du palais s'attache au pharynx de chaque côté, sont de dimensions très-inégales. Les piliers antérieurs sont courts et presque horizontaux. Les piliers postérieurs, dont l'origine est cachée quand le voile du palais est étendu, se prolongent en bas et en dedans, et circonscrivent entre eux un espace triangulaire allongé, à sommet inférieur. Au niveau du pharynx, ces deux piliers, très-rapprochés, ne forment plus qu'une colonne charnue qui se prolonge très-loin dans l'œsophage en se confondant peu à peu avec la paroi postérieure de ce conduit.

Mais ce sont surtout les amygdales qui présentent une disposition particulière et rappelant celle des Singes, des Chats, de l'Oryctérope, où elles forment un simple sac à une seule ouverture.

Chez le Daman, on chercherait vainement ces organes entre les piliers du voile du palais. Mais, à un centimètre environ au-dessus de la racine de ces piliers, on aperçoit de chaque côté du pharynx, dans le voile même du palais, une ouverture oblique, dont l'aspect rappelle très-exactement celui des embouchures hépatique et pancréatique dans le duodénum. Une soie de Porc-épic engagée dans cette espèce de cul-de-sac s'enfonce à un centimètre à peu près vers la partie supérieure du voile du palais. Si l'on pénètre à l'aide de ciseaux fins dans cette petite poche, et qu'on fende le capuchon qui la recouvre, on voit, en rabattant les lambeaux de chaque côté, l'amygdale appliquée contre la paroi postérieure du pharynx, et présentant la forme d'une plaque ovoïde, ou plutôt amygdaloïde (car elle a très-exactement la forme d'une amande, dont le gros bout est situé en bas); mais cette plaque ne fait qu'une saillie très-légère sur la paroi du pharynx.

Quant à la structure de ces amygdales, elle ne diffère en rien de ce qu'on trouve chez les autres Mammifères. Ce sont des follicules clos sous-muqueux, qui offrent seulement le caractère particulier d'être disséminés dans l'épaisseur des muscles.

Ces organes, dont Brandt a constaté la disposition anatomique, ne sont pas pour lui des amygdales. Il est vrai qu'il ne dit pas ce que c'est (1). Mais je crois que l'examen microscopique tranche la question et qu'il n'y a pas de contestation possible là-dessus.

L'œsophage présente des parois épaisses, résistantes, dans lesquelles l'examen microscopique révèle la structure suivante (2):

Tout à fait en dehors se trouve une couche de fibres musculaires, longitudinales, qui forme environ le tiers de l'épaisseur totale de la paroi. Le second tiers est occupé par une couche de fibres musculaires circulaires. Le troisième tiers, placé à la face interne, est occupé par la muqueuse, qui porte un assez grand nombre de papilles disséminées à sa surface libre, et qui contient dans son épaisseur des glandes en grappe, souvent réunies au nombre de deux ou trois avec un canal excréteur commun. Cette muqueuse est recouverte par un épithélium très-épais, qui se détache assez promptement par la macération.

La dimension de l'œsophage a été comparée par Pallas à celle d'une plume de Cygne (*vix calamo cycneo crassior*). Le même auteur a noté (3) qu'il descend dans l'abdomen beaucoup plus loin que chez les autres animaux.

C'est à partir de l'estomac que le tube digestif offre les particularités les plus remarquables, qui ont tout d'abord frappé les premiers observateurs dans l'étude du Daman.

Meckel a fait la remarque (4) que l'estomac des Pachydermes

---

(1) Brandt, *op. cit.*, p. 54.
(2) Voy. fig. 15.
(3) *Miscell.*, p. 35.
(4) *Anat. comp.*, t. VIII, p. 507 et suiv.

forme une sorte d'intermédiaire entre l'estomac simple des Carnassiers et l'estomac composé des Ruminants. On trouve dans
cette classe de Mammifères plusieurs degrés de complication
croissante, représentés par quatre principaux groupes zoologiques. La configuration la plus simple est présentée par l'Éléphant et le Rhinocéros ; puis viennent le Tapir de Sumatra et
celui d'Amérique. L'estomac du Daman occupe le troisième éche-
lon ; au quatrième se trouvent le Cochon, le Pécari, l'Hippopotame.

Chez le Daman, l'estomac est nettement subdivisé en deux
compartiments distincts, accusés au dehors par un bourrelet
circulaire, blanc, nacré, d'aspect tendineux, qui forme une
espèce d'étranglement au milieu de la grande courbure (1). Cette
disposition particulière a d'ailleurs été déjà signalée par les
zoologistes qui ont étudié le Daman (2).

On avait même cru, d'après cette conformation, que le Daman
pouvait ruminer ; mais des observations faites sur des individus
vivants ont prouvé qu'il n'en est rien (3).

Quand on ouvre l'estomac du Daman, on trouve un repli circulaire intérieur qui indique la séparation des deux portions de
l'estomac. Ce repli n'est pas très-considérable chez le Daman du
Cap (4) ; mais chez le Daman de Syrie, il est remplacé par une
véritable cloison mitoyenne, percée dans son milieu d'un orifice
dont les rebords sont irrégulièrement contournés, et qui établit
la communication de l'une à l'autre poche (5).

M. Owen a comparé avec raison l'estomac du Daman à celui
du Rhinocéros pour plusieurs détails de sa disposition intérieure.
Chez le Rhinocéros, l'œsophage s'étend à six pouces (16 centimètres) dans l'abdomen, et se termine à l'orifice cardiaque, à en-

(1) Voy. fig. 2.
(2) Voy. Pallas, *Miscell.*, p. 39. — Cuvier, *Anat. comp.*, t. IV, 2e partie, p. 64.
— Meckel, *Anat. comp.*, t. VIII, p. 510. — Owen, *Proceed. Zool. Soc. Lond.*, 1832,
p. 202. — Martin, *Proceed.*, 1835, p. 14. — Brandt, *Mémoires de l'Acad. des sc. de
Saint-Pétersbourg*, 1869, p. 56.
(3) *Dict. d'hist. nat.* de d'Orbigny, t. IV, p. 597.
(4) Voy. fig. 3.
(5) Cuvier, *Anat. comp.*, 2e édit., t. IV, 2e partie, p. 64.

viron un pied cinq pouces (47 centimètres) de l'extrémité gauche
de l'estomac. Ce sac obtus s'étend jusqu'à l'orifice cardiaque,
vis-à-vis duquel l'estomac, comme dans le Cheval, offre sa plus
grande circonférence. Il diminue graduellement jusque près
du pylore, sur le côté cardiaque duquel l'estomac offre sa plus
petite circonférence. Il se gonfle alors, et forme une extrémité
borgne hémisphérique au delà du pylore (1). On peut voir que
chez le Daman la disposition générale est la même (2).

Meckel avait déjà noté que la portion cardiaque, qui représente plus des trois quarts de l'estomac entier (3), offre une
tunique musculeuse moins épaisse que la portion pylorique. « La
membrane interne, blanchâtre, est tapissée, jusqu'à l'étranglement, par un épithélium fort et facile à détacher. Cet enduit
manque à la portion pylorique, dont la membrane muqueuse,
d'une couleur plus rougeâtre, est humide, tendre, et dépourvue
de villosités, malgré l'assertion contraire de Cuvier. D'après
Pallas, on serait autorisé à admettre que la membrane interne
peut partout être séparée avec facilité des tissus sous-jacents ;
mais cette disposition n'existe absolument que pour l'épithélium
de la portion cardiaque. La tunique musculaire de la portion
pylorique offre beaucoup plus d'épaisseur que celle de la cardiaque ; cette épaisseur est marquée surtout vers l'orifice du
pylore, où elle m'a présenté jusqu'à trois lignes chez un animal
qui était loin encore de l'âge adulte (4). »

Cuvier a remarqué que les deux poches de l'estomac « se
distinguent encore par l'aspect différent de la membrane interne,
laquelle, dans la portion cardiaque, est revêtue d'un épiderme
qui s'en détache facilement, tandis que la droite a un aspect
glanduleux » (5).

Ces observations avaient besoin d'être contrôlées par l'examen microscopique, qui n'avait pas encore été fait, et qui pouvait

(1) Owen, *Anatomy of Vertebrates*, London, 1868, vol. III, p. 461.
(2) Voy. fig. 3.
(3) Voy. fig. 2 et 3.
(4) Meckel, *op. cit.*, t. VIII, p. 511.
(5) *Anat. comp.*, 2ᵉ édit., t. IV, 2ᵉ partie, p. 65.

seul fournir des renseignements précis. Voici ce que j'ai trouvé, et ce que j'ai exposé sommairement dans une note présentée à l'Académie des sciences (1) :

A l'œil nu, la portion cardiaque de l'estomac présente une épaisseur beaucoup moindre que celle de la portion pylorique, et l'on en avait conclu un peu vite que cette portion cardiaque était constituée par une couche musculaire assez faible, tandis que la portion pylorique aurait possédé une couche musculaire beaucoup plus puissante.

Mais, à l'examen microscopique, les choses changent de face. Si l'on étudie par ce moyen la structure de la portion pylorique qui est en effet la plus épaisse, on voit qu'elle est uniquement constituée par un amas de glandes en tubes, très-serrées, et offrant l'aspect d'une palissade régulière sans interruption (2). En réalité, cependant, ces tubes sont séparés les uns des autres par un lacis vasculaire très-abondant. Ces tubes, légèrement renflés en ampoule à leur extrémité fermée, n'ont pas moins de 2 millimètres de longueur ; ils sont surmontés d'un épithélium très-mince, et reposent sur une couche musculaire d'une faible épaisseur (à peine un dixième de millimètre).

Quant à la portion cardiaque, il en est tout autrement ; au lieu de glandes, elle ne présente que des papilles coniques de hauteurs diverses (1 à 2 dixièmes de millimètre); mais en revanche la couche musculaire sous-jacente est très-considérable (3). Ces papilles en effet reposent sur une triple couche de muscles, dont l'épaisseur totale est d'un millimètre environ, c'est-à-dire dix fois plus puissante que la couche musculaire sous-jacente aux glandes en tubes de la région cardiaque. De plus, ces papilles sont surmontées d'une couche épithéliale très-épaisse, moulée sur les papilles, et offrant par suite, quand on la regarde de face, des saillies et des dépressions alternatives. L'épaisseur de ce revêtement épithélial, rapprochée de celle de

(1) *Comptes rendus*, t. LXXVII, n° 26, 29 décembre 1873.
(2) Voy. fig. 16.
(3) Voy. fig. 16.

la couche musculaire, révèle nettement les fonctions mécaniques de cette partie de l'estomac.

A la limite des deux portions de l'estomac, la structure de chacune d'elles offre une transition brusque, tout aussi bien à l'examen microscopique qu'à l'œil nu. Les glandes cessent brusquement pour faire place aux papilles, et les deux couches musculaires sous-jacentes se présentent là avec leurs différences très-marquées : la couche sous-glandulaire très-mince, la couche sous-papillaire très-épaisse (1).

De ces différences très-remarquables dans la structure des deux portions de l'estomac, il est permis de conclure à une différence tout aussi tranchée dans leurs fonctions. La portion cardiaque offre tous les caractères d'un estomac dont le rôle est essentiellement mécanique : la portion pylorique, ceux d'un estomac exclusivement sécrétant. Cette division du travail physiologique est assurément fort remarquable, et je ne crois pas qu'elle ait été encore signalée.

Comme argument à l'appui de cette opinion sur le rôle mécanique d'une portion de l'estomac, je rappellerai que Hennah, chez les individus qu'il avait tués, a toujours trouvé l'estomac distendu par une matière nutritive à peine mâchée par les dents (2). La trituration s'achève sans doute dans l'estomac. Je dois ajouter cependant que la différence anatomique si tranchée, que j'ai constatée à la frontière des deux estomacs, s'efface et s'atténue à mesure qu'on s'éloigne de cette séparation mitoyenne. Ainsi, à mesure qu'on se rapproche du cardia, les papilles deviennent plus rares et plus petites. Au voisinage du cardia, elles ont presque complétement disparu. En revanche, on trouve dans cette région quelques glandes en grappe, qui rappellent celles qu'on trouve dans l'œsophage, avec lesquelles elles se continuent sans différences bien marquées. L'ouverture cardiaque ne diffère en effet des parties situées au-dessus et au-dessous que par une

_____

(1) Voy. fig. 16.

(2) Hennah, *Ueber Hyrax cap.* (*Notizen von Froriep*, Weimar, 1835, vol. XLV, n° 978, p. 152).

épaisseur musculaire un peu plus considérable; mais sa structure est la même, de sorte qu'on pourrait concevoir l'estomac pylorique comme une simple dilatation, dans des proportions énormes, de la partie inférieure de l'œsophage. Cette remarque d'ailleurs avait été déjà faite pour l'estomac du Cheval (1).

A la suite de l'estomac vient le duodénum, qui est fixé à la partie postérieure de l'abdomen d'une façon plus étroite que chez la plupart des Rongeurs; dans tout son trajet, il est recouvert en entier par le péritoine. Il descend en avant du rein droit dans une longueur d'environ 10 centimètres (2), puis il se recourbe brusquement sur lui-même, remonte vers l'estomac, et devient un intestin mobile, c'est-à-dire maintenu lâchement par un repli du péritoine.

L'intestin grêle a un diamètre inégal, plus petit cependant vers la fin (3). Owen lui a trouvé un diamètre de huit lignes environ (17 millimètres) (4). Je lui trouve un diamètre moyen de 10 à 12 millimètres.

Owen (5) a signalé le premier la présence d'une série de douze petites poches environ situées à la face interne de l'intestin grêle, et éloignées les unes des autres de trois à cinq pouces (75 à 125 millimètres), ayant trois lignes de diamètre (9 millimètres) et autant en profondeur, et dont les orifices sont dirigés vers le cæcum. Ces poches, situées en entier au-dessous de la tunique musculaire, ne font pas de saillie à l'extérieur de l'intestin; elles consistent en un repli de la membrane muqueuse, et sont entourées par des follicules agminés qui s'ouvrent dans leur intérieur par des orifices nombreux. Leur fonction paraît être, d'après Owen, d'empêcher que la sécrétion de ces glandes soit entraînée avec le chyme aussitôt qu'elle est formée, et de prolonger le contact entre ces substances au bénéfice de la digestion.

(1) Chauveau et Arloing, *Anat. comp. des animaux domest.*, 2ᵉ édit. Paris, 1871, p. 410.

(2) Voy. fig. 1.

(3) Cuvier, *Anat. comp.*, t. IV, 2ᵉ partie, p. 263.

(4) *Proceed.*, 1832, p. 203, et *Anatomy of Vertebrates*, vol. III, p. 464.

(5) *Op. cit., ibid.*

Le reste de la surface de l'intestin grêle est garni de villosités longues et fines, d'une dimension extraordinaire, comme Meckel l'avait déjà remarqué (1). Vers la fin de l'intestin grêle, on trouve une douzaine d'amas glanduleux, constitués par des follicules agminés de 3 à 5 millimètres de diamètre, qui rappellent assez exactement, par leur aspect de plaques gaufrées, les glandes de Peyer.

L'intestin grêle se termine par un bourrelet assez peu saillant, qui ne mérite pas proprement le nom de *valvule iléo-cæcale*. Ce bourrelet, d'une dimension très-régulière dans toutes ses parties, est formé par une saillie circulaire de la couche musculaire, sur laquelle la muqueuse se moule exactement pour former un rebord tranchant, mais assez peu prononcé. Le côté de ce bourrelet qui regarde l'intestin grêle est garni de villosités en grande abondance ; le côté qui regarde le cæcum en est complétement dépourvu (2).

Le cæcum est un organe volumineux, gros, assez court, renflé en forme de sac (3). Son fond se trouve relevé, bridé, plissé par un ruban ligamenteux qui part de l'insertion de l'intestin grêle, et passe sous l'extrémité inférieure du cæcum pour aller se perdre sur la face opposée à celle de son attache principale. Le fond de cette cavité a 7 à 8 centimètres de diamètre ; la partie supérieure n'en a guère que la moitié, 3 à 4. Sa longueur est de 10 à 12 centimètres. En somme, la capacité de cette poche est notablement supérieure à celle de l'estomac, sans aller pourtant jusqu'au double, comme le veut Meckel (4).

En haut, le cæcum se continue par le gros intestin, dont on ne peut voir exactement l'origine qu'en ouvrant ces parties. Quand le cæcum est ouvert, on voit au-dessus du niveau de l'embouchure de l'intestin grêle un bourrelet ou un pli circulaire, au-dessus duquel se trouve une autre excavation (5) comparable

(1) *Op. cit.*, t. VIII, p. 528.
(2) Voy. fig. 4.
(3) Voy. fig. 1.
(4) *Op. cit.*, t. VIII, p. 526.
(5) Voy. fig. 4.

ARTICLE N° 5.

à un bonnet de pêcheur rabattu sur le côté, ou, d'après Owen [1],
à une S majuscule.

Cette première partie du gros intestin, qui coiffe le cæcum,
forme une poche longue de 27 millimètres et large de 20, suivant Cuvier [2]. J'ai trouvé des dimensions un peu plus considérables, et pouvant, pour la longueur, aller jusqu'au double. Mais
je n'insiste pas sur ces mesures, qui ne sauraient jamais être
bien précises, à cause de l'extensibilité des parties soumises
à l'examen.

La structure du cæcum est très-différente de celle de l'intestin grêle. Les villosités ont complétement disparu, et il n'en reste
pas de traces. Sa surface interne présente de nombreux plis irréguliers, dus à de simples plissements de la muqueuse, dans les
feuillets desquels rampent de nombreux vaisseaux sanguins. La
muqueuse est criblée de follicules très-serrés contenus dans son
épaisseur, et qu'on retrouve également dans la poche qui relie
le cæcum au gros intestin. D'après cette structure, il est permis
de penser qu'à partir de ce point l'absorption intestinale est considérablement diminuée ; et la sécrétion glandulaire, fournie en
abondance par les parois du cæcum et du gros intestin, est sans
doute destinée à favoriser dans l'intestin le glissement des résidus de la digestion. Il est à remarquer en effet que les matières
contenues dans le cæcum et dans le gros intestin ne sont guère
composées que de fibres végétales dures et sèches, épuisées de
toutes leurs parties nutritives, et ayant fourni à la nutrition la
plus grande partie de ce qu'elles peuvent lui donner, remarque
déjà faite par Owen [3].

Après la poche qui fait suite au cæcum, le côlon se rétrécit ;
cependant il conserve encore un diamètre supérieur à celui de
l'intestin grêle. Ce diamètre est en moyenne de 20 millimètres.
La surface interne du côlon est d'abord lisse, et ses parois sont
assez épaisses ; mais bientôt elles s'amincissent, et leur membrane interne, après un trajet de 10 à 12 centimètres, présente

(1) *Proceed.*, 1832, p. 204.
(2) *Op. cit.*, t. IV, 2ᵉ partie, p. 263.
(3) *Proceed.*, 1832, p. 204.

des plis longitudinaux continus (que j'ai trouvés au nombre de huit dans un cas et de dix dans un autre) qui sont formés par un simple plissement de la muqueuse, sans addition de tissu musculaire : en revanche, on trouve entre les lames de ces replis un très-grand nombre de vaisseaux sanguins de forme ondulée. Ces plis longitudinaux se continuent dans le cæcum à deux cornes dont je vais parler, en s'y distribuant très-exactement par moitié : chacune de ces cornes reçoit quatre (ou cinq) plis qui s'y distribuent en éventail, et qui s'effacent après un trajet de 3 centimètres environ dans leur intérieur.

La longueur de cette première partie du côlon est estimée par Cuvier à 43 centimètres (1). Je l'ai trouvée de 55 centimètres dans un cas et de 58 dans l'autre, chiffres assez voisins de celui de Cuvier. Owen lui a trouvé une longueur un peu supérieure, qu'il évalue à deux pieds (2), c'est-à-dire environ 61 centimètres en mesures anglaises. D'après Martin (3), cette longueur est d'un pied sept pouces (49 centimètres).

Cette première partie du côlon se termine par la disposition singulière que Pallas appelait justement *insignis crassorum intestinorum apparatus*, et qu'il a le premier décrite et figurée (4). Ce sont deux appendices coniques, assez comparables aux cæcums des Oiseaux, longs de $0^m,074$, et larges à leur base de $0^m,020$ suivant Cuvier (5). D'après Owen (6), le diamètre de la base est d'un pouce et demi (32 millimètres). Mes mesures se rapprochent plus de celles d'Owen que de celles de Cuvier. Chacun de ces cæcums diminue graduellement et se termine par un appendice vermiforme, d'après Owen (7). Je n'ai pas trouvé cet appendice, et la cavité des cæcums m'a toujours paru se prolonger jusqu'à l'extrémité de leur pointe (8). Les parois de ces appendices

(1) *Loc. cit.*, p. 263.
(2) *Proceed.*, 1832, p. 204.
(3) *Proceed.*, 1835, p. 15.
(4) Pallas, *Spicil. zool.*, fascic. 2, tab. III, fig. 7, et *Miscell.*, p. 40, tab. IV, fig. 10.
(5) *Loc. cit.*, p. 264.
(6) *Proceed.*, 1832, p. 204.
(7) *Loc. cit.*
(8) *Voy.* fig. 1.

sont aussi minces dans toute leur étendue que celles du côlon ;
mais elles sont plus épaisses vers leur sommet. Leur structure
d'ailleurs est assez analogue à celle du reste du côlon ; elle en
diffère seulement par un développement plus prononcé des
fibres circulaires. Leur surface interne est d'ailleurs dépourvue
de villosités, ce qui les distingue nettement, comme Meckel
l'avait déjà remarqué (1), des cæcums d'Oiseaux, qui ont tous
des villosités, au moins à leur commencement.

Au delà de ces appendices, l'intestin offre une dilatation considérable qui s'atténue graduellement pour revenir à ses dimensions normales (2). Cette partie renflée, non plus que les appendices coniques, ne sont séparés du tube intestinal par aucune
valvule. Cette remarque faite par Meckel (3) est parfaitement
exacte. Aussi peut-on considérer ces appendices comme une
simple dilatation, à forme bizarre et singulière, du gros intestin
lui-même, dont ils ont d'ailleurs la structure.

Ces appendices sont généralement dirigés en avant. Kaulla (4)
les a cependant trouvés, chez un fœtus, dirigés en arrière
(*apice pelvem spectant*).

La seconde partie du côlon présente le même calibre que la
première, et même un calibre un peu inférieur. Comme longueur, je lui ai trouvé dans un cas 80 centimètres, et 1 mètre
dans le second. Owen (5) lui attribue deux pieds six pouces
(76 centimètres). Martin (6) a trouvé un chiffre très-voisin,
deux pieds sept pouces (78 centimètres).

Le côlon, en quittant les appendices, se porte en avant, passe
de l'hypochondre droit dans l'hypochondre gauche, en traversant la région épigastrique, se dirige en bas et en arrière, et
se change en rectum. Les limites du rectum sont peu marquées. Il commence à peu près à 0^{m},243 de l'anus, d'après

<hr>

(1) *Anat. comp.*, t. VIII, p. 524.
(2) Voy. fig. 1.
(3) *Loc. cit.*, p. 523.
(4) *Op. cit.*, p. 17.
(5) *Proceed.*, 1832, p. 204.
(6) *Proceed.*, 1835, p. 15.

Cuvier (1), endroit où il n'a que 0^m,006 de diamètre, tandis que vers la fin il en a 0^m,011.

A l'exception du cæcum et de la poche du côlon, le gros intestin n'a point de bandes tendineuses qui partagent sa cavité en cellules. Ses parois sont généralement assez minces, lisses intérieurement, et, comme le reste du côlon, dépourvues de villosités et garnies de follicules très-nombreux.

Les parois du rectum, plus épaisses que celles du côlon, ce qu'elles doivent à des couches musculaires beaucoup plus considérables, ont intérieurement de larges plis longitudinaux et parallèles. Cuvier avait déjà constaté (2) que la membrane musculeuse y est très-forte vers la fin, et est composée d'une couche extérieure très-marquée de fibres longitudinales.

Pallas raconte (3) qu'il a trouvé, parmi les brins d'herbe hachée contenus dans le gros intestin, les fragments d'un ténia, longs d'environ dix-huit pouces (50 centim.), dont il donne la figure (4), et qu'il rapporte au *Tœnia vulgaris* de Linné. On sait aujourd'hui que ces parasites ne sont pas rares chez les animaux sauvages, qui en avalent les germes avec l'herbe qu'ils broutent.

La longueur proportionnelle du canal intestinal, relativement à la longueur du corps (prise de l'extrémité du museau à l'anus), a donné des résultats assez différents. Je citerai d'abord les miens, pour les comparer ensuite aux autres.

Chez un individu long de 50 centimètres, j'ai trouvé le canal intestinal long de 3 mètres; chez un autre, long de 45 centimètres, ce canal offrait une longueur de 3^m,75. Le rapport cherché est, dans le premier cas, de 1 à 6, et dans le second de 1 à 8,3.

D'après les tableaux dressés par Cuvier (5), ce rapport peut varier dans les proportions suivantes : Duvernoy l'a trouvé dans

(1) *Op. cit.*, p. 264.
(2) *Op. cit.*, p. 264.
(3) *Miscell.*, p. 46.
(4) *Ibid.*, tab. IV, fig. 14 *a*, *b*.
(5) *Anat. comp.*, t. IV, 2e partie, p. 193.

un cas de 1 à 5,8 ; dans un autre, de 1 à 6 ; dans un troisième,
de 1 à 9. Pallas l'a trouvé de 1 à 9,3. Quant à Meckel, dans
deux observations, il l'a trouvé de 1 à 8 ou 9. Owen l'a trouvé
environ six fois la longueur de l'animal (1). Les variations peuvent donc aller de 6 à 9. Le chiffre 8 est assurément le plus rapproché de la moyenne.

Au surplus, ces mensurations ne peuvent offrir la même cer-
titude que si l'on avait affaire à un organe rigide. Les plis de
l'intestin et son extensibilité font que, sur un même individu,
deux observateurs peuvent rencontrer dans les mesures un écart
assez notable. Ce calcul n'est donc qu'approximatif. Cependant,
répété avec soin et sur de nombreux échantillons, il peut fournir des données moyennes assez voisines de la vérité.

Quant à la différence entre la longueur de l'intestin grêle
et celle du gros intestin, Meckel (2) la trouve fort peu sensible,
et juge erronés les calculs de Pallas et de Cuvier, qui trouvent
l'intestin grêle sensiblement plus long dans la proportion de
6 à 5 ou de 6 à 4 1/2. Malgré l'assurance de Meckel, qui se
dit « convaincu de l'exactitude » de la proportion qu'il indique,
je dois dire que mes mesures confirment de tout point celles de
Pallas et de Cuvier. Dans un cas, j'ai trouvé pour la longueur
de l'intestin grêle, 1^m,65, et pour celle du gros intestin, 1^m,35.
Le rapport entre ces deux mesures est très-sensiblement comme
6 est à 5. Dans un autre cas, j'ai trouvé pour l'intestin grêle
2^m,15, et pour le gros intestin 1^m,58. Ce rapport est très-sensiblement dans la proportion de 7 à 5.

Les glandes annexées au tube digestif sont, comme chez les
autres Mammifères, le foie et le pancréas.

Le foie occupe tout l'hypochondre droit et une grande partie
de l'hypochondre gauche. Son poids moyen, chez l'animal adulte,
est d'environ 55 grammes. Ses dimensions sont difficiles à établir exactement, parce qu'il est partagé en un grand nombre
de subdivision.

(1) *Proceed.*, 1832, p. 204.
(2) *Ibid.*, p. 520.

Le nombre de ces subdivisions varie notablement suivant les auteurs. Pallas (1) en admet sept; Owen (2) a trouvé le même chiffre; suivant Meckel (3), il y a six ou sept lobes. D'après Brandt (4), on compte cinq lobes et un petit lobule de Spiegel; d'après Martin (5), il y a quatre lobes principaux et un petit lobule de Spiegel. Cuvier (6) a décrit le foie du Daman d'une façon assez obscure, sans indiquer le nombre de ses lobes. J'ajouterai enfin que j'ai trouvé, comme Pallas, sept lobes au foie, mais je ne suis pas tout à fait d'accord avec lui pour leur détermination, comme je le dirai plus loin.

Pour cette détermination, je crois qu'il faut d'abord prendre un type simple, comme celui de l'Homme, et suivre ensuite la complication qu'on rencontre chez les autres Mammifères. Je ne saurais mieux faire que de laisser ici la parole à Cuvier :

« Il faut, dit-il, considérer le foie de l'Homme comme composé d'un seul lobe, que nous appelons lobe principal, avec un rudiment de lobule droit, celui de Spigelius. Nous verrons successivement un lobe gauche et un lobe droit s'ajouter à gauche et à droite du lobe principal, puis un lobule droit et un lobule gauche. Quand tous ces lobes sont développés, ce qui est le cas de la plupart des *Mammifères*, le foie est alors à son plus haut degré de composition. Il occupe, dans ce cas, l'hypochondre gauche aussi bien que l'hypochondre droit... C'est dans les *Carnivores* et les *Rongeurs* que ces parties ont atteint leur plus haut degré de développement, et qu'elles sont le plus séparées (7). »

En prenant pour point de départ ces remarques de Cuvier, on peut ramener l'apparente complication du foie chez le Daman à une assez grande simplicité. On distinguera d'abord (8) deux

(1) Pallas, *Miscell.*, p. 41.
(2) Owen, *Proceed.*, 1832, p. 205.
(3) *Anat. comp.*, t. VIII, p. 529.
(4) *Mém. de l'Acad. des sciences de Saint-Pétersb.*, 1869, p. 60.
(5) *Proceed.*, 1835, p. 14.
(6) *Anat. comp.*, 2ᵉ édit., t. IV, 2ᵉ partie, p. 463-464.
(7) Cuvier, *Anat. comp.*, 2ᵉ édit., t. IV, 2ᵉ partie, p. 432 et 434.
(8) Voy. fig. 6.

lobes principaux, les plus volumineux de tous, l'un droit et l'autre gauche, LD et LG. Le premier a 6 centimètres de longueur sur 5 de largeur; le deuxième, 8 centimètres sur 4 1/2. Comme accessoires de chaque lobe principal, on trouve un lobe secondaire ou lobule, LD', LG', et un petit lobule ou lobulin, LD''. LG''. Enfin, il existe même au lobe gauche un second lobulin LG''', quelquefois divisé en deux par une séparation plus ou moins complète.

Tous ces lobes, disposés en éventail, sont épais à leur base commune, minces et tranchants à leur circonférence.

Ces sept lobes du foie ont été décrits et figurés par Pallas [1], mais avec des désignations différentes. Il n'admet qu'un lobe gauche, celui que j'indique par les lettres LG; il attribue à la portion droite deux lobes, LD', LD''. Reste une partie qu'il appelle moyenne, et qui est composée de trois lobes, LG', LG'', LD. Enfin, il considère comme le lobule de Spiegel celui que j'ai désigné sous la lettre LG'''.

Le Daman est dépourvu de vésicule du fiel, comme beaucoup d'autres Pachydermes (l'Éléphant, le Pécari, le Tapir, le Rhinocéros, les Solipèdes). La bile est recueillie par des conduits qui finissent par se réunir dans deux gros troncs principaux, les canaux hépatiques, continués directement par le canal cholédoque (2).

M. Owen a mentionné chez un individu qu'il a disséqué une disposition un peu différente, mais qui pouvait bien être pathologique. Le conduit hépatique, en quittant le lobe du foie, se dilatait pour former trois réceptacles de forme globulaire, dont la capacité réunie égalait celle d'une vésicule biliaire de dimension moyenne. Le conduit formé par la réunion de ces réceptacles avait trois lignes ($6^{mm},6$) de diamètre et un pouce trois lignes ($31^{mm},6$) de longueur. Il se rétrécissait graduellement en se rapprochant de l'intestin, et se terminait à la distance de trois quarts de pouce (18 millimètres) du pylore. Dans la plus large de ces dilatations

<hr>

(1) *Miscell.*, p. 41, pl. 4, fig. 11.

(2) Voy. fig. 6.

du conduit hépatique, existait un Distome, probablement de la
même espèce que celui qui existe dans le foie du Mouton. De
plus, dans cette dilatation aussi bien que dans les autres, il y
avait de petites concrétions biliaires pulvérulentes, d'une couleur jaune brillante. En présence de ces témoignages patholo-
giques, M. Owen conclut en disant qu'il n'est pas sûr que ces
dilatations puissent être considérées comme tout à fait normales (1).

D'après Martin (2), le canal cholédoque a un pouce et quart
(31 millimètres) de longueur. C'est à peu près la longueur que
je lui ai trouvée. Cette longueur est seulement de 2 centimètres
suivant Cuvier (3). Elle irait jusqu'à deux pouces et demi (62 millimètres), suivant Brandt (4).

Pour ce qui concerne l'insertion de ce conduit dans l'intestin,
les opinions sont assez divergentes.

D'après Martin, cette insertion a lieu à un demi-pouce (12 millimètres 1/2) au-dessous du pylore ; d'après Owen, à trois quarts
de pouce (18 millimètres) ; d'après Meckel et Brandt, à un pouce
(25 millimètres) ; d'après Cuvier, à 20 millimètres ; d'après
mes observations, cette distance est d'environ 3 centimètres.
Pallas, qui avait déjà mentionné l'absence de la vésicule du fiel,
dit que le canal cholédoque a l'épaisseur d'une plume de poule,
et s'insère à l'intestin à une distance du pylore de trois quarts de
pouce (18 millimètres) (5). Cette distance, qui concorde avec celle
d'Owen et de Cuvier, me paraît devoir être adoptée comme la
mesure moyenne la plus voisine de la vérité.

Dans une observation, Cuvier avait trouvé le canal cholédoque et le conduit pancréatique réunis pour une insertion
commune (6). Mais ce n'est pas la règle générale, car Cuvier
ajoute en note : « Nous avons trouvé l'embouchure du canal

(1) *Proceed. Zool. Soc. Lond.*, 1832, p. 205.
(2) *Proceed.*, 1835, p. 14.
(3) *Anat. comp.*, 2e édit., t. IV, 2e partie, p. 529.
(4) *Op. cit.*, p. 60,
(5) *Miscell.*, p. 41.
(6) *Anat. comp.*, 2e édit., t. IV, 2e part., p. 529.

hépatique à 0^m,007 du pylore et celle du pancréatique à 0^m,011 dans un Daman du Cap. »

D'après Owen et Martin, l'embouchure du conduit pancréatique peut être commune avec celle du cholédoque ; mais ils ont aussi trouvé ces embouchures séparées. Suivant Pallas, Kaulla, Meckel, chacun de ces deux conduits a une insertion distincte. C'est aussi ce que j'ai observé.

Lorsqu'on relève le foie et qu'on le considère par la face inférieure, on observe d'avant en arrière les conduits suivants, pénétrant dans le foie par le hile et recouverts de la capsule de Glisson [1] :

1° La veine porte, formée par la réunion de la grande veine mésentérique, de la veine gastro-splénique et de la veine pancréatique.

2° Le canal cholédoque.

3° L'artère hépatique, née du tronc cœliaque, et qui se divise, avant de pénétrer dans le foie, en plusieurs branches, dont les unes passent en avant et les autres en arrière de la veine porte et du canal cholédoque.

Le foie est fixé au diaphragme par plusieurs replis péritonéaux, dont un beaucoup plus développé que les autres : c'est le ligament suspenseur. Les ligaments coronaires sont médiocrement développés ; le ligament rond est très-petit et plat (2). Kaulla a reconnu dans un fœtus les traces évidentes de la veine ombilicale.

Le pancréas [3] est un organe grisâtre, allongé, long de 5 à 6 centimètres, sur 1 centimètre de largeur ; son extrémité gauche, qui touche à la rate, forme une pointe mousse arrondie ; son extrémité droite, renflée, est large de 15 à 18 millimètres, et donne passage au conduit pancréatique. Owen signale deux conduits distincts, débouchant dans l'intestin, l'un tout près du canal cholédoque, et l'autre à un pouce (22 millim.) plus bas ; et il rapproche cette disposition des conduits et la

(1) Voy. fig. 6.
(2) Brandt, op. cit., p. 61.
(3) Voy. fig. 6.

courbure subite du duodénum de l'organisation des Oiseaux (1). Martin a fait la même observation : d'après lui. il y a deux conduits, dont le premier se termine avec le conduit biliaire, et le second à trois quarts de pouce (15 millimètres) plus bas.

Je n'ai pu retrouver ces deux conduits ; et, d'après mes observations, qui confirment celles de Pallas (2) et de Meckel (3), le conduit unique du pancréas s'ouvre dans l'intestin presque immédiatement au-dessous du canal cholédoque (4), à la distance de 2 millimètres environ, après avoir suivi dans l'épaisseur des parois intestinales le même trajet oblique que le conduit biliaire.

Comme remarque accessoire, je noterai que la recherche de ces canaux n'est pas toujours une chose facile. Si leur embouchure était entourée d'une sorte de tubercule analogue à celui qui termine les conduits salivaires de chaque côté de la langue, on aurait là un point de repère assez commode. Mais il n'en est pas ainsi. L'embouchure oblique de ces canaux, semi-lunaire et non pas circulaire, disposée obliquement en bec de flûte, et plus semblable à une éraillure de la muqueuse qu'à l'orifice d'un conduit glandulaire, rend cette recherche délicate, longue, difficile et toujours très-minutieuse, quels que soient les procédés employés et l'habitude qu'on puisse avoir de ces sortes d'explorations. Cela suffit pour expliquer les divergences qui existent à ce sujet entre les anatomistes, en supposant que la nature n'ait pas créé toutes les variations constatées par les observateurs.

Quoique la rate soit une glande vasculaire sanguine, je placerai sa description ici, à cause de sa situation dans l'abdomen.

La rate est aplatie, mince, allongée, en forme de hache, suivant Martin (5), amincie aux deux extrémités, suivant

---

(1) *Proceed.*, 1832, p. 205.
(2) *Miscell.*, p. 41.
(3) *Anat. comp.*, t. VIII, p. 531.
(4) Voy. fig. 6.
(5) *Proceed.*, 1835, p. 15.

Meckel (1), en forme de croissant, d'après Pallas (2) et Owen (3).
C'est aussi ce que j'ai constaté (4). C'est un croissant irrégulier,
dont l'extrémité antérieure est plus large, et l'extrémité postérieure plus étroite. Le bord concave, par où pénètrent les vaisseaux, est mince et tranchant; le bord convexe, placé en dehors,
est assez épais (5 à 6 millimètres). Sa largeur est de 25 à 30 millimètres; sa longueur est de 7 centimètres, chiffre voisin de celui
que donne Brandt (5), qui lui assigne trois pouces de long (environ
66 millimètres). Son poids varie de 5 grammes à 5 grammes 1/2.
Le rapport de son poids, comparé à celui du foie, est de 1 à 10
ou 11, chiffre un peu différent de celui que donne Meckel, qui
a trouvé ce rapport de 1 à 8 (6).

Tous les viscères abdominaux sont enveloppés ou recouverts
par le péritoine.

Le péritoine du Daman présente la disposition générale de
celui de tous les Mammifères. Il me semble donc superflu d'en
faire la description détaillée et d'exposer dans tous ses replis et
toutes ses sinuosités cette membrane séreuse dont la distribution
offre des complications si minutieuses et si difficiles à suivre et à
faire comprendre. Je me bornerai à dire que le péritoine n'offre
rien de particulier chez le Daman sous le rapport des épiploons
gastro-hépatique et gastro-splénique, non plus que du grand
épiploon flottant qui part de la grande courbure de l'estomac et
forme dans l'abdomen un vaste tablier vasculaire et graisseux
qui s'interpose entre la cavité abdominale et les intestins. Le
bord inférieur ou postérieur de cet épiploon est flottant; mais
par ses deux extrémités il se relie à deux des trois feuillets mésentériques dont je vais parler, savoir, au feuillet droit et au feuillet
gauche.

La forme générale du mésentère peut se comparer à trois

<hr>

(1) *Anat. comp.*, t. VIII, p. 532.
(2) *Miscell.*, p. 41.
(3) *Proceed.*, 1832, p. 205.
(4) Voy. fig. 7.
(5) *Op. cit.*, p. 67
(6) *Anat. comp.*, t. VIII, p. 532.

feuillets d'un livre accolés côte à côte et reliés par leur bord adhérent. Le premier feuillet, situé à droite, se rend au cæcum à deux cornes et à la portion du gros intestin qui sépare ce cæcum du premier. Il relie aussi le gros intestin au premier cæcum par une espèce de pont jeté entre ces deux parties. Il contient dans son épaisseur la branche droite de l'artère mésentérique antérieure. Le second feuillet ou médian se rend à tout l'intestin grêle et au bord droit du premier cæcum. Il contient dans son épaisseur la branche gauche de l'artère mésentérique antérieure. Enfin le troisième feuillet, situé à gauche, a une base d'attache beaucoup plus longue que les deux autres, car il adhère à toute la colonne lombaire et jusqu'aux dernières vertèbres sacrées. Il se rend au côlon descendant, l'accompagne à sa descente dans le bassin et se prolonge sur le rectum jusqu'à son extrémité. Il contient dans son épaisseur l'artère colique gauche et la mésentérique postérieure.

On peut encore signaler un quatrième feuillet mésentérique, qui passe d'abord inaperçu. C'est celui qui entoure le duodénum et le commencement de l'intestin grêle. Il est accolé dans toute son étendue au feuillet droit, en dehors duquel il se trouve placé, et qu'il sépare du rein droit. En raison de cette disposition, le duodénum est appliqué contre la face externe du feuillet mésentérique droit, contre lequel il se trouve fixé d'une manière étroite et à peu près immobile. Ce mésentère duodénal contient dans son épaisseur deux artères destinées au duodénum : l'artère inférieure ou postérieure est une branche que l'artère mésentérique supérieure ou antérieure fournit avant de se diviser dans ses deux grandes branches ; l'artère supérieure provient du tronc gastro-hépatique.

Le péritoine qui tapisse les parois de l'abdomen est à peu près partout appliqué intimement sur ces parois. En certains points cependant, et notamment à la surface des testicules, le péritoine forme de chaque côté et en dehors une espèce de repli parallèle à la colonne vertébrale, tout à fait analogue à l'épiploon qui flotte le long de la grande courbure de l'estomac. Ces replis sont froncés sur eux-mêmes et chargés d'une graisse abondante. Ils se prolongent d'ailleurs jusque dans le bassin et vont s'attacher aux faces latérales du fond de la vessie. Un troisième repli péritonéal, partant de l'ombilic par une sorte de pédicule étroit et augmentant de dimensions à mesure qu'il descend dans le bassin, vient s'attacher à la partie antérieure du fond de la vessie. Ce repli simule assez bien une faux, dont la pointe serait fixée à l'ombilic et la base bifurquée à la vessie. Dans l'état de vacuité, le fond de la vessie, s'affaissant entre ces trois replis du péritoine pariétal, prend la forme d'une excavation triangulaire, déterminée et limitée par ces trois liens suspenseurs qui circonscrivent son périmètre.

Le repli ombilical dont je viens de parler est d'ailleurs constitué par ce que l'on appelle le ligament supérieur ou médian, et les deux ligaments latéraux de la vessie, derniers vestiges de la vie embryonnaire. Le ligament médian est formé par les débris de l'ouraque, et les ligaments latéraux résultent de l'oblitération des artères ombilicales (1).

APPAREIL CIRCULATOIRE.

Le cœur est assez volumineux, arrondi plutôt qu'ovalaire, en rapport par sa pointe avec la partie gauche du sternum, et fixé par ses enveloppes séreuses au sternum et au diaphragme. Le péricarde s'applique sur lui d'une façon étroite. La pointe du cœur ne descend pas au delà de la quatrième côte (2). Sa longueur est d'environ 35 millimètres, et sa largeur de 30.

Martin (3) l'a trouvé bifide à sa pointe. C'est le seul auteur qui ait fait cette remarque, que Brandt (4) n'a pu vérifier. J'ai pu examiner le cœur chez trois individus, et je n'ai trouvé sur aucun d'eux la moindre trace de division du cœur à sa pointe.

Il n'y a pas d'os cardiaque dans les parois qui séparent les oreillettes et les ventricules.

1) Voy. Milne Edwards, *Leçons sur la physiol. et l'anat.*, t. VII, p. 369, note 1.

(2) Pallas, *Miscell.*, p. 43.

(3) *Proceed.*, 1835, p. 15.

(4) *Op. cit.*, p. 61.

La masse du cœur est surtout constituée par les ventricules. Les oreillettes, séparées extérieurement des ventricules par un sillon circulaire profond, se présentent sous la forme d'auricules aplaties, dentelées sur leurs bords, assez semblables à deux champignons greffés sur les ventricules.

On trouve chez le Daman, comme chez beaucoup de Mammifères, un repli semi-lunaire bordant l'orifice de la veine cave inférieure dans le cœur : c'est la valvule d'Eustachi. Meckel (1) avait déjà constaté son existence sur trois sujets adultes; je l'ai trouvée également. Mais je n'ai pas rencontré la valvule de Thebesius, qui borde chez certains animaux l'orifice de la grande veine coronaire.

La face intérieure des oreillettes est creusée, comme celle des ventricules, de nombreuses vacuoles séparées par des cloisons charnues fortes et irrégulières.

Pour la disposition des valvules auriculo-ventriculaires et sigmoïdes, je n'ai rien trouvé de particulier à signaler.

L'artère pulmonaire pénètre dans les poumons vers leur partie la plus élevée, à la façon ordinaire.

L'aorte, à sa sortie du cœur, a comme toujours la forme d'une crosse dont la branche descendante constitue l'aorte inférieure ou postérieure. De la convexité de la crosse de l'aorte, il naît deux troncs (2): l'un, beaucoup plus volumineux, qui, après un trajet assez court, se divise en trois branches (les deux carotides et la sous-clavière droite); l'autre, plus faible, qui constitue la sous-clavière gauche. Cette disposition, déjà signalée par Pallas (3), Meckel (4), Hyrtl (5), Brandt (6), est celle qu'on rencontre le plus fréquemment chez les Rongeurs; et, sous ce rapport, le Daman se rapprocherait plus de ce groupe zoologique que de celui des Pachydermes.

(1) *Op. cit.*, t. IX, p. 387.
(2) *Voy.* fig. 75.
(3) *Miscell.*, p. 43.
(4) *Anat. comp.*, t. IX, p. 397.
(5) *Wiener Sitzungsber. der mathem. naturw. Classe*, 1852, t. VIII, p. 463.
(6) *Op. cit.*, p. 62.

A son passage entre les oreillettes, l'aorte donne une artère coronaire antérieure et une artère coronaire postérieure. L'artère coronaire antérieure est de beaucoup la plus volumineuse. Elle donne une branche assez grêle à l'oreillette gauche, puis se divise en trois troncs volumineux, dont l'un se dirige à gauche dans le sillon auriculo-ventriculaire, le second descend perpendiculairement sur le ventricule gauche, et le troisième descend dans le sillon interventriculaire. L'artère coronaire postérieure a une distribution analogue, mais avec des branches beaucoup plus faibles.

L'artère carotide primitive monte le long du cou, dans l'intervalle qui sépare la trachée de l'œsophage. Au niveau du larynx, elle fournit l'artère thyro-laryngienne; puis, arrivée à la poche gutturale, elle se termine par trois branches : l'artère occipitale, la carotide interne, et la carotide externe.

L'artère occipitale monte sous l'apophyse transverse de l'atlas, en passant derrière la poche gutturale; puis elle traverse le trou de l'atlas, fournit plusieurs branches musculaires à la région occipitale, et se termine par l'artère cérébro-spinale, qui concourt à former le tronc basilaire, en s'anastomosant avec l'artère vertébrale.

Le tronc basilaire est un vaisseau impair et médian qui rampe sur la face inférieure du bulbe rachidien, et fournit les branches suivantes (1) :

En arrière de la protubérance annulaire, on voit naître à droite et à gauche des rameaux assez volumineux, les artères cérébelleuses postérieures, qui fournissent des artérioles aux parties postérieures et latérales du cervelet. Au niveau de la protubérance, plusieurs paires de ramuscules nés du tronc basilaire se distribuent à la protubérance annulaire. Au commencement des pédoncules cérébraux, le tronc basilaire se termine en se bifurquant pour fournir les artères communicantes postérieures qui vont se jeter dans la carotide interne.

Chaque artère communicante fournit deux branches : en

____

(1) Voy. fig. 41, 42 et 43.

arrière, l'artère cérébelleuse antérieure : en avant, l'artère cérébrale postérieure. Les artères cérébelleuses antérieures se dirigent en dehors et en arrière, en contournant les pédoncules cérébraux, et se distribuent à la partie antérieure du cervelet. Les artères cérébrales postérieures se bifurquent presque aussitôt après leur origine ; la branche antérieure gagne la fente de Bichat et se distribue à l'intérieur de l'hémisphère ; la branche postérieure contourne l'extrémité postérieure du cerveau, et lui fournit de nombreuses branches qui se dirigent à sa surface d'arrière en avant, et s'anastomosent à leur terminaison avec les artères cérébrales moyennes.

Quant à la carotide interne, après avoir pénétré dans le crâne par le canal carotidien, elle s'engage dans le sinus caverneux, où elle reçoit l'anastomose de l'artère communicante postérieure ; puis fournit un tronc unique qui se divise en deux branches, l'artère cérébrale antérieure, et l'artère cérébrale moyenne. L'artère cérébrale antérieure s'engage immédiatement entre la commissure des nerfs optiques et le lobe olfactif, qu'elle contourne ; elle monte ensuite le long de la face interne de l'hémisphère, se dirige en avant, et contourne l'extrémité antérieure du corps calleux ; puis elle se dirige en arrière en fournissant plusieurs branches ascendantes, et s'arrête vers l'extrémité postérieure du corps calleux. Ses branches terminales s'anastomosent avec celles de l'artère cérébrale postérieure. L'artère cérébrale moyenne contourne la saillie du lobule mastoïde, se loge dans la dépression qui représente la scissure de Sylvius, et se divise, après un court trajet, en deux branches, l'une antérieure, l'autre postérieure, qui se subdivisent à leur tour et s'anastomosent par leurs branches terminales avec les artères cérébrales postérieure et antérieure.

Il est à noter que l'artère carotide interne n'offre point les réseaux admirables qu'on trouve chez le Cochon, chez les Ruminants, chez le Chat, etc.

L'artère carotide externe, au niveau du condyle de la mâchoire, se divise en deux branches : l'artère temporale superficielle, et la maxillaire interne. Avant cette division, elle fournit une artère très-importante, la linguale, et plusieurs rameaux secondaires qui se distribuent au pharynx, aux joues et aux lèvres.

L'artère temporale superficielle se distribue aux muscles et aux téguments de la face, de la région zygomatique, et de la région auriculaire antérieure.

La maxillaire interne fournit de nombreuses branches dentaire inférieure et supérieure, ptérygoïdienne, temporale profonde, buccale et palatine. Mais la plus intéressante de toutes est l'artère ophthalmique, qui entre dans le crâne par le trou orbitaire, pour se distribuer à toutes les parties constituantes et accessoires de l'œil. Cette branche en effet, comme Hyrtl l'avait déjà constaté (1), forme pendant son passage au fond de l'orbite un véritable réseau admirable bipolaire, long de 9 millimètres et large de 5. Ce réseau ressemble au réseau carotidien des Ruminants et des Pachydermes. Ses branches sont épaisses et courtes, et ses mailles sont complétement remplies par un réseau veineux.

La sous-clavière fournit (2) en haut deux artères, et une en bas : ce sont l'artère vertébrale, la transversale du cou, et l'intercostale supérieure.

La vertébrale n'offre de remarquable que son point de pénétration dans le canal vertébral : elle y pénètre en effet au niveau de la sixième vertèbre cervicale, et non pas de la septième ; aussi la septième vertèbre cervicale du Daman n'offre-t-elle pas à la base de ses apophyses transverses le trou que présentent les six premières pour le passage de cette artère. Cette disposition avait été déjà signalée par Meckel (3) et Hyrtl (4). L'artère vertébrale se réunit à l'artère cérébro-spinale pour former le tronc basilaire.

La transversale du cou se dirige en dehors et en haut, et envoie des rameaux aux muscles pectoraux, au trapèze, et à toutes les parties latérales du cou.

----

(1) *Loc. cit.*, p. 465.
(2) Voy. fig. 75.
(3) *Op. cit.*, t. IX, p. 404.
(4) *Op. cit.*, p. 465.

L'intercostale supérieure naît très-près de l'origine de l'artère vertébrale, à la partie postérieure de la circonférence de la sous-clavière. Elle fournit une branche œsophagienne, puis se distribue aux six premières côtes à droite, aux sept premières à gauche.

Les artères intercostales ont deux origines diverses, comme chez l'Homme. Les premières sont fournies par un tronc qui descend de l'artère sous-clavière, et qui détache à angle droit une branche aux six premières côtes à droite, aux sept premières à gauche (1).

A droite, la septième et la huitième côte reçoivent leur artère d'un tronc commun détaché de l'aorte ; un second tronc se divise également en deux, et fournit un rameau à la neuvième et à la dixième côte. Plus bas, chaque artère intercostale naît isolément de l'aorte.

A gauche, on trouve la même disposition : d'abord deux troncs qui se bifurquent, et dont chacun alimente deux côtes ; seulement ce sont les huitième, neuvième, dixième et onzième côtes. Plus bas, chaque artère naît également de l'aorte par un rameau isolé (2).

Les deux premiers troncs doubles de gauche sortent de l'aorte à un niveau inférieur à celui des troncs correspondants de droite ; quant aux rameaux suivants, ils naissent à peu près au même niveau des deux côtés.

Avant d'arriver dans l'aisselle, la sous-clavière fournit encore l'artère mammaire interne, qui, arrivée à l'espace qui sépare la cinquième de la sixième côte, se subdivise en deux rameaux, l'un externe, l'autre interne. Le rameau externe traverse le diaphragme entre la neuvième et la dixième côte, et se termine vers la treizième côte en fournissant des subdivisions de plus en plus grêles. Le rameau interne se rapproche du plan médian du corps, croise le cartilage jumeau de la septième et huitième côte, et sort de la cavité thoracique pour descendre le long de l'abdomen entre la paroi musculaire et la peau. Ce rameau,

(1) Voy. fig. 75.
(2) Voy. fig. 75.

beaucoup plus long que le précédent, donne sur son trajet de nombreuses branches qui s'en détachent, les premières à angle droit, les suivantes en faisant des angles de plus en plus aigus ; et il se perd ainsi en s'atténuant dans toute la partie médiane de la paroi abdominale.

L'artère mammaire interne, ainsi que son rameau externe, fournissent à toutes les côtes qu'elles longent des branches artérielles nombreuses. Pour chacune des six premières côtes, il y a deux artères, l'une au-dessus, l'autre au-dessous, avec deux veines corespondantes. Pour les dernières côtes, il n'en est pas de même; et d'ailleurs, à partir de la septième côte, les origines artérielles sont différentes. C'est en effet l'artère aorte thoraco-abdominale qui fournit les artères intercostales des quinze dernières côtes à droite, et des quatorze dernières à gauche, et non pas seulement des dix dernières, comme le disent Hyrtl (1) et Brandt (2).

Ces artères, dans la cavité thoracique, ne se terminent pas par une extrémité effilée, comme il arrive ordinairement : elles s'abouchent à plein canal avec les branches venant de l'artère mammaire interne, et forment ainsi des vaisseaux d'un calibre uniforme, qui sont le résultat de l'inosculation de deux branches venues à la rencontre l'une de l'autre.

A sa sortie du creux de l'aisselle, l'artère axillaire, qui continue la sous-clavière, se divise en trois rameaux : l'un qui va se distribuer aux muscles de l'épaule, l'autre aux muscles du bras, et enfin l'artère brachiale, qui, arrivée au pli du coude, se divise elle-même en deux, et fournit l'artère radiale et l'artère cubitale.

La distribution et la terminaison de ces deux dernières artères se comportent comme à l'ordinaire, avec ce caractère tout particulier, que chacune d'elles présente sur son trajet des réseaux bipolaires signalés et figurés pour la première fois par Hyrtl (3),

(1) *Denkschriften*, etc., p. 140.
(2) *Op. cit.*, p. 62.
(3) *Op. cit.*, p. 463-464, et *Denkschriften der Akademie der Wissenschaften*, XX vol. Vienne, 1864, p. 140-141.

et qu'il a rencontrés chez l'*Hyrax syriacus* et chez l'*Hyrax capensis*. Ces réseaux, dans leur forme la plus simple, sont composés de deux canaux parallèles, réunis à leurs deux extrémités ; c'est en quelque sorte un vaisseau fendu en deux, pour mieux reporter le sang dans les différentes régions qu'il traverse. Telle est du moins l'appréciation de Hyrtl. L'artère se divise en deux, puis en trois ou quatre branches, qui restent très-rapprochées et marchent parallèlement les unes aux autres. Pendant leur trajet, ces branches se réunissent à plusieurs reprises pour se séparer de nouveau, en interceptant de petits îlots plus ou moins allongés et en nombre variable. On a ainsi un *réseau admirable* des plus simples en forme de ruban, qui s'étend dans toute la longueur du bras jusqu'aux os du métacarpe.

L'artère cubitale présente ces subdivisions à un degré moindre que la radiale. C'est donc surtout cette dernière qui mérite d'être étudiée à ce point de vue. Hyrtl a vu que la radiale se divise d'abord en deux branches, qui se réunissent ensuite pour se diviser plus loin en trois branches. Plus loin il y a quatre branches, et enfin, au voisinage de la main, il y en a cinq, qui restent parallèles et très-rapprochées les unes des autres. Elles sont au nombre de sept au niveau du carpe, et c'est là seulement qu'elles commencent à diverger pour se distribuer à toutes les parties molles du dos de la main. Les chiffres donnés par Hyrtl ne sont pas sacramentels ; mais ils sont assez voisins de la moyenne et représentent assez exactement ce mode de subdivision artérielle, pour qu'il soit inutile d'y apporter aucun changement.

L'artère aorte, dans son passage à travers le thorax, fournit comme d'habitude des branches œsophagiennes, bronchiques, péricardiques, diaphragmatiques, qui ne méritent pas un examen particulier. Puis elle traverse les piliers du diaphragme, et arrive dans l'abdomen, où elle est chargée d'alimenter tous les organes contenus dans cette cavité.

On peut diviser en trois grands groupes les organes auxquels elle se distribue : 1° le tube digestif et ses annexes ; 2° les organes génito-urinaires ; 3° les parois de l'abdomen.

Au sortir des piliers du diaphragme, l'aorte abdominale

fournit d'abord un tronc très-important, le tronc cœliaque (1).
Ce tronc se divise presque immédiatement en deux branches :
l'une gastro-hépatique, l'autre splénique.

La branche gastro-hépatique se divise, après un trajet d'un
centimètre environ, en deux rameaux, l'un pour l'estomac,
l'autre pour le foie et le pancréas.

Le rameau gastrique distribue des artères à la face postérieure de l'estomac, à sa petite courbure et à la partie supérieure
de la face antérieure.

Le rameau pancréatico-hépatique fournit deux divisions principales, l'une qui va au foie, l'autre qui se distribue au pancréas,
au pylore et au commencement du duodénum.

Les dernières divisions de ce rameau se répandent dans le
grand épiploon et à la partie inférieure de la face antérieure de
l'estomac.

La branche splénique fournit un rameau assez considérable
à la rate, où il se rend en passant entre les lames de l'épiploon
gastro-splénique. L'artère splénique arrive à la pointe supérieure
de la rate ; de là elle descend le long de son bord concave par
un tronc qui envoie de nombreux rameaux dans la substance
de la rate avant de s'y terminer lui-même en y pénétrant par
la pointe inférieure.

Avant d'arriver à la rate, l'artère splénique fournit plusieurs
rameaux qui se répandent dans le grand épiploon et à la partie
inférieure de la face antérieure de l'estomac. Là, ces divisions
rencontrent celles de l'artère pancréatico-duodénale, avec lesquelles elles se réunissent par des anastomoses très-nombreuses
et ramifiées à l'infini.

L'intestin est desservi presque entièrement par l'artère grande
mésentérique, qui naît à un centimètre environ au-dessous du
tronc cœliaque (2). Cette artère fournit d'abord sur son trajet un
rameau important destiné au côlon gauche ; puis elle se divise en
deux branches considérables. L'une est destinée à l'intestin grêle,

(1) Voy. fig. 1, 6, 9.
(2) Voy. fig. 1.

auquel elle se distribue par de très-nombreux rameaux qui se détachent à angle droit en dents de peigne; elle est terminée par des artères qui partent du tronc principal comme les barbes d'une plume, pour s'épanouir sur le premier cæcum. La seconde branche se dirige vers la partie du gros intestin qui est comprise entre les deux cæcums, après avoir d'abord fourni un rameau assez important qui descend dans le golfe formé par l'embouchure du gros intestin dans le premier cæcum. Cette branche se subdivise en plusieurs rameaux qui alimentent le gros intestin et le cæcum bicorne qui se trouve sur son trajet.

Je signalerai comme rameaux accessoires fournis par la grande mésentérique avant sa division (1) : 1° un rameau assez volumineux qui se distribue à la seconde partie du duodénum (la partie supérieure du duodénum reçoit un petit rameau qui provient du tronc cœliaque après la naissance de l'artère splénique); 2° deux artères assez petites destinées à la portion du gros intestin qui correspond au côlon transverse et qui relie le cæcum au côlon gauche.

Le côlon gauche, comme je l'ai dit, est alimenté dans sa partie supérieure par un rameau de la grande mésentérique. Dans sa partie inférieure il reçoit du sang de la mésentérique postérieure ou petite mésentérique.

La petite mésentérique naît de l'aorte abdominale au-dessous des artères rénales et spermatiques. Elle se dirige obliquement en bas, puis se divise en deux rameaux qui se distribuent par d'autres subdivisions à toute la partie inférieure du côlon et même à la partie supérieure du rectum (2). Elle s'anastomose, dans les dernières divisions, avec l'artère colique née de la grande mésentérique.

Les artères rénales et spermatiques (3) présentent, comme dans tous les animaux, des variétés assez nombreuses sous le rapport de leur nombre et de leur origine. J'ai toujours trouvé l'artère spermatique naissant d'une des artères rénales. Quant

(1) Voy. fig. 5.
(2) Voy. fig. 8, 9, 10.
(3) Voy. 8, 9, 10.

aux artères rénales, on en trouve de chaque côté un nombre variable, deux, trois, quatre, cinq. En général, le rein droit en possède un plus grand nombre que le rein gauche.

Les capsules surrénales reçoivent du sang de diverses sources. J'ai trouvé la disposition suivante : celle de gauche recevant directement de l'aorte abdominale une artériole née immédiatement au-dessous du tronc cœliaque ; celle de droite recevant une branche de l'artère duodénale née de la grande mésentérique.

Le trajet des artères spermatiques est très-court, le testicule étant situé à très-peu de distance au-dessous du rein.

L'aorte abdominale fournit sur son trajet un assez grand nombre de petites artères, souvent en nombre pair, qui naissent entre l'aorte et la colonne vertébrale, et se distribuent à toute la masse des muscles lombaires et abdominaux. J'ai rencontré le plus souvent cinq paires d'artérioles entre l'ouverture aortique du diaphragme et la naissance des artères rénales ; et, depuis ce dernier point jusqu'au promontoire du sacrum, j'ai également trouvé cinq autres artérioles, soit disposées par paires, soit naissant par un tronc unique qui se bifurque aussitôt pour envoyer une branche à droite et l'autre à gauche.

Parmi les artères pariétales supérieures, les premières paires fournissent des rameaux aux piliers du diaphragme. La face inférieure du diaphragme reçoit en outre une artère fournie par l'aorte abdominale presque immédiatement au-dessus du tronc cœliaque (1).

Les artères du bassin sont fournies par les divisions de l'aorte abdominale. Elles proviennent de deux troncs principaux : l'artère hypogastrique et l'artère ischiatique. Je parlerai d'abord de leur distribution avant de parler de leur origine, qui est variable.

L'artère hypogastrique se distribue à la vessie, aux glandes de Cooper et aux vésicules séminales.

L'artère ischiatique, qui descend sur les côtés de l'excavation

____

(1) Voy. fig. 9.

pelvienne, donne des rameaux aux muscles psoas et iliaque ; et, après avoir donné un long rameau dont les divisions traversent les branches du plexus sacré pour se plonger à la face profonde des muscles de la fesse, elle sort du bassin avec le premier cordon émané du plexus sacré, et pénètre dans l'épaisseur du muscle fessier profond.

Mais l'origine de ces artères est sujette à varier, comme celle des autres artères du corps. On sait combien sont fréquentes ces sortes d'anomalies. Le système artériel est assurément celui qui offre le moins de fixité et qui présente la moindre valeur caractéristique, en raison même de sa variabilité.

Pour la terminaison de l'aorte abdominale en particulier, voici les différences que j'ai rencontrées sur deux individus.

Dans le premier (1), l'aorte abdominale se termine par trois branches d'égale grosseur, les deux iliaques primitives, et entre elles une iliaque interne unique. Cette iliaque interne, après un trajet assez court se divise en deux rameaux, l'un droit et l'autre gauche, dont chacun se subdivise immédiatement en deux : l'artère hypogastrique et l'artère ischiatique. L'artère sacrée moyenne naît directement de l'aorte avant sa trifurcation. Elle est composée d'une seule branche, qui descend tout le long de la partie médiane du sacrum. Chaque iliaque primitive fournit en dehors l'artère circonflexe iliaque, et plus bas l'artère épigastrique. L'artère circonflexe iliaque se divise en deux rameaux, l'un qui se distribue aux muscles de l'abdomen, l'autre qui perce la paroi abdominale pour aller gagner la face profonde de la peau. L'artère épigastrique, qui est simple comme la précédente, remonte le long de la paroi abdominale et va s'anastomoser avec les branches terminales de la mammaire interne.

Chez l'autre individu, voici les différences que j'ai constatées (2).

1° L'aorte se termine seulement par deux branches, les deux artères iliaques primitives. Mais celle de droite diffère de celle de gauche en ce qu'elle fournit d'abord un tronc très-court, d'où

(1) Voy. fig. 77.
(2) Voy. fig. 76

naissent l'hypogastrique et l'ischiatique gauches, et un peu plus
bas un autre tronc très-court également, qui fournit l'ischiatique et l'hypogastrique gauches.

2° L'artère sacrée moyenne naît de l'aorte par deux branches,
l'une droite et l'autre gauche, qui descendent parallèlement le
long des vertèbres sacrées, jusque vers le milieu de l'excavation
pelvienne. Là elles s'envoient deux branches anastomotiques
transversales, et à la troisième elles restent réunies entre elles
et ne forment plus qu'un rameau impair et médian jusqu'à la
dernière vertèbre sacrée. On peut même trouver encore une
autre variété, c'est celle où l'artère sacrée moyenne est absente,
comme Brandt l'a constaté (1).

3° Les artères circonflexe et épigastrique présentent aussi des
anomalies chez ce second individu. A gauche, l'épigastrique est
double et naît par deux rameaux distants d'un centimètre environ à leur origine. D'ailleurs ils marchent parallèlement l'un à
l'autre pour aller s'anastomoser avec la terminaison de la mammaire interne. A droite, l'artère circonflexe n'est constituée que
par le rameau supérieur et profond. Le rameau perforant naît
de l'épigastrique, qui d'ailleurs est simple de ce côté.

L'artère iliaque externe, à sa sortie de la cavité abdominale,
devient l'artère crurale. Elle fournit des branches nombreuses
et d'un volume considérable à tous les muscles de la cuisse.
Elle envoie même un rameau au dos de la verge. Avant de
traverser le grand adducteur vers sa partie inférieure, elle donne
deux branches, l'une assez volumineuse, l'autre plus fine, qui
accompagnent le nerf saphène jusqu'à sa terminaison. Puis
elle arrive au creux poplité et donne un rameau assez volumineux qui remonte dans l'épaisseur des muscles postérieurs de
la cuisse et qui va s'anastomoser avec l'artère ischiatique. Elle
fournit quatre artères circonflexes pour l'articulation du genou.
Elle donne ensuite une longue branche qui descend sous les
gastro-cnémiens, puis sur la face interne de la jambe, où elle
devient superficielle : c'est la tibiale postérieure superficielle.

____

(1) *Op. cit.*, p. 62.

Vers le milieu de la jambe elle s'anastomose avec l'artère saphène interne, avec laquelle elle forme un réseau admirable à trois branches, qui sont réunies de place en place par des anses transversales, de façon à former des sortes d'îlots plus ou moins allongés. Ce faisceau vasculaire contourne la malléole interne et va se terminer par de nombreuses subdivisions sous la plante du pied.

Après avoir donné la tibiale postérieure superficielle, l'artère crurale s'enfonce profondément entre la tête du péroné et celle du tibia, et elle traverse le ligament interosseux pour passer à la face antérieure de la jambe. Mais auparavant elle donne la tibiale postérieure profonde, qui descend le long de la jambe, accolée au ligament interosseux, et se distribue aux muscles profonds de cette région sans former de réseau admirable.

L'artère tibiale antérieure se divise en deux branches : l'une profonde, qui chemine entre le muscle tibial antérieur et le long extenseur des orteils ; l'autre qui descend entre ce dernier muscle et les péroniers latéraux. Vers leur terminaison, ces deux branches se subdivisent en réseaux admirables à la façon ordinaire. Elles se terminent par de nombreuses subdivisions sur le dos du pied, et envoient des branches collatérales à tous les orteils.

Comme on le voit, ce qu'il y a de plus remarquable dans le système artériel du Daman, ce sont les réseaux admirables des extrémités. Je dois ajouter que j'ai retrouvé des réseaux encore plus riches, mais presque capillaires, au voisinage de l'aine, entre les deux couches musculaires de la paroi abdominale. Ils provenaient de l'artère circonflexe iliaque et étaient accompagnés d'un réseau veineux analogue. Mais ces réseaux formés par les dernières divisions de l'artère, ne sont visibles qu'à l'aide d'une injection très-fine et très-pénétrante, et je n'ai pu les retrouver chez un autre sujet où l'injection s'était arrêtée aux branches musculaires de moyenne dimension.

En résumé, le caractère le plus saillant et le plus constant de l'appareil circulatoire chez le Daman, c'est l'existence des réseaux admirables que Hyrtl a le premier signalés aux extrémités, et qui se retrouvent dans le système veineux comme dans le système artériel.

Mais ce caractère même ne peut fournir aucune donnée bien précise sur les affinités zoologiques de l'*Hyrax*. On le retrouve en effet sur beaucoup d'autres animaux, et non pas seulement chez les Mammifères, mais aussi chez les Oiseaux. Hyrtl (1) a en effet signalé des réseaux analogues chez les Quadrumanes (*Ateles Beelzebuth*), les Lémuriens (*Lemur rufus*, *Otolicnus senegalensis*), les Carnassiers (*Viverra Linsang*), les Pachydermes (*Phacochœrus*), et les Didelphes (*Halmaturus Parryi*). Chez les Oiseaux, il a retrouvé ces réseaux chez les genres suivants : *Struthio Camelus*, *Dromaius Novæ-Hollandiæ*, *Rhea americana*, *Apteryx australis*, *Spheniscus demersa*, *Grus cinerea*.

Il me paraît donc impossible de tirer de ce caractère une indication de quelque valeur pour la classification de l'*Hyrax*.

Le système veineux offrant peu de dispositions particulières, je n'aurai pas à m'y arrêter longuement.

Les deux veines pulmonaires de chaque côté se réunissent en un tronc d'une assez notable longueur, de sorte qu'il n'existe en réalité que deux veines, qui s'ouvrent séparément dans l'oreillette gauche, comme Meckel l'avait déjà signalé (2).

La veine cave supérieure peut offrir des dispositions diverses.

D'après Meckel (3), le tronc sous-clavier gauche, placé au devant de l'aorte, en va croiser la direction, pour se réunir à celui du côté opposé ; le tronc commun qui résulte de cette jonction est placé à droite du cœur, vers lequel il descend d'avant en arrière.

Brandt (4) a signalé une disposition différente : chez son individu, le tronc commun formé par la réunion des deux veines jugulaires s'abouchait dans l'oreillette droite avec la veine cave descendante.

J'ai observé (5) la disposition signalée par Meckel.

(1) *Denkschriften der Akademie der Wissenschaften*, t. XXII. Vienne, 1864.
(2) *Op. cit.*, t. IX, p. 431.
(3) *Ibid.*, p. 427.
(4) *Op. cit.*, p. 65.
(5) Voy. fig. 30.

La veine cave ascendante est formée d'après Brandt (1), par deux iliaques considérables, et une veine sacrée moyenne. Chez les deux individus que j'ai étudiés, la veine cave ascendante avait pour origine quatre veines de même calibre, toutes considérables : deux iliaques primitives et deux iliaques internes.

Les affluents de la veine cave ascendante sont les veines lombaires, les veines testiculaires, et les veines rénales (2).

La veine porte a pour origine la grande veine mésentérique. Elle reçoit sur son trajet les deux petites mésentériques, puis la veine gastro-splénique et la pancréatique. Elle pénètre dans le foie au-dessous du conduit hépatique. Brandt (3) n'a trouvé à cette veine que deux origines : une branche provenant du canal intestinal, et l'autre venant de l'estomac. Avant de sortir du foie, elle reçoit les veines sus-hépatiques. Hors du foie, elle reçoit les veines intercostales, et pénètre dans le cœur.

La veine azygos commence au niveau des premières vertèbres lombaires. Elle a pour racines quelques rameaux sortant des muscles spinaux et psoas. Elle reçoit les premières veines lombaires et les veines satellites des artères intercostales aortiques gauches et droites. Puis elle monte à droite de l'aorte thoracique en avant des vertèbres dorsales, jusqu'au niveau du cœur. Là elle ne se jette pas dans la veine cave supérieure, comme cela arrive le plus souvent. Brandt (4) l'a vue s'ouvrir dans la veine cave inférieure ; chez les deux individus que j'ai observés, elle débouchait directement dans le cœur, entre les deux veines caves.

Les veines des membres n'offrent aucune particularité digne d'être signalée, si ce n'est des réseaux admirables correspondant à ceux des artères.

Pour les veines intracrâniennes, liées intimement aux méninges, je renverrai à l'étude du cerveau.

Pour le système lymphatique, Pallas (5) avait déjà signalé,

(1) *Op. cit.*, p. 65.
(2) Voy. fig. 8 et 10.
(3) *Op. cit.*, p. 66.
(4) *Op. cit.*, p. 65.
(5) *Miscell.*, p. 39.

ARTICLE N° 5.

au foyer du mésentère *in foco mesenterii* de l'intestin grêle, des glandes noirâtres, oblongues, rassemblées en demi-cercle, grandes et petites, au nombre de onze environ.

Meckel (1) a trouvé chez le Daman une masse allongée considérable, composée de vingt glandes environ, tant volumineuses que petites, serrées, séparées les unes des autres de la manière la plus distincte, glandes qui s'observent vers les attaches du mésentère, à une grande distance de l'intestin grêle. Vis-à-vis du côlon il n'y a, dit-il, que deux glandes plus allongées et un peu plus volumineuses, glandes qui sont situées l'une à côté de l'autre. J'ai vérifié l'exactitude de ces observations.

J'ajouterai à ces ganglions ceux que j'ai rencontrés à l'origine des bronches, à la base et à la partie supérieure du cou, à l'aisselle, aux aines, et le ganglion sublingual. Tous ces ganglions étaient en général assez gros ; quelques-uns avaient un volume considérable.

APPAREIL RESPIRATOIRE.

J'étudierai successivement, dans cet appareil, l'os hyoïde, le larynx, le corps thyroïde, le thymus, la trachée-artère et les poumons.

L'hyoïde du Daman a été décrit et figuré par Ducrotay de Blainville (2). La figure est très-exacte ; mais la description qui l'explique est si confuse, que je ne crois pas devoir la rapporter.

La description de Cuvier est plus claire :

« L'hyoïde du Daman s'écarte de toutes les formes que nous venons d'indiquer. C'est un large bouclier pointu en avant, et proéminent vers la base de la langue, ayant, sous cette proéminence, une fossette longitudinale où s'attachent, en partie, les hyoglosses. Les bords latéraux de ce bouclier offrent deux pointes séparées par une profonde échancrure, qui sont les seules traces

---

(1) *Op. cit.*, t. IX, p. 456.

(2) *Ostéographie des Mammifères*. Paris, 1839-1864, t. III, ONGULOGRADES, genre *Daman*, p. 25, et atlas, t. III, ONGULOGRADES, genre *Hyrax*, pl. 3.

des cornes antérieures et postérieures. Les antérieures tiennent à une apophyse styloïde par un ligament délié (1). »

Cette description, plus précise et plus complète, me paraît cependant n'être pas encore suffisamment explicite, et j'essayerai d'y ajouter ce qui me semble lui manquer.

L'os hyoïde offre, suivant les divers animaux et dans la seule classe des Mammifères, des différences très-considérables sous le rapport de ses connexions, de sa forme, de sa structure. Chez les Mammifères, il sert essentiellement d'attache à une partie des muscles qui agissent sur la langue, sur le pharynx et sur le larynx, pour la déglutition et la production de la voix (2). Aussi la structure des différentes parties qui le composent est-elle plus ou moins osseuse ou cartilagineuse, selon que l'action des muscles qui agissent sur elles doit être plus ou moins énergique. La composition varie également, si l'on compare, en outre de la différence de ses parties, les différentes pièces osseuses ou cartilagineuses qui entrent dans la formation de chacune d'elles.

Toutes les variations que peut présenter l'os hyoïde sont faciles à comprendre lorsqu'on a bien déterminé les parties fondamentales qui entrent dans la composition de cet os. Je prendrai pour type l'hyoïde de l'Homme.

L'hyoïde de l'Homme forme un arc de cercle, à convexité dirigée en avant, placé transversalement entre la base de la langue et le larynx. Il tient à la langue par les muscles qu'il lui envoie. Il est relié au larynx par plusieurs muscles et par trois ligaments, un moyen et deux latéraux. Il se compose de deux parties principales : le corps et les cornes.

Le corps de l'hyoïde, presque carré, plus épais que les autres parties, présente en avant, à sa partie médiane, une très-légère saillie qui prend chez certains animaux un développement énorme.

Les cornes sont au nombre de deux de chaque côté et d'inégale dimension. Les plus grandes, nommées aussi *cornes thyroïdes*, sont grêles, amincies à leur extrémité libre, et prolon-

(1) Cuvier, *Leçons d'anat. comp.*, 2ᵉ édit., t. IV, 1ʳᵉ partie, p. 478.
(2) Cuvier, *Anat. comp.*, t. IV, 1ʳᵉ partie, p. 464.

gent sur les côtés l'arc que figure le corps en avant. Au-dessus d'elles, et naissant au niveau de leur articulation avec le corps de l'hyoïde, se voient des cornes plus petites, presque rudimentaires : ce sont les cornes styloïdes. Les grandes cornes soutiennent le larynx par l'intermédiaire des ligaments mentionnés plus haut ; les petites cornes servent à suspendre l'hyoïde à la base du crâne, au moyen d'un ligament qu'elles envoient à l'apophyse styloïde.

Je sortirais du cadre de ce travail si je cherchais à présenter, même sommairement, toutes les modifications offertes par ces diverses parties dans la seule classe des Mammifères. Les variations de forme de l'hyoïde, le développement ou l'atrophie de l'une ou l'autre de ses diverses parties constituantes, fournissent des sujets de comparaisons multipliées, mais par cela même beaucoup trop longues à rappeler pour que je m'y arrête.

Je signalerai seulement l'extension que prend, chez quelques Mammifères, et notamment chez les Solipèdes (1), la légère saillie antérieure qui existe chez l'Homme sur le corps de l'hyoïde. Ce prolongement devient alors une véritable tige, désignée par Chauveau (2) sous le nom d'*appendice antérieur* du corps de l'hyoïde, qui se dirige en avant et en bas pour se plonger dans la langue.

Chez le Daman, cette tige antérieure est divisée en deux ; et ses deux moitiés, s'écartant l'une de l'autre, circonscrivent un espace allongé, plus large en arrière qu'en avant, et qui est rempli par une membrane mince occupant toute son étendue (3). Cet espace elliptique est limité latéralement par les deux moitiés de la tige hyoïdienne, en avant par une bandelette cartilagineuse qui relie les extrémités de ces deux baguettes, et en arrière par le corps de l'hyoïde qui sépare et soutient par ses deux angles antéro-supérieurs la base de ces baguettes.

Chacune de ces baguettes offre une base élargie transversalement et aplatie d'avant en arrière. Le corps de l'hyoïde est une

---

(1) Geoffroy Saint-Hilaire, *Philosophie anatomique*, pl. 4, fig. 33.

(2) *Anat. comp. des animaux domestiques*, 2ᵉ édit., p. 57.

(3) Voy. fig. 20, 21, 22.

plaque en forme de croissant dont les cornes sont tronquées, et c'est par chacune de ces troncatures qu'il s'articule à une facette correspondante de la base des baguettes hyoïdiennes. Toutes ces parties réunies constituent un appareil semi-annulaire à concavité antérieure et composé de parties osseuses.

Sur les côtés du corps de l'os hyoïde, et au-dessous des baguettes hyoïdiennes, on voit à droite et à gauche un prolongement qui, au lieu d'être osseux, reste cartilagineux même chez des individus très-âgés, et qui présente la même courbure que l'appareil osseux, c'est-à-dire formant les côtés d'un demi-anneau dont le corps de l'hyoïde est le centre. Chacun de ces prolongements en forme de plaque allongée, articulé en dedans au corps de l'hyoïde, se termine en dehors par deux pointes séparées par une échancrure. De ces deux pointes, la supérieure est plus petite, et représente la corne styloïde; l'inférieure est plus grande et représente la corne thyroïde.

La forme générale de l'appareil hyoïdien pourrait se comparer assez grossièrement à un entonnoir fendu en deux, dont la partie évasée serait placée en arrière, la concavité regardant en haut (en supposant l'animal dans sa position normale de quadrupède). On comprendra, d'après cela, que toutes les parties de l'hyoïde, quoique articulées entre elles dans le même plan, ont cependant des directions très-différentes à cause des diverses courbures qu'elles affectent. Vu par en haut, l'appareil hyoïdien est concave de droite à gauche et convexe d'arrière en avant. Ainsi, le corps de l'hyoïde se rapproche de la direction verticale, quoique un peu incliné en avant à sa partie supérieure. Au-dessus de lui, les baguettes hyoïdiennes, après une direction oblique analogue, se courbent en bas et se rapprochent de la direction horizontale. En arrière d'elles, et sur les côtés du corps de l'hyoïde, les lames cartilagineuses représentant les cornes hyoïdiennes se relèvent en circonscrivant entre elles un demi-anneau, dont le bord postérieur présente une courbure analogue à la courbure correspondante du larynx.

Quant aux fonctions de ces diverses parties, elles ne diffèrent pas de ce qu'elles sont chez les autres animaux. Les baguettes hyoïdiennes et la membrane qui occupe leur intervalle (*fossette longitudinale* de Cuvier) donnent insertion aux muscles hyoglosses; le corps de l'hyoïde fournit un point d'attache aux muscles génio-hyoïdien, mylo-hyoïdien, sterno-hyoïdien et thyro-hyoïdien; la pointe cartilagineuse qui représente la corne antérieure est réunie par un ligament à l'apophyse paramastoïde, l'apophyse styloïde n'existant pas; la corne postérieure, également cartilagineuse, est attachée par un ligament court et épais à la corne du cartilage thyroïde; et enfin le bord postérieur de l'appareil hyoïdien est également réuni au larynx, qu'il soutient, par un ligament en forme de demi-cercle.

Je commencerai l'étude du larynx par l'épiglotte.

L'épiglotte (1) a pour charpente solide un cartilage convexe en avant, concave en arrière, terminé supérieurement par un bord courbe, et inférieurement par trois pointes, deux latérales et une médiane. La pointe médiane, beaucoup plus longue que les latérales, forme une sorte de tige séparée des deux autres par deux échancrures cintrées.

L'épiglotte est fixée au corps du cartilage thyroïde au moyen de faisceaux élastiques entremêlés de graisse. Dans cette masse de tissu adipeux se trouve un petit faisceau musculaire arrondi, qui s'étend de la face postérieure du corps de l'hyoïde à la face antérieure de l'épiglotte. Ce muscle hyo-épiglottique, couvert en partie par la muqueuse de l'arrière-bouche, concourt à ramener l'épiglotte dans sa position normale après le passage du bol alimentaire. D'ailleurs d'autres causes encore secondent cette action: l'élasticité propre de l'épiglotte, et celle des faisceaux ligamenteux qui fixent cette pièce au cartilage thyroïde.

Le muscle hyo-épiglottique a pour antagonistes deux muscles assez faibles, mais dont l'existence est cependant très-nette: 1° l'aryténo-épiglottique, qui va du cartilage aryténoïde au bord postérieur de l'épiglotte situé du même côté; 2° le thyro-épiglottique, qui va de la face interne du cartilage thyroïde à la base de l'épiglotte. Ces deux muscles tirent l'épiglotte en bas et en arrière.

(1) Voy. fig. 12, 19.

L'épiglotte, recouverte par la muqueuse laryngienne, s'unit latéralement aux cartilages aryténoïdes par deux replis muqueux qui ont reçu à tort le nom de cordes vocales supérieures, car ils ne concourent en rien à la formation de la voix. L'ouverture circonscrite par ces replis est étroite en arrière (1), et s'élargit en avant à droite et à gauche pour former là une ouverture semi-lunaire assez considérable, orifice du sinus sous-épiglottique.

Le larynx a pour squelette les cartilages ordinaires; mais leur forme et leur disposition offrent un certain nombre de particularités que je crois utile de signaler.

Le cartilage thyroïde (2) est constitué par deux plaques rectangulaires séparées en arrière par le cartilage cricoïde, réunies en avant l'une à l'autre, pour former une sorte de bouclier légèrement caréné. Le bord supérieur présente cinq saillies, une antérieure et médiane, une latérale de chaque côté, et une postérieure à chaque extrémité. Le bord inférieur présente en avant et sur les côtés une ligne unie, mais son extrémité postérieure descend sous la forme d'une longue apophyse qui s'articule par son extrémité avec le cartilage cricoïde.

J'ai trouvé, chez un individu âgé, le cartilage thyroïde ossifié dans la plus grande partie de son étendue, et cartilagineux seulement dans sa partie postéro-supérieure (3).

Meckel avait déjà signalé la brièveté du larynx chez le Daman, et la longueur des cornes postérieures; mais il avait admis tout à fait à tort l'absence totale des cornes antérieures ou supérieures (4).

Le cartilage cricoïde a une dimension considérable. Il présente en effet une hauteur supérieure à celle du thyroïde. De plus, au lieu d'être plus haut en arrière qu'en avant, comme c'est la règle habituelle, il a partout la même hauteur (5). Cette hau-

(1) Voy. fig. 12.
(2) Voy. fig. 23, 24, 25, 26.
(3) Voy. fig. 26.
(4) *Anat. comp.*, t. X, p. 600.
(5) Voy. fig. 24 et 25.

leur uniforme sur tous les points de la circonférence de ce cartilage avait été bien observée par Meckel (1).

Ce cartilage a d'ailleurs la forme d'un anneau complétement
fermé, un peu aplati sur les côtés. Il est un peu évasé en bas et
surtout en haut. En arrière, il présente au milieu une crête
verticale émoussée, flanquée d'une surface évidée destinée
à l'insertion du muscle crico-aryténoïdien postérieur. La face
postérieure est séparée de la face latérale par une crête assez
peu saillante, au bas de laquelle se trouve une facette articulaire concave, de forme circulaire (2), destinée à l'articulation de la corne thyroïdienne postérieure. En haut, de chaque
côté de la crête médiane, le cricoïde présente une facette articulaire destinée à l'insertion du cartilage aryténoïde.

Les cartilages aryténoïdes (3), étant destinés au rapproche-
ment et à l'écartement des cordes vocales inférieures, offrent
une disposition analogue aux appareils métalliques désignés
sous le nom de *mouvements* et placés sur le trajet des fils des
sonnettes, c'est-à-dire qu'ils présentent deux branches disposées
en forme d'équerre, l'une antéro-postérieure, l'autre latérale
externe.

Chaque cartilage aryténoïde a la forme d'une pyramide triangulaire, à pans évidés, terminée en haut par un sommet mousse,
en bas par une base à trois pointes, l'une antérieure, l'autre
postérieure, l'autre externe. La face interne est unie, la face
externe présente une crête qui réunit le sommet à l'angle externe
de la base.

Le sommet de chaque cartilage aryténoïde est surmonté d'un
petit cartilage de Santorini, assez mou, comme Brandt l'avait
déjà remarqué (4). Ces cartilages servent à l'insertion postérieure des cordes vocales supérieures (5).

C'est également par l'intermédiaire d'un cartilage que les

____

(1) *Op. cit.*, t. X, p. 601.
(2) Voy. fig. 25.
(3) Voy. fig. 25, 27.
(4) *Op. cit.*, p. 68.
(5) Voy. fig. 25, 27.

cordes vocales inférieures sont attachées aux cartilages aryténoïdes. Ce cartilage, en forme de demi-lune. articulé en arrière au cartilage aryténoïde (1), est le cartilage de Wrisberg, qui est ordinairement isolé dans l'épaisseur du repli aryténo-épiglottique. Brandt dit qu'il n'a pas constaté sa présence (2). C'est à sa face interne et non pas au cartilage aryténoïde, que s'insère la corde vocale. Il reçoit d'ailleurs des insertions des muscles qui s'attachent au cartilage aryténoïde, dont il suit tous les mouvements.

Je n'ai pas trouvé, et en cela je suis d'accord avec Brandt, ni les cartilages sésamoïdes qu'on rencontre chez d'autres Mammifères au bord postérieur et interne des aryténoïdes, ni les cartilages interarticulaires. qu'on trouve quelquefois entre les surfaces articulaires des aryténoïdes et du cricoïde.

Tous ces cartilages sont unis entre eux par les moyens ordinaires. Le thyroïde est uni au cricoïde par la membrane crico-thyroïdienne. en avant et sur les côtés, et en arrière par la corne thyroïdienne postérieure.

Les aryténoïdes sont unis au cricoïde par les deux facettes articulaires mentionnées plus haut, et aussi par la membrane crico-thyroïdienne qui s'attache de plus au bord interne du cartilage de Wrisberg. En avant, ils sont unis par arthrodie aux cartilages de Wrisberg.

Le cartilage de Wrisberg est uni au thyroïde par deux bandelettes élastiques, les *cordes vocales*, qui font saillie en dedans du larynx et comprennent entre elles l'espace désigné sous le nom de *glotte*. La face interne des cordes vocales est tapissée par la muqueuse du larynx; leur face externe est recouverte par le muscle thyro-aryténoïdien; leur extrémité antérieure est fixée dans l'angle rentrant du cartilage thyroïde, tout près du bord inférieur; leur extrémité postérieure s'attache à la face interne du cartilage de Wrisberg (3).

La glotte est un espace étroit qui présente la forme d'un

(1) Voy. fig. 25, 27.
(2) *Op. cit.,* p. 68.
(3) Voy. fig. 25.

triangle isocèle très-allongé, à base postérieure. C'est la partie la plus rétrécie du larynx, qu'elle divise en deux portions, l'une sus-glottique et l'autre sous-glottique.

La portion sus-glottique comprend :

1° L'entrée du larynx, improprement désignée sous le nom de cordes vocales supérieures, ouverture angulaire à sommet postérieur (1), circonscrite par les cartilages de Santorini et par les bords latéraux de l'épiglotte.

2° A la suite de cette ouverture commence une dépression profonde creusée à la base de l'épiglotte, et désignée sous le nom de sinus sous-épiglottique. Ce sinus est très-profond, à cause de l'insertion très-abaissée des cordes vocales au cartilage thyroïde (2). Pallas avait déjà remarqué cette disposition, qui est en effet très-frappante : « Epiglottis majuscula, sub quâ sinus » magnus ante glottidem (3). »

3° De chaque côté du sinus sous-épiglottique, et occupant la même hauteur, se trouvent les ventricules du larynx, qui sont compris entre les cordes vocales supérieures et les cordes vocales inférieures. Je ne m'explique pas que Brandt (4) les ait trouvés peu marqués, juste assez pour dire qu'ils ne manquent pas tout à fait. Je les trouve au contraire très-considérables (5), pour la même raison que le sinus sous-épiglottique, c'est-à-dire parce que les cordes vocales sont insérées à la partie la plus inférieure du cartilage thyroïde.

La portion sous-glottique, plus large et plus profonde que la portion sus-glottique, se continue directement avec la trachée. Elle présente en arrière et en haut une excavation peu profonde, le sinus sous-aryténoïdien, qui est placé au point de jonction du cricoïde et des aryténoïdes, et formé par la légère saillie de ces deux cartilages dans l'intérieur du larynx.

Les muscles chargés de mouvoir le larynx sont les mêmes que

(1) Voy. fig. 12.
(2) Voy. fig. 25.
(3) Miscell., p. 44.
(4) Op. cit., p. 70.
(5) Voy. fig. 25.

chez les autres animaux. En laissant de côté les muscles qui font mouvoir l'os hyoïde, et par conséquent le larynx, qui suit tous ses mouvements, il y a pour le larynx spécialement un muscle élévateur propre, le hyo-thyroïdien, et un muscle abaisseur propre, le sterno-thyroïdien. Ces deux muscles ont les insertions et la forme habituelles.

Les muscles intrinsèques du larynx, c'est-à-dire ceux qui sont fixés à leur origine et à leur terminaison sur les pièces laryngiennes, sont au nombre de cinq, tous en nombre pair. Le premier est destiné aux mouvements du cricoïde sur le thyroïde : c'est le crico-thyroïdien. Les quatre autres sont destinés aux mouvements des aryténoïdes, et par suite à l'écartement ou à la dilatation des cordes vocales insérées à ces cartilages. Il y a deux muscles dilatateurs de la glotte : le crico-aryténoïdien postérieur et l'aryténoïdien ; et deux muscles constricteurs de la glotte : le crico-aryténoïdien latéral et le thyro-aryténoïdien.

1° Le crico-thyroïdien est situé à la partie antérieure du larynx. Il s'attache à la face antérieure du cartilage cricoïde et se porte en dehors et en haut, à la face antérieure et au bord inférieur du thyroïde. Le bord interne des deux muscles intercepte un espace triangulaire étroit, à base supérieure (1). Ce muscle raccourcit le larynx, en rapprochant les deux cartilages sur lesquels il prend ses insertions.

2° Le crico-aryténoïdien postérieur est un muscle puissant, situé à la partie postérieure du cartilage cricoïde, dans la dépression latérale de ce cartilage, et aussi sur la crête médiane. Ses fibres convergent vers l'apophyse externe et postérieure du cartilage aryténoïde, sur lequel elles se terminent. Ces muscles dilatent l'entrée du larynx et de la glotte, en faisant basculer les aryténoïdes sur le cricoïde et en les écartant l'un de l'autre.

3° Les muscles aryténoïdiens, situés à la base des cartilages aryténoïdes, au-dessus des crico-thyroïdiens, sont insérés d'une part à l'intervalle très-étroit compris entre les deux aryténoïdes, et reliés là l'un à l'autre par un raphé médian. Par leur extré-

____

(1) Voy. fig. 23.

mité externe. ils s'attachent à l'apophyse externe des aryténoïdes,
que, par leur contraction, ils font basculer en arrière et en
dehors.

4° Le crico-aryténoïdien latéral, situé profondément sous le
cartilage thyroïde, est un muscle triangulaire assez petit, qui
s'insère d'une part sur le côté du bord supérieur du cricoïde, et
d'autre part sur l'apophyse postérieure et externe de l'aryténoïde. Il rapproche les apophyses antérieures des cartilages aryténoïdes, et par conséquent est un antagoniste du précédent,
puisqu'il rétrécit la glotte.

5° Le thyro-aryténoïdien, placé au-dessus du précédent, est
divisé en deux faisceaux : un faisceau supérieur étalé et aplati,
recouvrant la corde vocale supérieure et la muqueuse laryngienne, inséré en avant à l'angle rentrant du thyroïde, en arrière à la face externe de l'aryténoïde ; un faisceau inférieur,
inséré en avant au-dessous du supérieur, et se terminant en
arrière de la crête externe du cartilage aryténoïde : sa face interne recouvre la corde vocale, son bord inférieur se confond
avec les fibres du crico-aryténoïdien latéral. L'espace compris
entre ces deux faisceaux correspond au ventricule de la glotte.
Ce muscle est un constricteur du larynx, comme le précédent.

Chez le Daman, la trachée-artère est longue, étroite, cylindrique, formée de cartilages très-hauts, car leur hauteur égale
à peu près leur diamètre. Ces cartilages forment un cercle presque complet (1). Cuvier avait également remarqué (2) que les
extrémités des anneaux se touchent ; ils sont seulement séparés
par un intervalle membraneux très-étroit (3). J'ai vérifié l'exactitude de ces assertions.

D'après Brandt (4), la trachée a trois lignes de large (6 millimètres environ), et deux pouces cinq lignes de longueur (environ
6 centimètres).

Quant au nombre des anneaux trachéens, les auteurs varient

(1) Meckel, *Anat. comp.*, t. X, p. 456.
(2) *Anat. comp.*, 2ᵉ édit., t. VII, p. 58.
(3) Brandt, *op. cit.*, p. 70.
(4) *Ibid.*

beaucoup à cet égard. Brandt (1) en indique 32, Martin (2) 36, Meckel (3) « cinquante ou à peu près. » Cette divergence, assez surprenante au premier abord, est assez facile à expliquer.

La trachée, en effet, présente un grand nombre d'anneaux incomplets. Si l'on ouvre la membrane qui relie en arrière les anneaux trachéens, et qu'on examine la trachée ainsi étalée, on voit qu'elle présente de distance en distance des fragments d'anneaux en forme de coin ou de losange (4), interposés aux anneaux complets. Les anneaux complets eux-mêmes, de forme assez irrégulière, présentent par endroits des divisions incomplètes (5) qui les subdivisent en deux d'un côté, tandis que l'autre côté reste simple. On conçoit combien cette irrégularité peut amener de différences et de contradictions dans le calcul du nombre des anneaux. Pour ce motif, je ne chercherai pas à établir un compte où je n'apporterais qu'une erreur de plus.

La trachée se divise comme d'ordinaire en deux bronches, une droite et une gauche. Chez le Daman, il ne se détache pas (6) une bronche antérieure droite allant à la région antérieure du poumon droit, comme cela se voit chez le Cochon et le Pécari. Brandt (7) a trouvé la bronche droite un peu plus large que la bronche gauche; je n'ai pas constaté entre leurs calibres une différence suffisante pour être signalée.

Il est à remarquer que chez le Daman chaque bronche ne se subdivise pas dichotomiquement, comme cela arrive le plus souvent. Il subsiste un tronc principal très-volumineux (8) qui envoie de nombreux rameaux avant de se subdiviser lui-même. Il se prolonge ainsi dans presque toute l'étendue du lobe pulmonaire principal, en conservant un calibre très-considérable. Ce tronc principal conserve dans toute son étendue des anneaux

(1) *Op. cit.*
(2) *Proceed.*, 1835, p. 15.
(3) *Anat. comp.*, t. X, p. 458.
(4) Voy. fig. 28.
(5) Voy. fig. 24, 25.
(6) Meckel, *Anat. comp.*, t. X, p. 458
(7) *Op. cit.*, p. 70.
(8) Voy. fig. 18.

complets; leur consistance diminue seulement vers la terminaison du tronc principal et des rameaux. Déjà Meckel avait remarqué que, tandis que les anneaux cartilagineux s'arrêtent à l'entrée du poumon chez le Cochon, ces anneaux, très-considérables chez le Daman comme chez le Pécari, s'étendent fort loin dans le poumon (1).

Le corps thyroïde varie de volume chez le Daman, suivant l'âge. Chez deux individus où j'ai pu l'étudier, l'un jeune et l'autre âgé, il était inégalement développé, mais cependant conformé toujours de la même façon.

Chez l'individu jeune (2), il a la forme d'un bouclier irrégulier qui embrasse presque complétement les trois premiers anneaux de la trachée-artère. Cuvier (3) dit qu'il a trouvé les lobes arrondis et entièrement séparés chez le Daman. Ce n'est pas là ce que j'ai constaté. J'ai trouvé un organe unique, où l'on ne voit aucune trace de séparation. Chez l'individu âgé, le corps thyroïde forme un anneau moins épais, mais conformé exactement de même. Chez l'individu jeune, le côté droit du corps thyroïde descendait plus bas que le côté gauche, mais il se terminait en dehors de la même façon, c'est-à-dire en remontant sur les côtés du cartilage cricoïde. Le corps thyroïde est recouvert au milieu par les muscles sterno-hyoïdiens, et en dehors par les sterno-thyroïdiens. Il reçoit une quantité considérable d'artères et de veines. Une de ses veines les plus considérables s'abouche dans la veine jugulaire interne vers le milieu du cou.

Le thymus a déjà été signalé par Kaulla (4), qui l'a trouvé assez grand, et égalant en dimension le tiers du cœur. Chez mon individu jeune, il avait un volume un peu inférieur et était composé de deux lobes latéraux assez faciles à isoler, et auxquels était accolé en arrière un ganglion lymphatique simulant un troisième lobe (5). Ils étaient compris moitié dans la poitrine,

(1) *Anat. comp.*, t. X, p. 459.
(2) Voy. fig. 29.
(3) *Anat. comp.*, t. VIII, p. 676.
(4) *Op. cit.*, p. 21.
(5) Voy. fig. 30.

moitié en dehors. Leur forme était allongée, ovoïde, assez analogue à celle d'un haricot; leur surface inégale et bosselée. Ils recouvraient le confluent des veines qui forment par leur réunion la veine cave supérieure. Cet organe était encore plus riche en vaisseaux que le corps thyroïde; il envoyait un nombre de veines considérable aux deux paires de veines jugulaires.

Les poumons sont divisés en lobes de grandeur inégale, et de nombre différent à droite et à gauche. Comme d'ordinaire, c'est le poumon droit qui a le plus grand nombre de lobes. Pallas a constaté dans le poumon droit cinq lobes, dont un lobe isolé, situé vers le dos, presque complétement séparé des autres, et dans le poumon gauche trois lobes, dont le plus grand est entièrement divisé en deux par un sillon (1).

Meckel (2) a trouvé quatre lobes à droite et deux à gauche. Cuvier (3) n'admet, à chaque poumon, que deux rainures, trop superficielles pour justifier une division en lobes. Duvernoy (4) a trouvé cinq lobes à droite et un à gauche. D'après Kaulla (5), chaque poumon est divisé par une scissure transversale en deux lobes, un antérieur et un postérieur, et l'antérieur est à son tour divisé en deux. La scissure du poumon droit est un peu plus profonde que celle du poumon gauche, et l'on trouve en outre un troisième lobe à sa partie inférieure. Suivant Brandt (6), le poumon droit comprend quatre lobes, et en outre un lobe accessoire bifurqué en deux lobules, ce qui fait en tout six lobes; le poumon gauche a trois lobes. Enfin, chez deux individus d'âges très-différents, l'un jeune et l'autre vieux, j'ai constaté quatre lobes au poumon droit, et trois au poumon gauche.

De ces nombreuses divergences, que peut-on conclure? C'est que le nombre des lobes pulmonaires échappe sans doute à une règle exacte, et qu'il peut souvent varier, même dans les indi-

(1) *Miscell.*, p. 44.
(2) *Anat. comp.*, t. X, p. 459.
(3) *Anat. comp.*, 2ᵉ édit., t. VII, p. 162.
(4) Cuvier, *Anat. comp.*, ibid.
(5) *Op. cit.*, p. 20.
(6) *Op. cit.*, p. 70.

ARTICLE Nº 5.

vidus d'une seule espèce, comme Cuvier en avait déjà fait la remarque (1). Le point le plus important à noter et le plus variable, c'est que les Mammifères ont, de plus que l'Homme, un petit lobe accessoire appartenant au poumon droit, qui s'écarte de ce poumon et se place en arrière du cœur, entre ce viscère et le diaphragme, en s'avançant dans la cavité gauche de la poitrine (2). C'est en effet ce que nous allons retrouver chez le Daman.

A part le quatrième lobe du poumon droit (3), qui représente ce lobe accessoire, et qui fait saillie en avant comme un promontoire à peu près isolé, les trois autres lobes dont se compose chaque poumon sont intimement unis par leur base, de sorte que le bord interne de chaque poumon n'offre aucune séparation. C'est au bord externe que se trouvent ces scissures qui divisent chaque poumon en plusieurs lobes, et comme ces scissures ne s'avancent guère que jusque vers le milieu de l'organe, chaque poumon pourrait être considéré comme simple par son bord interne, et comme trilobé à son bord externe.

Ces trois lobes ont d'ailleurs des dimensions très-inégales. Le lobe principal, beaucoup plus grand que les deux autres, est allongé de haut en bas (si l'on suppose l'animal debout), de forme triangulaire, à base supérieure et à sommet inférieur (4). Ce sommet inférieur, dans l'état de vacuité du poumon, atteint l'espace compris entre la quatorzième et la quinzième côte. Il lui reste donc l'espace de deux côtes et demie pour atteindre, dans l'inspiration complète, la limite constituée par le diaphragme. Ce lobe a un bord externe mince et tranchant, un bord interne épais; une face postérieure convexe, une face antérieure concave. Le bord supérieur, plus épais encore que le bord interne, se confond avec un second lobe beaucoup plus petit formant une sorte de pyramide à trois pans posée en travers sur le sommet du lobe principal, et dont la pointe serait

(1) *Anat. comp.*, 2ᵉ édit., t. VII, p. 23.
(2) Cuvier, *ibid.*, p. 24.
(3) Voy. fig. 17.
(4) Voy. fig. 17.

tournée en dehors. Un troisième lobe de même forme à peu près que le second, mais encore plus petit, termine en haut le poumon.

Cette disposition est à peu près la même dans chacun des deux poumons.

Enfin, au poumon droit s'ajoute un quatrième lobe, situé en avant, à la jonction des deux premiers lobes, auxquels il ne tient que par un pédicule assez étroit. Sa forme générale rappelle assez celle du lobe principal, mais dans des proportions beaucoup plus petites, car il n'a guère que la dimension du second lobe.

J'ajouterai, d'une façon accessoire, que la surface des deux poumons était parsemée, chez un des deux individus que j'ai étudiés, de nombreuses taches tuberculeuses, grisâtres, irrégulières, souvent réunies en îlots, et par lesquelles les poumons avaient contracté de nombreuses adhérences avec la plèvre thoracique et diaphragmatique qui tapisse les parois de la cavité où les poumons sont contenus.

SQUELETTE.

Je prendrai pour type de cette description le Daman du Cap, et je dirai ensuite quels sont les caractères qui en diffèrent chez les autres espèces. Pour cette description, je ferai de nombreux emprunts à Cuvier (1) et à de Blainville (2), qui ont fait cette étude d'une façon assez complète pour qu'il y ait peu de chose à y ajouter.

La tête du Daman du Cap est ramassée, à museau court, aplatie en dessus et ressemble assez, comme forme générale, à celle de la Marmotte : ce qui a valu sans doute au Daman le nom de *Marmotte du Cap*. Tout en plaçant le Daman parmi les Pachydermes, Cuvier fait remarquer (3) que cet aplatissement du crâne, la crête presque rectiligne, et non curviligne, qui en résulte au-dessus de l'orbite, la position des yeux plus en avant que

____

(1) *Annales du Muséum*, t. III, 1804.— *Ossements fossiles*, 4e édit., 1834, t. III.— *Anat. comp.*, 2e édit., 1837, t. II.

(2) *Ostéographie des Mammifères*, t. III.

(3) *Ossem. foss.*, t. III, p. 258.

le milieu de la ligne qui va de l'occiput aux os intermaxillaires, distinguent le Daman des autres Pachydermes.

Les os du nez sont larges, surtout à leur base, et convexes transversalement. Ils se terminent vis-à-vis de l'angle des orbites, où ils touchent aux lacrymaux par un point. En avant, ils se terminent brusquement et presque carrément, sans avance aucune au-dessus de l'ouverture des narines, ce qui est fort différent de ce qu'on observe dans le Rhinocéros. Le lacrymal est petit, placé dans l'angle même de l'orbite, où il forme une pointe saillante, située dans le plan du cercle orbitaire. Le trou lacrymal est en dedans, entre lui et le maxillaire.

Dans le Daman, comme dans les Pachydermes et les Carnassiers, il y a deux frontaux et deux pariétaux ; chez les Rongeurs on ne trouve qu'un pariétal sans suture, avec deux frontaux : ce qui est précisément le contraire de l'Homme. La suture fronto-pariétale, chez le Daman du Cap, forme un angle obtus saillant en arrière. C'est le pariétal, et non pas le frontal, qui fournit l'apophyse postorbitaire supérieure. En arrière, les deux pariétaux sont séparés par un interpariétal, qui, chez les jeunes sujets, est assez grand et en forme de demi-cercle ; avec l'âge cet os se rétrécit, devient triangulaire, et même disparaît complétement chez les sujets très-âgés.

L'occipital forme une plaque elliptique verticale qui s'arrête à la crête occipitale et se réunit à angle droit à l'interpariétal, à une petite portion des pariétaux, et aux temporaux, qui occupent presque toute la hauteur de la partie postérieure du crâne et forment les côtés de la crête occipitale.

L'apophyse mastoïde n'existe pas. Elle est remplacée par l'apophyse paramastoïde, saillie longue et pointue qui provient de l'occipital. L'apophyse styloïde manque également.

Le temporal est composé des quatre parties ordinaires : le tympanique ou os de la caisse, le rocher, la portion écailleuse et la portion mastoïdienne. L'os de la caisse, qui forme la *bulla ossea* (1) à la base du crâne, n'est jamais uni au rocher, même dans un âge très-avancé. En dehors, on ne voit rien du rocher.

____

(1) Owen, *Anat. and Physiol. of Vertebrates*, t. II, p. 450.

La portion écailleuse du temporal, qui forme la moitié postéro-inférieure des côtés du crâne, dont le pariétal forme la moitié antéro-supérieure, est unie au pariétal par une suture presque rectiligne qui monte obliquement en arrière, pour aller se terminer à la crête occipitale. La fosse temporo-pariétale est bombée et se termine par une surface courbe insensible à la suture sagittale, qui, sur les sujets très-âgés, offre en arrière un commencement de crête. L'apophyse zygomatique est très-courte, beaucoup plus courte que l'apophyse jugale du maxillaire. Sa racine antérieure se divise comme d'habitude en deux branches pour former la cavité glénoïde, destinée à recevoir le condyle de la mâchoire inférieure; sa racine postérieure, longue et mince, partage à peu près en deux parties égales, l'une supérieure, l'autre inférieure, la face externe du temporal. En arrière, empiétant sur la base de l'apophyse paramastoïde qu'elle échancre, une saillie rugueuse, allongée verticalement, forme le rudiment de l'apophyse mastoïde. C'est tout ce qui représente la portion mastoïdienne, et cette partie est soudée de bonne heure avec la portion écailleuse. Entre cette facette mastoïdienne et la branche postérieure de la racine antérieure de l'apophyse zygomatique, est logé le canal auditif externe, assez long, horizontal, à ouverture ovale assez grande.

« Les os maxillaires, dit Cuvier (1), s'écartent sur-le-champ de ceux des Rongeurs par leur peu d'étendue et par la petitesse du trou sous-orbitaire, qui est généralement très-grand dans les Rongeurs. »

De Blainville (2) s'élève contre cette opinion, et dit que ces os sont au contraire bien plus grands que dans les Rongeurs, comme le demandaient les alvéoles des sept molaires qui y sont implantées.

Ces os me paraissent difficiles à comparer chez ces divers animaux. Chez beaucoup de Rongeurs, et surtout chez ceux dont le museau est assez long, le maxillaire paraît plus allongé parce qu'il s'étend presque jusqu'à l'extrémité des os du nez. Il

(1) *Ossem. foss.*, t. III, p. 252.
(2) *Op. cit.*, t. III, *Hyrax*, p. 20.

ARTICLE N° 5.

est alors beaucoup plus long dans sa partie supérieure que dans sa partie inférieure qui porte les dents. Chez le Daman, c'est tout le contraire, et il est beaucoup plus long en bas qu'en haut.

L'os de la pommette (jugal ou zygomatique) est remarquable par son grand développement en largeur et en longueur. Dans les Rongeurs, l'os de la pommette ne fait que la partie intermédiaire et la plus petite de l'arcade zygomatique ; dans le Daman comme dans le Rhinocéros, cet os commence dès la base antérieure de l'arcade et règne jusqu'à son autre extrémité (1).

Il commence près de l'os lacrymal et forme le rebord inférieur de l'orbite et tout le bord jugal jusqu'au delà de la cavité glénoïde, dont il constitue le quart externe, suivant de Blainville (2), et même le tiers, d'après Cuvier (3). Vers le milieu de cet os se trouve une apophyse orbitaire inférieure assez prononcée, qui monte à la rencontre de l'apophyse orbitaire postérosupérieure, mais qui en reste toujours séparée, même chez les individus très-âgés, par un espace de 2 à 3 millimètres rempli, à l'état frais, par une bande fibro-cartilagineuse.

Les intermaxillaires ou prémaxillaires, ou incisifs, sont presque carrés sur les côtés, ou plutôt de forme losangique. Ils s'arrêtent en arrière au niveau du milieu de la longueur des os du nez, et par conséquent sont éloignés de toucher au frontal. Dans leur partie palatine, ils se prolongent en pointe étroite entre les trous incisifs, qu'ils contribuent à former.

Le palais est excavé dans toute son étendue, un peu plus large en arrière qu'en avant. La suture des os intermaxillaires occupe environ le quart antérieur de la voûte palatine ; la suture des palatins est un peu plus étendue, et l'espace intermédiaire est occupé par la suture des maxillaires. Sur le crâne d'un individu très-âgé, je trouve les dimensions suivantes :

Suture médiane du palais	48 millim., ainsi répartis :
Intermaxillaires	13
Palatins	15
Maxillaires	20

(1) Cuvier, *op. cit.*, p. 255.
(2) *Op. cit.*, p. 20.
(3) *Op. cit.*, p. 259.

Cuvier (1) avait déjà constaté que les palatins vont jusque vis-à-vis du bord postérieur de la quatrième molaire, et prennent environ le tiers du palais. Leur échancrure en arrière s'avance jusque vers le milieu de la dernière molaire. Cette échancrure a la forme générale d'un cintre, interrompu au milieu par une épine médiane assez prononcée. Les ailes ptérygoïdes externes sont épaisses et courtes et terminées par un gros crochet; elles appartiennent aux palatins; mais les ailes internes demeurent très-longtemps des os distincts, larges et minces, et terminés aussi en crochets. Le palatin contribue avec le maxillaire à former le plancher de l'orbite.

Le basilaire et surtout le sphénoïde sont fortement carénés en dessous.

Le trou lacrymal est placé entre l'os lacrymal et le maxillaire. C'est de là que part le canal lacrymal, dont je dirai plus loin la forme et la direction, en parlant de l'appareil lacrymal. Pour les trous et fentes de la base du crâne, je renvoie également au chapitre du système nerveux.

La mâchoire inférieure est très-remarquable par l'extrême largeur et la convexité du bord postérieur de sa branche montante, par où elle surpasse même celle du Tapir, qui de tous les animaux est celui qui approche le plus du Daman à cet égard (2). De Blainville (3) a comparé la mâchoire inférieure, vue de côté, à un battant de soufflet. Le canal dentaire commence par deux trous d'égale dimension, écartés l'un de l'autre d'un centimètre et demi, et complétement distincts : l'un qui traverse la base élargie de l'apophyse coronoïde; l'autre placé beaucoup plus bas, à un centimètre et demi, et qui plonge comme à l'ordinaire sous la racine des dents, et se termine par des trous mentonniers nombreux et assez petits. Le condyle est transversal et plus mince en dedans qu'en dehors. Il est donc très-différent de tout ce qu'on voit chez les Rongeurs.

« Chez ceux-ci, dit Cuvier (4), il est toujours comprimé lon-

(1) *Op. cit.,* p. 260.
(2) Cuvier, *op. cit.,* p. 261.
(3) *Op. cit.,* p. 20.
(4) *Op. cit.,* p. 253-254.

gitudinalement, de manière qu'outre le mouvement ordinaire de bascule, il ne permet à la mâchoire de se mouvoir dans le sens horizontal que d'arrière en avant et d'avant en arrière.

» Dans le Daman, il est comprimé transversalement, comme dans les Pachydermes et dans les autres Herbivores non Rongeurs, s'appuyant d'ailleurs sur une surface plane de l'os temporal, ce qui lui permet de se mouvoir plus ou moins horizontalement de droite à gauche et de gauche à droite, et ce qui le distingue éminemment de tous les Carnivores, où le condyle, transversal à la vérité, mais entrant dans un creux profond de l'os des tempes, ne permet à la mâchoire d'autre mouvement que celui de bascule. »

La dentition est assurément l'un des caractères ostéologiques les plus remarquables du Daman, et c'est en grande partie ce qui a décidé Cuvier à changer le classement de cet animal dans le groupe des Mammifères, et à le ranger parmi les Pachydermes.

Cette dentition participe de celle du Rhinocéros et des Paléothériums, surtout par la forme des molaires inférieures à double croissant, et des supérieures carrées et à collines transverses (1). J'ajouterai que la forme des molaires se rapproche beaucoup aussi de celle de l'*Anchitherium* et de l'*Anchilophus*, parmi les animaux fossiles.

Le nombre normal des dents est de deux incisives en haut, quatre en bas, et de sept molaires partout; par conséquent, de trente-quatre en tout. La connexion entre les molaires supérieures et les inférieures se fait comme à l'ordinaire : les supérieures usant en dedans et les inférieures en dehors, et les deux séries d'en bas embrassées par celles d'en haut. Quant aux incisives, elles sont très-différentes en haut et en bas.

A l'état adulte, il n'y a en haut que deux incisives séparées l'une de l'autre par un espace d'environ 3 millimètres à leur base, et 2 millimètres à leur pointe. Ces incisives (2) sont régulièrement arquées dans toute leur longueur, à racine très-longue et profondément enfoncée dans l'intermaxillaire et dans le maxillaire. L'extrémité de cette racine correspond au niveau de la troi-

(1) Cuvier, *op. cit.*, p. 261.
(2) Voy. fig. 13 et 14.

sième molaire et même un peu au delà. Leur corps a la forme d'un prisme triangulaire, à angles bien prononcés. Par le frottement des incisives inférieures, l'extrémité de la dent s'aiguise en pointe acérée. Elles représentent donc en petit les canines inférieures de l'Hippopotame, comme l'avait remarqué Tepsdorf de Lubeck, dans une lettre à Buffon, sur une de ces dents qu'il possédait isolée (1).

Les incisives inférieures sont, à tout âge, au nombre de quatre, droites, couchées en avant comme celles du Cochon, quadrangulaires. Les deux externes sont un peu plus fortes que les deux internes. Les deux internes sont un peu écartées l'une de l'autre à leur pointe, mais elles se touchent à leur base. Toutes les quatre, à leur sortie des gencives, celles de lait comme celles de remplacement, ont leur bord divisé en trois dentelures bien séparées, qui simulent d'abord douze petites dents tout à fait distinctes. L'usure fait bientôt disparaître ces dentelures et ne laisse que le corps où ces divisions ne se continuent pas. Le bord est alors tronqué obliquement de haut en bas, de façon à correspondre exactement à la surface usée des incisives supérieures, dans un plan à peu près vertical.

Il n'y a point de canines, et il reste, tant en haut qu'en bas, un espace vide entre les incisives et la première molaire. Cette *barre* est toujours beaucoup plus courte en bas qu'en haut. En bas, elle n'a guère que la dimension de la moitié de la première molaire. En haut, elle égale à peu près la largeur des deux premières molaires (8 millimètres).

Les molaires supérieures sont au nombre de sept. Il existe quelquefois en avant une huitième molaire très-petite, désignée par Pallas sous le nom d'*accessoire;* mais cette dent tombe de très-bonne heure et ne doit pas figurer parmi les dents de l'adulte.

Les sept molaires augmentent peu à peu de dimension d'avant en arrière, à l'exception de la dernière, qui est un peu moins grosse que l'avant-dernière. Elles ont toutes une forme

(1) Buffon, *Suppl.*, t. VII, p. 135.

ARTICLE N° 5.

carrée, à l'exception de la première et de la dernière, qui sont rétrécies et comme pincées à leur extrémité libre : ce qui leur donne une forme irrégulièrement triangulaire.

Ces molaires (1), celles de lait comme celles de remplacement, ont toutes la même forme, savoir : « Une base quadrangulaire un peu oblique, entourée d'un collet saillant, et sur laquelle s'élève un bord externe divisé en deux pointes obtuses, d'où partent deux collines transverses un peu obliques, donnant chacune, très-près de leur point de départ et de leur bord antérieur, une petite lame ou crochet qui marche en avant parallèlement au bord externe. La face externe de ces dents est creusée ou plutôt légèrement ondulée par trois ou quatre cannelures très-peu profondes ; l'interne est divisée en deux cônes qui sont les extrémités des deux collines transverses. Cette forme est, comme on voit, très-semblable à celle des molaires supérieures de Rhinocéros, et n'en diffère que par la disposition des petits crochets, qui ne produisent, quand la dent s'use, que des échancrures à la naissance des collines en avant, et non pas des fossettes (2). »

Toutes ces molaires ont quatre racines, à l'exception de la première, qui n'en a que trois, et de la dernière, qui en a cinq.

Les sept molaires inférieures, qui augmentent graduellement de dimensions d'avant en arrière, sont toutes formées également de deux portions de cylindre, terminées chacune par un croissant à la couronne. « Elles sont encore plus semblables que les supérieures à leurs analogues dans le Rhinocéros ; les doubles croissants de leurs couronnes sont parfaitement les mêmes, et il semblerait que ce sont des molaires inférieures de Rhinocéros vues au travers d'un verre qui rapetisse (3). » La dernière n'a que deux croissants comme les autres. Les trois premières n'ont que deux racines ; les trois suivantes en ont quatre, la dernière en a cinq.

L'âge de l'animal apporte de notables modifications dans sa dentition. Voici les principales qui se produisent.

(1) Voy. fig. 12.
(2) Cuvier, *op. cit.*, p. 263-264.
(3) Cuvier, *op. cit.*, p. 265.

A l'état de fœtus près de naître, on trouve un système dentaire de lait qui consiste en un même nombre d'incisives que dans l'adulte, avec trois molaires seulement en haut comme en bas. Les incisives de lait sont tout à fait juxtaposées sur la ligne médiane. Elles sont en forme de coin, larges, bombées en avant, à tranchant mince, dont le contour est elliptique. Les incisives de remplacement percent à leur côté externe; en sorte que, pendant quelque temps, il y a quatre incisives à la mâchoire supérieure, comme aux Rhinocéros unicornes (1).

Plus tard il pousse une quatrième molaire en haut et en bas, et de plus, en haut, la petite dent simple et caduque (*accessoire* de Pallas), destinée à disparaître de bonne heure. Ce sont là les molaires de lait, destinées à être remplacées par quatre permanentes. Les trois arrière-molaires, qui ne poussent que plus tard, sont des dents définitives.

Lorsque la dentition est complète et définitive, il y a, comme on l'a vu, deux incisives en haut, quatre en bas, et sept molaires partout. Mais quand l'animal avance en âge, le nombre des dents peut diminuer. La première molaire tombe d'un côté ou de l'autre, ou même des deux côtés, du moins en bas, et il n'y en a plus que six. J'en ai eu un exemplaire entre les mains.

Cuvier (2) cite même un individu très-vieux qui avait perdu la seconde molaire d'un côté, tant en haut qu'en bas, et qui n'en avait plus que cinq. De Blainville (3) semble mettre en doute cette observation, parce qu'il n'en a vu aucun exemple sur les huit têtes bien adultes de la collection du Muséum. Il est bien difficile d'admettre là, de la part de Cuvier, une erreur involontaire, et encore moins volontaire.

J'hésite d'autant moins à admettre cette assertion de Cuvier, que j'ai trouvé, chez un sujet très-âgé, quatre molaires seulement (les quatre postérieures) à la mâchoire inférieure des deux côtés, tandis que la mâchoire supérieure avait conservé ses sept molaires.

(1) Cuvier, *op. cit.*, p. 262.
(2) *Op. cit.*, p. 265.
(3) *Op. cit.*, p. 41, note.

Avant de passer aux autres parties du squelette, qui sont à peu de chose près les mêmes chez toutes les espèces et n'offrent guère de caractères spécifiques, je veux signaler les différences considérables que présente, avec le crâne du Daman du Cap, le crâne de l'*Hyrax dorsalis* que j'ai pu examiner à loisir.

Ce crâne est beaucoup plus allongé que celui du Daman du Cap, et beaucoup plus étroit relativement. Chez un individu encore très-jeune (la dent accessoire supérieure n'était pas encore tombée, et les incisives inférieures portaient encore chacune leurs trois dentelures), je n'ai trouvé qu'un seul pariétal sans aucune trace de suture. La suture fronto-pariétale est rectiligne transversalement ou légèrement courbe, et non pas angulaire. Elle est située à plus d'un centimètre en arrière de l'apophyse orbitaire postérieure, sur le sommet du crâne uni comme une plate-forme. Cette plate-forme sépare les deux fosses temporales, qui sont très-écartées l'une de l'autre, et limitées en haut par une crête temporale très-saillante. Ces deux crêtes temporales, limitant la plate-forme sincipitale, partent de l'apophyse orbitaire postérieure, se dirigent en arrière en se rapprochant l'une de l'autre, et s'écartent de nouveau pour se terminer à l'occiput. Dans le point où elles sont le plus rapprochées, l'écart entre elles est encore d'un centimètre et demi.

L'apophyse orbitaire postérieure est formée moitié par le frontal, moitié par le pariétal, qui s'unit au frontal en ce point par une apophyse longue et mince accolée à son bord postérieur.

L'os jugal porte une apophyse orbitaire beaucoup plus longue que chez le Daman du Cap ; cette apophyse se réunit avec l'apophyse fronto-pariétale, et ainsi se trouve constitué un cadre orbitaire complet, particularité très-digne de remarque et signalée également par de Blainville (1) pour le Daman des arbres (*Hyrax arboreus*).

Le palais est excavé beaucoup moins profondément que chez le Daman du Cap, aussi large en avant qu'en arrière (18 milli-

____
(1) *Op. cit.*, p. 34.

mètres), et un peu plus large à sa partie moyenne (20 millim.).
Il est aussi plus allongé. Cet allongement tient en grande partie
aux dimensions des os maxillaires. Chez l'individu que je décris
je trouve comme longueur totale de la suture médiane du palais
54 millimètres, ainsi répartis :

Intermaxillaires	15 millim.
Palatins	12 —
Maxillaires	27 —

Les palatins s'avancent, comme chez le Daman du Cap, jusqu'au niveau du bord postérieur de la quatrième molaire. Mais
leur échancrure en arrière est plus profonde que chez le Daman
du Cap : elle s'avance jusqu'au niveau du bord postérieur de
l'avant-dernière molaire. Cette échancrure, au lieu de la forme
cintrée, a la forme d'une ogive dont les branches, vers le milieu,
sont un peu coudées en dedans, et donnent ainsi à l'échancrure
un aspect général piriforme.

Le bord postérieur de la branche montante du maxillaire inférieur est encore plus développé et plus allongé en arrière que
chez le Daman du Cap. Quant aux deux canaux dentaires, au lieu
d'être éloignés comme chez le Daman du Cap, ils ne sont guère
distants que de 7 à 8 millimètres, et commencent au fond d'un
vestibule commun, dont l'entrée est une fente verticale assez
large qui s'enfonce obliquement dans la paroi interne de la mâchoire inférieure. Le trou supérieur est au même niveau que
chez le Daman du Cap et traverse également la base de l'apophyse coronoïde ; le trou inférieur est beaucoup plus élevé que
chez le Daman du Cap.

Les deux branches de la mâchoire inférieure sont beaucoup
plus rapprochées que chez le Daman du Cap, et elles participent
ainsi de la forme générale de la tête.

Les dents offrent aussi une grande différence avec celles du
Daman du Cap. Elles sont en même nombre et ont la même forme
générale. Mais les molaires supérieures sont de moitié plus
étroites et presque toutes de même dimension, à l'exception de
la première, qui est un peu plus petite et rétrécie à son bord
libre. La dernière offre la même forme carrée que toutes les

autres. Les deux incisives supérieures sont beaucoup plus longues et plus fortes que chez le Daman du Cap. De plus, ces deux incisives supérieures sont très-éloignées l'une de l'autre : l'espace qui les sépare est de 8 millimètres à la pointe comme à la base. La barre est aussi beaucoup plus longue : elle a 20 millimètres et correspond exactement à l'étendue des quatre premières molaires. Enfin, l'extrémité de la racine des incisives supérieures, grâce à la longueur de la barre, s'arrête au niveau de la première molaire, au lieu de la troisième.

Les incisives inférieures de droite sont séparées de celles de gauche par un intervalle de 3 millimètres à leur base et 5 millimètres à leur pointe. La barre qui les sépare des molaires est égale à l'étendue des deux premières molaires, augmentée de la moitié de la troisième (11 millimètres). Enfin les molaires inférieures sont également plus comprimées que chez le Daman du Cap.

Tous ces caractères sont certainement suffisants pour établir une différence générique, comme l'ont proposé certains zoologistes.

De Blainville (1) admet quatre espèces de Damans : 1° *Hyrax capensis*, 2° *H. syriacus*, 3° *H. habessinicus*, 4° *H. arboreus*, auxquels il reconnaît les différences ostéologiques suivantes :

1° et 2° La tête du Daman du Cap est plus courte que celle du Daman de Syrie, caractère déjà signalé par Cuvier (2). L'interpariétal est presque circulaire et non triangulaire, comme dans le Daman de Syrie. La suture fronto-pariétale est moins anguleuse. Il n'y a pas de crête sagittale, ou du moins elle se développe plus tardivement. Les deux fosses temporales restent assez loin de se toucher. Le rebord frontal orbitaire est moins avancé, plus échancré, au contraire des apophyses orbitaires, bien plus prononcées. Les trous incisifs sont plus grands et plus ovales. L'apophyse coronoïde de la mâchoire inférieure a peut-être un peu moins d'élévation. Enfin, le nombre des côtes et des ver-

---

(1) *Op. cit.*, p. 33, 45.
(2) *Ossem. foss.*, 4ᵉ édit., t. III, p. 250.

tèbres dorsales est de vingt et une dans le Daman du Cap, tandis qu'il n'est que de vingt dans celui de Syrie.

3° La tête du Daman d'Abyssinie est plus longue, plus étroite, moins large entre les orbites que dans le Daman de Syrie et même que dans celui du Cap. Les orbites, plus grandes, sont moins couvertes; la suture fronto-pariétale est encore moins anguleuse que dans ce dernier, et surtout l'interpariétal, de forme carrée, est bien plus grand; d'où le pariétal est plus court. L'occipital avance aussi davantage sur le sinciput. L'arcade zygomatique est moins large, aussi bien que la dilatation de l'angle de la mâchoire inférieure; enfin la barre est notablement moins longue.

De Blainville rattache à l'espèce précédente le Daman à tête rousse (*H. ruficeps*, Ehr.), dont le crâne est plus étroit que chez le Daman du Cap et très-comprimé; l'os interpariétal est plus grand, plus orbiculaire, la barre plus longue, la mâchoire inférieure plus étroite, les jambes et les pieds plus longs.

4° L'espèce désignée par de Blainville sous le nom d'*arboreus* est la même que celle que j'ai décrite plus haut sous le nom de *dorsalis*. Il y trouve des caractères tout spéciaux, identiques à ceux que j'ai indiqués, et qui, comme on le verra plus loin, ont décidé le docteur Gray à en faire un genre spécial sous le nom de *Dendrohyrax*.

Les caractères crâniens indiqués par de Blainville, et que j'ai contrôlés sur vingt crânes de la collection du Muséum, n'ont pas la fixité qu'il leur attribue. Dans la même espèce, les fosses temporales sont éloignées ou rapprochées, suivant l'âge de l'individu; il en résulte chez les vieux individus une crête sagittale qui manque chez les jeunes. La barre varie également et diminue de longueur à mesure que l'individu avance en âge. Le caractère de l'os interpariétal offre une constance plus grande.

Dans l'*Hyrax dorsalis* ou *arboreus*, que j'ai pu étudier sur trois crânes d'âges différents, on trouve également des variations qui tiennent à l'âge : chez les vieux individus, toutes les crêtes osseuses sont beaucoup plus accusées; mais le type général n'est pas altéré par ces légères modifications.

ARTICLE N° 5.

Chez toutes les espèces du genre *Hyrax*, le nombre des vertèbres est considérable. Ce sont surtout les vertèbres dorsales dont le nombre est augmenté. Les vertèbres cervicales sont au nombre de sept, suivant une règle générale qui souffre très-peu d'exceptions. Les vertèbres dorsales sont au nombre de vingt-deux, suivant Pallas (1), Owen (2) et Meckel (3) ; de vingt et une, suivant Cuvier (4) : de vingt ou vingt et une, suivant de Blainville (5) et Brandt (6) ; de vingt, suivant Martin (7).

De Blainville est porté à croire que le nombre des vertèbres dorsales varie suivant les espèces, et que leur nombre normal est de vingt et une dans le Daman du Cap, et de vingt dans celui de Syrie (8). Cependant les individus sur lesquels Pallas et Martin ont trouvé, l'un vingt-deux vertèbres dorsales, l'autre vingt, appartenaient tous les deux à l'espèce du Cap. Mais il est à remarquer qu'on trouve assez souvent de l'un ou de l'autre côté une côte supplémentaire, et par conséquent une vertèbre dorsale supplémentaire. Ainsi Ehrenberg a trouvé d'un côté le rudiment d'une vingt et unième côte chez l'*Hyrax syriacus*, et de Blainville le rudiment d'une vingt-deuxième côte chez l'*Hyrax capensis* (9).

J'ai trouvé, sur plusieurs individus appartenant à l'espèce du Cap, vingt et une vertèbres dorsales, et je crois que ce chiffre, donné par Cuvier et de Blainville, est le chiffre normal chez l'*Hyrax capensis*.

Le nombre des vertèbres lombaires est de six d'après Pallas (10), de huit d'après Cuvier (11), de Blainville (12), et Brandt (13), de

(1) *Miscell.*, p. 45.
(2) *Anat. and Physiol. of Vertebrates*, t. II, p. 446.
(3) *Anat. comp.*, t. III, p. 383.
(4) *Ossem. foss.*, t. III, p. 251.
(5) *Op. cit.*, p. 16.
(6) *Op. cit.*, p. 117.
(7) *Proceed.*, 1835, p. 19.
(8) *Op. cit.*, p. 33.
(9) De Blainville, *op. cit.*, p. 33.
(10) *Miscell.*, p. 45.
(11) *Op. cit.*, p. 251.
(12) *Op. cit.*, p. 16.
(13) *Op. cit.*, p. 117.

neuf d'après Martin (1) et Meckel (2). J'en ai trouvé huit, comme Cuvier, de Blainville, Brandt et Ehrenberg.

Pallas (3) indique douze vertèbres sacro-coccygiennes. Quant à leur distinction, il y a plus de divergences que sous le rapport de leur nombre. Martin (4) n'admet que deux vertèbres sacrées, parce qu'il ne désigne sous ce nom que les deux premières, qui sont articulées avec les os iliaques; les dix autres sont pour lui les vertèbres coccygiennes. Owen (5) compte quatorze vertèbres sacro-caudales, dont les trois premières s'articulent avec les os des iles, et les quatre suivantes ont des apophyses transverses. Meckel (6) compte treize vertèbres sacrées et coccygiennes, sans les distinguer. Cuvier (7) admet cinq vertèbres sacrées et sept coccygiennes. De Blainville (8), sur un squelette de Daman du Cap fait sous ses yeux, a trouvé douze vertèbres terminales, dont cinq soudées entre elles par leurs apophyses transverses, et sept non soudées ou coccygiennes. Enfin, j'ai trouvé sur un Daman du Cap très-âgé six vertèbres sacrées soudées entre elles par leurs apophyses transverses et leur apophyse épineuse (les deux premières seules articulées avec les os iliaques), six vertèbres non soudées ou coccygiennes. La sixième sacrée était manifestement la première coccygienne soudée par les progrès de l'âge.

Pour ces vertèbres, Brandt (9) n'indique pas de nombre fixe : il admet cinq ou six vertèbres sacrées et sept ou huit coccygiennes.

En résumé, je crois que les chiffres les plus voisins de la vérité pour le nombre des vertèbres sont ceux de Cuvier : 7 cervicales, 21 dorsales, 8 lombaires, 5 sacrées, 7 coccygiennes ; en tout, 48 vertèbres.

---

(1) *Proceed.*, 1835, p. 16.
(2) *Anat. comp.*, t. III, p. 383.
(3) *Miscell.*, p. 45.
(4) *Loc. cit.*, p. 16.
(5) *Anat. and Physiol. of Vertebrates*, t. II, p. 446.
(6) *Anat. comp.*, t. III, p. 383.
(7) *Ossem. foss.*, t. III, p. 252.
(8) *Op. cit.*, p. 17.
(9) *Op. cit.*, p. 117.

Le nombre des vertèbres coccygiennes est très-restreint chez le Daman, ce qui explique suffisamment son absence de queue. Les dernières de ces vertèbres sont en effet comprises entièrement dans les muscles du bassin et ne font aucune saillie à l'extérieur.

Voici maintenant les principaux caractères ostéologiques que présentent les vertèbres isolément.

L'atlas a son apophyse épineuse supérieure inclinée en avant, et l'apophyse épineuse inférieure tournée en arrière. Les apophyses transverses sont larges et aplaties, percées à leur base d'un trou pour le passage de l'artère occipitale et de la branche antérieure de la première paire de nerfs rachidiens. Près de ce trou il en existe un autre qui lui est perpendiculaire, et qui est creusé dans la lame vertébrale : il donne passage à l'artère cérébro-spinale (formée par la réunion de l'artère vertébrale et de l'artère occipitale) et à la première paire de nerfs rachidiens, dont la branche postérieure va se perdre en arrière, tandis que la branche antérieure traverse le trou de l'apophyse transverse.

L'axis a l'apophyse odontoïde très-aplatie, ce qui n'exige qu'une cavité articulaire peu profonde dans l'épaisseur du corps de l'atlas. Le corps lui-même de l'axis est très-aplati. Son apophyse épineuse forme une saillie considérable, haute et mince, en forme de fer de hache, tranchante en avant, assez épaisse à son bord postérieur. Ses apophyses transverses sont étroites et grêles.

Les troisième, quatrième et cinquième vertèbres cervicales sont assez semblables entre elles, surmontées d'une apophyse épineuse courte, tandis que leurs apophyses transverses sont larges, étalées en forme d'éventail à leur bord libre.

La sixième diffère des précédentes en ce que son apophyse épineuse est un peu plus haute, et que sur son apophyse transverse, large et étalée, se trouve greffé comme un rudiment de côte.

La septième n'offre en fait d'apophyse transverse que ce rudiment de côte. Son apophyse épineuse est plus haute encore que celle de la sixième. Enfin, elle n'offre à la base de ses apophyses transverses aucun trou pour le passage de l'artère vertébrale, ce qui la distingue des six premières.

Les vertèbres dorsales n'offrent rien de bien remarquable. Pallas (1) les compare avec assez de raison à celles des Lièvres, surtout à cause de la forme grêle et élancée des premières, très-différentes en cela de ce qui existe chez les Rhinocéros, où les apophyses épineuses sont assez larges pour se toucher (2).

Dans les vertèbres dorsales, le corps est encore caréné comme dans les vertèbres cervicales, quoique de Blainville ne l'admette pas (3). Leur apophyse épineuse est longue et grêle, et augmente de hauteur jusqu'à la septième; là elle commence à devenir plus courte. mais aussi plus large, et cette modification s'accentue graduellement jusqu'à la dernière. Les six ou huit dernières prennent même un peu le caractère des vertèbres lombaires par la forme courte et large de leur épine.

Ces apophyses épineuses sont inclinées en arrière dans les douze premières vertèbres dorsales. Celle de la treizième est verticale, et celles des huit dernières sont inclinées en avant. Cette remarque avait déjà suggéré à Owen (4) l'idée que cette treizième vertèbre est le centre du mouvement dans cette partie du tronc.

Si, pour le nombre des vertèbres dorsales et des côtes qui s'y rattachent, le Daman se rapproche du Rhinocéros, il s'en écarte pour le nombre des vertèbres lombaires (huit au lieu de trois), sacrées (cinq au lieu de quatre), et caudales (sept au lieu de vingt et une ou vingt-deux) (5).

Les vertèbres lombaires, plus nombreuses que dans aucun Mammifère ongulograde, ont des apophyses épineuses et transverses larges et aplaties. Les apophyses transverses augmentent de dimension jusqu'à la dernière, qui, comme dans tous les Ongulogrades à système de doigts impairs (6), s'articule avec

(1) *Miscell.*, p. 45.
(2) De Blainville, *op. cit.*, p. 24.
(3) *Op. cit.*, p. 24.
(4) *Anat. and Physiol. of Vertebrates*, t. II, p. 446.
(5) Cuvier, *Ossem. foss.*, t. III, p. 251.
(6) De Blainville, *op. cit.*, p. 24.

celle de la première vertèbre sacrée. De plus, comme chez le Cheval, la dernière vertèbre lombaire s'articule par ses apophyses avec l'os des iles, ce qui l'a fait quelquefois considérer comme la première vertèbre sacrée.

Les vertèbres sacrées, au nombre de cinq (ou de six chez les sujets très-âgés, quand la première coccygienne s'est soudée à la dernière sacrée), sont larges transversalement, et aplaties d'avant en arrière. Elles décroissent graduellement dans leur corps comme dans leurs apophyses, et il en résulte un sacrum triangulaire peu excavé, se continuant sans interruption avec les vertèbres coccygiennes.

Celles-ci, au nombre de sept, sont toutes aplaties comme le sacrum, et décroissent assez rapidement. Les quatre premières seules ont des apophyses épineuses et transverses; les trois dernières se rétrécissent et s'effacent de manière que la dernière n'est plus qu'une sorte de phalange informe terminée par un tubercule renflé en massue.

Le sternum est composé de sept pièces : une première courte, prolongée en avant par un *manubrium* cartilagineux, assez long et aigu ; une seconde beaucoup plus longue, remplissant l'intervalle entre les deux premières paires de côtes ; les quatre suivantes, à peu près d'égale longueur, mais s'aplatissant et s'élargissant un peu graduellement de haut en bas; enfin la dernière, la plus longue de toutes, large, plate et terminée par un appendice xiphoïde arrondi, encore plus large et plus aplati, et de forme spatulée.

Le nombre des côtes est toujours égal à celui des vertèbres dorsales. Aussi varie-t-il suivant les auteurs : Meckel (1) en admet vingt-deux; Cuvier (2), vingt et une. J'ai trouvé sur trois Damans du Cap vingt et une côtes, comme l'indique Cuvier.

C'est là un des caractères qui ont été invoqués par Cuvier pour ranger le Daman parmi les Pachydermes.

« Le Daman, dit-il (3), a vingt et une côtes de chaque côté,

(1) *Anat. comp.*, t. III, p. 383.
(2) *Ossem. foss.*, t. III, p. 251.
(3) *Ibid.*

nombre supérieur à celui de tous les autres Quadrupèdes, l'Unau excepté, qui en a vingt-trois; et ceux qui en ont le plus après le Daman appartiennent précisément à cet ordre des Pachydermes dans lequel nous voulons le ranger: l'Éléphant et le Tapir en ont chacun vingt; le Rhinocéros, en particulier, en a dix-neuf; les Solipèdes, qui approchent beaucoup des Pachydermes, en ont dix-huit. La plupart des Rongeurs n'en ont au contraire que douze ou treize, et le Castor, qui en a le plus parmi eux, n'en a que quinze. »

Pallas (1), qui a trouvé vingt et une côtes à droite, et vingt-deux à gauche (par l'addition d'une côte inférieure accessoire), admet sept côtes vraies, six fausses, et les autres terminées dans les muscles. Cette détermination a été confirmée par les observateurs qui lui ont succédé.

L'omoplate est triangulaire, assez semblable à celle du Cheval. Le bord antérieur est légèrement convexe, le postérieur rectiligne et élargi. L'épine marche un peu plus près de l'antérieur et finit en se perdant à la naissance du col. Sa plus grande saillie est à son tiers inférieur, qui est à peu près le milieu de la longueur de l'os. Le col est grêle. L'apophyse coracoïde et l'acromion sont tout à fait rudimentaires et représentés seulement par deux tubercules courts et arrondis. La cavité glénoïde a une forme ovale-allongée de haut en bas.

La clavicule manque complétement.

L'humérus est large en haut, étroit en bas. Il est un peu comprimé supérieurement, sans crête deltoïdale marquée. Sa tête est assez recourbée, arrondie; la grosse tubérosité est haute et large, la petite peu saillante. Elles sont séparées l'une de l'autre par une gouttière bicipitale large et simple. L'extrémité inférieure est élargie, sans crêtes condyloïdiennes, percée d'outre en outre, comme chez les Lièvres, au-dessus de la poulie, qui est simple et a seulement sa partie externe un peu plus convexe que l'autre.

L'avant-bras est formé de deux os placés l'un devant l'autre, et soudés dans presque toute leur longueur.

____

(1) *Miscell.*, p. 45.

Le radius, d'un quart plus court que le cubitus, assez courbe et aplati dans son corps, est terminé supérieurement par une tête transversale, dont la surface articulaire est partagée en deux parties inégales (l'externe étant plus large) par une saillie obtuse. Il croise le cubitus, avec lequel il se met en pronation, et sa tête inférieure, élargie en pyramide, ou, suivant une comparaison assez juste de de Blainville (1), en tête de clou, forme la moitié antéro-interne de l'articulation carpienne.

Le cubitus, plus long et plus fort, également aplati et courbé de façon à bomber en avant comme le radius, présente en haut une échancrure articulaire profonde, partagée en deux par la même saillie que le radius. L'olécrane est long, droit, comprimé dans son milieu et renflé au bout. Le cubitus conserve le même volume jusqu'en bas, où il en a presque autant que le radius. Son extrémité inférieure se termine par une surface articulaire triangulaire, formant la moitié externe de la surface articulaire du carpe.

Le carpe est formé, comme de coutume, de ses deux rangées de quatre os chacune. Il y a quatre métacarpiens et quatre doigts bien complets; et, en outre, un pouce rudimentaire qui demeure toujours caché sous la peau.

Le bassin n'a rien de ces formes élargies qu'on lui connaît dans les grands Pachydermes, l'Éléphant et le Rhinocéros. L'os iliaque est étroit, à col très-allongé, à bord externe un peu plus épais que l'interne. Ses angles sont émoussés; il est à peine échancré derrière sa jonction au sacrum. La branche cotyloïdienne du pubis est longue et étroite, sa branche symphysaire large et aplatie. L'ischion est court dans sa branche cotyloïde pourvue d'une épine prononcée, et largement dilaté à sa terminaison ischiatique épaissie et tronquée. Les trous ovalaires sont étendus obliquement du pubis à la cavité cotyloïde.

Le plan du grand bassin est très-oblique par rapport à l'épine dorsale; le petit bassin est large et déprimé à cause de la direction transversale et de l'étendue des pubis.

_____

(1) *Op. cit.*, p. 27.

Le fémur, dont l'extrémité supérieure est recourbée en avant et l'extrémité inférieure en arrière, est arrondi dans sa partie moyenne et aplati d'avant en arrière à ses extrémités. Sa tête, portée sur un col bien marqué, est imprimée, pour l'insertion du ligament rond, d'une fossette triangulaire située dans le prolongement de la face interne du col. Le grand trochanter est assez élevé, et creusé en arrière d'une fosse ovale profonde destinée à des insertions musculaires. Le petit trochanter forme une saillie assez tranchante au bord interne du corps de l'os. Au bord externe, à peu près au même niveau, à un centimètre au-dessous de la base du grand trochanter, on voit le rudiment d'un troisième trochanter; mais au lieu d'une crête saillante comme chez le Rhinocéros, il n'y a chez le Daman qu'une sorte de verrue allongée et mousse. L'extrémité inférieure du fémur est épaisse, les deux condyles à peu près égaux, la partie antérieure peu remontée et plus étroite au côté interne, la gouttière postérieure intercondylienne large et profonde.

La rotule est elliptique, beaucoup plus haute que large, étroite et pointue en bas, arrondie et mousse en haut. En avant, elle est ovoïde et couverte de rugosités nombreuses; en arrière, elle porte une large surface articulaire divisée par une saillie verticale émoussée en deux facettes inégales, dont l'externe est la plus considérable.

Le tibia et le péroné se soudent promptement par le haut et par le bas. Tous les deux sont arqués d'avant en arrière, leur concavité commune étant postérieure.

Le tibia est comprimé dans sa moitié supérieure, surtout à son bord antérieur, qui forme une crête assez aiguë dans le haut. Dans son quart inférieur, il est au contraire aplati d'avant en arrière. La surface articulaire supérieure est composée de deux moitiés à peu près égales, séparées en arrière par une échancrure assez profonde; elle porte en avant un tubercule de frottement avec la rotule. La surface articulaire inférieure, quadrilatère, est bordée en dedans par une malléole très-longue, nécessitée par la forme singulière de l'astragale.

Le péroné est grêle, partout comprimé, et élargi d'avant en

arrière dans le haut, où il forme un crochet saillant derrière l'angle postérieur externe de la tête du tibia. Inférieurement, il est arrondi et se termine par une malléole tronquée, de moitié plus courte que celle du tibia.

« Je ne connais, dit Cuvier (1), aucun animal où la partie tibiale de l'astragale dévie autant de la partie tarsienne. La première semble déjetée en dehors, et ne tient à la seconde que par la moitié de leur diamètre commun. La poulie tibiale est peu profonde; la face scaphoïdienne est presque plane comme dans le Tapir, et ne touche pas au cuboïde. »

Le calcanéum est déprimé et ne s'élargit pas dans sa partie antérieure.

Le scaphoïde porte deux cunéiformes, et le cuboïde un seul métatarsien.

Les métatarsiens sont un peu plus longs, plus grêles et plus arrondis que les métacarpiens.

Il n'y a au pied de derrière que trois doigts visibles au dehors. Il n'y a également que trois doigts au squelette : ce sont le premier et le cinquième qui manquent. Leurs phalanges ne présentent rien de particulier, si ce n'est la dernière phalange de l'orteil interne. Cette phalange se termine par deux pointes déprimées et disposées l'une au-dessus de l'autre : « Ce qui, je crois, dit Cuvier (2), est unique parmi les Mammifères. » C'est dans l'échancrure qui sépare ces deux pointes qu'est logée l'une des deux lames de l'ongle si singulier qui surmonte cette phalange.

Je n'ai rien à dire sur les ligaments, dont la plupart n'offrent aucun caractère particulier. Je ferai remarquer seulement que l'avant-bras et la jambe, ayant les extrémités des deux os qui les composent soudées ensemble, n'offrent pas les ligaments radio-cubitaux et tibio-péroniens ordinaires. Je signalerai encore l'attache du ligament rond de la cavité cotyloïde en dedans de la tête fémorale et non pas à son centre. Pour tout le reste, je

(1) *Ossem. foss.*, t. III, p. 269.
(2) *Ibid.*, p. 270.

n'ai trouvé, comme Brandt (1), aucune différence importante et qui mérite d'être signalée.

SYSTÈME MUSCULAIRE.

Le Daman présente, comme la plupart des Mammifères, un muscle peaussier d'une étendue considérable, qui recouvre le tronc tout entier et la région cervicale, et qui forme une enveloppe sous-cutanée d'une seule pièce destinée à faire mouvoir la peau qui recouvre le tronc.

Ce vaste muscle sous-cutané, désigné souvent aussi sous le nom de *panicule charnu*, s'attache en haut (l'animal étant supposé dressé sur ses pieds de derrière) à l'aponévrose du muscle masséter, au niveau d'une ligne étendue de la commissure labiale à l'arcade zygomatique et à l'apophyse paramastoïde. En arrière, il s'insère à toute la face profonde de la peau, au niveau d'une ligne qui s'étendrait tout le long de la colonne vertébrale jusqu'au sacrum. Là son aponévrose d'attache s'écarte du plan médian du corps, et, croisant l'os iliaque, s'insère à la portion externe de l'aponévrose de la cuisse dans toute sa longueur. Arrivé au genou, le panicule charnu se réfléchit sur lui-même, et s'insère à la portion interne de l'aponévrose de la cuisse par une expansion membraneuse assez mince. De là, le panicule charnu remonte tout le long de la ligne blanche jusqu'au niveau de l'appendice xiphoïde. Là se trouve une lacune dans son insertion sur la ligne médiane, et il faut remonter jusqu'à la partie supérieure du sternum pour retrouver son attache. En haut du sternum, l'insertion continue sur la ligne médiane jusqu'à son point d'attache à la commissure des lèvres, recouvrant toute la partie antérieure du cou, et ne laissant à découvert qu'un petit espace triangulaire formé par le plancher de la bouche, en arrière de la symphyse du menton.

Quant à la partie supérieure du peaussier, elle offre pour le passage du bras une sorte d'échancrure qui, partant de la base

____

(1) *Op. cit.*, p. 34.

du cou, contourne le moignon de l'épaule (lequel n'est cependant découvert qu'à moitié), passe sous l'aisselle, et va rejoindre l'appendice xiphoïde, au point où nous avons vu l'interruption du bord antérieur.

En haut et en arrière, le bord de cette échancrure s'attache à l'aponévrose commune des muscles de l'épaule ; en bas, elle longe le bord inférieur du muscle grand pectoral, auquel elle est unie par une membrane assez mince ; mais elle offre sous l'aisselle un point d'attache assez curieux déjà signalé par Cuvier (1). Là le pannicule charnu s'épaissit, et se termine par un tendon qui s'insère à l'humérus avec celui du grand dorsal et du grand rond.

La structure de ce vaste muscle est charnue dans presque toute son étendue, à l'exception de ses bords, qui s'insèrent à leurs différents points d'attache par des expansions tantôt aponévrotiques, tantôt membraneuses, comme je l'ai dit plus haut.

La direction des fibres est à peu près transversale ; elle offre cependant un aspect général rayonnant, dont le centre serait à la ligne médiane de la face antérieure du corps, et de là ces fibres se dirigent, en s'écartant en éventail, vers les côtés et la face postérieure du tronc.

Le pannicule charnu recouvre tous les muscles du tronc et du cou ; il ne laisse à découvert que les muscles des quatre membres. Il faut donc l'enlever pour étudier les muscles du cou et même ceux de l'épaule, qu'il recouvre en grande partie.

Par sa face profonde, le pannicule charnu fournit de nombreux points d'attache aux muscles sous-jacents, qu'il est souvent assez difficile d'en isoler, surtout dans toute la moitié supérieure du corps.

Avant d'aborder l'étude des muscles en particulier, je rappellerai que l'appareil musculaire est assurément, de tous les appareils de l'organisme animal, celui qui présente le plus de confusion et les contradictions les plus grandes entre les différents anatomistes qui l'ont décrit. D'un genre à l'autre, les noms

____

(1) *Leçons d'anat. comp.*, 2ᵉ édit., t. 1ᵉʳ, p. 394.

changent suivant les auteurs; les analogies sont aussi très-diversement appréciées, et il est très-difficile de se reconnaître dans le dédale de ces déterminations si différentes. Ajoutons qu'on trouve souvent même, au sujet des muscles, « des contradictions notables entre les auteurs qui les ont examinés chez les mêmes espèces (1). » L'*Hyrax* n'a pas échappé à cette règle, et nous en trouvons un premier exemple dans l'étude d'un muscle qui est, de l'avis de M. Owen, la principale particularité du système musculaire chez cet animal (2).

Ce muscle, très-volumineux et très-remarquable, se trouve au devant du cou, immédiatement au-dessous du peaussier. Il est de forme triangulaire, à base supérieure. En bas, il s'insère au *manubrium* du sternum. En haut, il s'insère sur la branche ascendante et sur l'angle de la mâchoire inférieure, et aussi à la surface du masséter. De là il envoie à l'apophyse para-mastoïde une aponévrose qui se détache de son tendon terminal, et qui s'unit à l'insertion mastoïdienne du mastoïdo-huméral. En dedans, ce muscle s'unit à celui du côté opposé sur la ligne médiane jusqu'à une assez grande hauteur, et leur réunion forme un vaste plastron légèrement échancré en haut, qui recouvre à peu près toute la région trachélienne.

M. Owen (3) a bien étudié ce muscle, auquel il attribue le gonflement particulier du cou chez l'*Hyrax*. Il lui reconnaît une force remarquable, et trouve qu'il est aussi développé que le sterno-mastoïdien de l'Homme; mais pour lui, c'est là une modification du muscle digastrique. Cette opinion me paraît difficile à accepter, si l'on prend pour base des analogies, comme cela me paraît indispensable, les insertions musculaires. En effet, le digastrique s'insère, d'une part à l'apophyse mastoïde, et d'autre part à la partie antérieure de la face interne du maxillaire inférieur, avec une insertion intermédiaire de l'os hyoïde comme poulie de renvoi. Nous retrouverons plus loin son analogue.

(1) Siebold et Stannius, *Nouveau Manuel d'anat. comp.*, trad. franç. Paris, 1850, t. II, p. 415.

(2) *Proceed.*, 1832, p. 207.

(3) *Ibid.*

ARTICLE N° 5.

MM. Murie et Mivart (1) considèrent ce muscle comme le sterno-mastoïdien véritable; ils ajoutent que le rapport de ce muscle avec la mâchoire inférieure ressemble à ce qu'on voit chez le Cheval.

Quant à Meckel (2), il donne le nom de *sterno-mastoïdien* à un muscle qui vient de la racine de la première pièce sternale, et qui s'attache par un tendon fort long à l'apophyse mastoïde. Il paraît avoir désigné sous ce nom un muscle assez grêle, que MM. Murie et Mivart n'ont pu voir, à cause de l'état de mutilation du sujet qu'ils ont étudié.

Siebold et Stannius (3) conservent le nom de *sterno-mastoïdien* à ce muscle chez le Cheval, malgré son insertion sur l'angle de la mâchoire inférieure. Je préfère, avec MM. Chauveau et Arloing (4), lui donner le nom de *sterno-maxillaire*, qui rend compte d'une façon exacte de ses attaches.

Quant au sterno-mastoïdien, MM. Murie et Mivart (5) lui reconnaissent trois portions: une qu'ils appellent sterno-cléido-mastoïdien ou céphalo-huméral. dont je parlerai plus loin, et qui va de l'occiput à la partie inférieure du cubitus. où il s'insère à côté du biceps; une seconde portion, le sterno-mastoïdien véritable (*sterno-maxillaire* de Chauveau): et une troisième portion très-grêle, qui naît de l'apophyse paramastoïde. et se réunit profondément aux deux portions déjà réunies de ce muscle.

Le muscle sterno-maxillaire est recouvert à son insertion supérieure par la parotide, qui est ainsi comprise entre lui et le peaussier. Son bord externe est longé par la veine jugulaire.

Lorsque ce muscle est enlevé, on trouve au-dessous de lui une aponévrose très-épaisse qui recouvre toute la partie trachélienne antérieure, ainsi que l'espace intermaxillaire. Cette aponévrose est composée de deux feuillets, entre lesquels sont logées les glandes sous-maxillaires.

---

(1) *Proceed.*, 1865, p. 331.
(2) *Anat. comp.*, t. VI, p. 153.
(3) *Manuel d'anat. comp.*, t. II, p. 415.
(4) *Anat. comp. des animaux domestiques*, 2ᵉ édit., p. 210.
(5) *Proceed.*, 1865. p. 331.

Si l'on incise cette aponévrose et qu'on la dissèque, on trouve alors dans leur position les muscles de la partie antérieure du cou, c'est-à-dire :

1° Recouvrant la trachée en avant. les muscles sterno-hyoïdiens;

2° Recouvrant la trachée sur les côtés, les sterno-thyroïdiens;

3° Plus en dehors encore, les sterno-mastoïdiens véritables, muscles fusiformes et grêles allant du *manubrium* à l'apophyse paramastoïde, non mentionnés par MM. Murie et Mivart.

Pour les muscles du larynx, je renvoie à l'étude de cet organe.

Parmi les muscles qui s'insèrent à l'os hyoïde, on trouve peu de différences avec les dispositions ordinaires. Il est à remarquer cependant que le muscle digastrique ne prend aucun point d'attache sur l'hyoïde, et que son ventre unique rend assez impropre le nom qu'on lui a conservé. Cuvier (1) avait déjà noté que, chez le Daman, le digastrique a un seul ventre et est très-court, et qu'il descend à peu près verticalement de l'apophyse mastoïde, le long du bord postérieur arrondi de la branche montante du maxillaire inférieur jusqu'à sa partie la plus basse, où il s'attache un peu en dedans, au-dessous des ptérygoïdiens.

MM. Murie et Mivart (2) ont également constaté que le digastrique est très-volumineux, très-aplati, et appliqué étroitement sur la concavité interne de la mâchoire inférieure, en arrière et en dessous de la crête mylo-hyoïdienne. Il naît de l'apophyse paramastoïde, avec le stylo-hyoïdien, le stylo-glosse, le sterno-mastoïdien de Meckel et la troisième portion du sterno-cléido-mastoïdien de Murie et Mivart ; mais il occupe la plus grande partie de cette apophyse. Il s'insère en dedans de la mâchoire et tout le long de son bord inférieur, jusqu'à une petite distance en arrière de la symphyse.

Meckel a fait les mêmes observations pour le digastrique; mais il lui donne un nom différent, et l'appelle abaisseur de la mâchoire inférieure (3).

(1) *Anat. comp.*, 2ᵉ édit., t. IV, 1ʳᵉ partie, p. 94.
(2) *Proceed.*, 1865, p. 331.
(3) *Anat. comp.*, t. VIII, p. 478.

ARTICLE N° 5.

Je ferai remarquer qu'il existe encore, dans la détermination des muscles de cette région chez le Daman, une cause de contradictions dont voici l'origine. Chez la plupart des Mammifères, le trou auditif externe est limité en avant par une tige osseuse très-longue, l'apophyse styloïde, et en arrière par une éminence mamelonnée assez saillante, l'apophyse mastoïde. Or ces deux apophyses manquent chez le Daman, ou bien sont tellement réduites, qu'il est permis de n'en pas tenir compte. En effet, la plupart des muscles qui s'insèrent ordinairement à ces deux saillies, s'insèrent chez le Daman à une troisième saillie, qui dépend, non pas du temporal, mais de l'occipital. Cette saillie correspond à l'apophyse jugulaire de l'Homme; mais elle a pris un développement considérable, et elle déborde complétement l'apophyse mastoïde qui disparaît entre elle et le conduit auditif externe. Cuvier et Duvernoy (1) lui ont donné le nom d'*apophyse paramastoïde*, qui me paraît le plus convenable de tous.

Malheureusement ce nom n'a pas été universellement adopté, et cette saillie osseuse est désignée, chez tous les Mammifères où elle existe, tantôt sous le nom d'*apophyse mastoïde*, tantôt sous le nom d'*apophyse paramastoïde*, tantôt sous le nom d'*apophyse styloïde*. On comprend dès lors la confusion qui s'ensuit dans les descriptions faites par les différents anatomistes.

C'est ainsi que Meckel (2), Murie et Mivart (3) désignent sous le nom de *stylo-hyoïdien* un muscle qui naît de l'apophyse paramastoïde, en arrière du digastrique, et qui s'insère, comme d'ordinaire, à l'os hyoïde. D'après ces auteurs, ce muscle est fort et relativement épais. Cette appréciation me paraît exagérée. En outre, j'ai constaté chez les deux individus où j'ai pu l'étudier, qu'il s'insérait en haut, non pas à l'apophyse paramastoïde, mais à la partie postérieure du tendon considérable qui sert à l'insertion du digastrique.

Pour en finir avec l'apophyse paramastoïde, je dirai qu'elle

____

(1) *Anat. comp.*, 2ᵉ édit., t. II, p. 364, et t. IV, 1ʳᵉ partie, p. 483.
(2) *Anat. comp.*, t. VIII, p. 507.
(3) *Proceed.*, 1865, p. 331.

sert aussi de point d'attache au stylo-glosse, qui de là se rend
à la langue de la façon ordinaire.

Les muscles qui servent aux mouvements des mâchoires
n'offrent rien de particulier. « Le masséter (1) a une grande proportion et une grande force ; ses faisceaux de fibres descendent
d'avant en arrière de la partie convexe de l'arcade, sur toute la
branche montante de la mandibule, jusqu'à son angle postérieur
qu'ils recouvrent de même. » Le temporal offre une épaisseur
moyenne. Les muscles des lèvres sont faibles et peu séparés. Le
ptérygoïdien externe naît dans la fosse ptérygoïde, et s'insère au
col de la mâchoire. Le ptérygoïdien interne naît par un tendon
fort de l'apophyse en forme d'hameçon placée à l'extrémité inférieure du bord externe de la fosse ptérygoïdienne, et du bord
postérieur et interne de cette même fosse ; il s'étale en forme
d'éventail, et s'insère à la concavité de la mâchoire inférieure,
au-dessus du digastrique, dont il est séparé par le passage du
nerf lingual (2).

Les principales différences que présentent les muscles chez
les divers genres de Mammifères sont surtout en rapport avec
les différences du système osseux. Nous venons de voir que les
muscles qui s'attachent ordinairement à l'apophyse mastoïde ou
à l'apophyse styloïde s'insèrent chez le Daman, à cause de l'absence de ces deux apophyses, à l'apophyse paramastoïde, qui en
tient lieu. Nous allons constater également chez cet animal une
disposition qui ne lui appartient pas en propre, mais qui entraîne
des modifications analogues à celles des autres animaux offrant
la même particularité ostéologique : je veux parler de l'absence
de clavicule.

L'absence de la clavicule entraîne forcément l'absence du
muscle sous-clavier ; elle entraîne de plus une modification dans
les attaches des muscles qui s'insèrent d'ordinaire à cet os, c'est-
à-dire des muscles sterno-cléido-mastoïdien, trapèze et deltoïde.

Le sterno-cléido-mastoïdien est représenté, d'après Murie et

____

(1) Cuvier, *Anat. comp.*, 1re partie, p. 69.
(2) Voy. fig. 58.

Mivart (1), par trois faisceaux : 1° le céphalo-huméral, sur lequel je vais revenir ; 2° le sterno-maxillaire, qu'ils appellent le sterno-mastoïdien véritable ; 3° une portion grêle partant de l'apophyse paramastoïde, et se réunissant profondément aux deux autres portions.

Le céphalo-huméral, pour lequel je préfère le nom de *mastoïdo-huméral*, adopté par Chauveau et Arloing (2), est un muscle très-long, inséré en haut à la crête mastoïdienne et en bas au cubitus avec le biceps. Il mériterait donc le nom de *mastoïdo-cubital*. Si, par la pensée, on le coupe en deux au moyen d'une clavicule idéale, on verra qu'il représente exactement le cléido-mastoïdien, la portion claviculaire du trapèze et la portion claviculaire du deltoïde de l'Homme. Cette idée, généralement admise (3), me paraît parfaitement exacte.

Le mastoïdo-huméral, qu'on rencontre chez tous les Mammifères sans clavicules, n'offre chez le Daman qu'un seul point à noter : c'est son insertion au cubitus et non pas à l'humérus.

Le trapèze, ou du moins sa portion principale, s'attache, d'une part aux apophyses épineuses des vertèbres cervicales et des premières dorsales, et d'autre part à l'aponévrose commune des muscles de l'épaule qui remplace la clavicule pour cette insertion.

L'acromio-trachélien présente la disposition ordinaire (4) ; il s'insère, d'une part, à l'apophyse transverse de l'atlas, et de l'autre à l'aponévrose commune des muscles de l'épaule, entre le trapèze et le mastoïdo-huméral.

Le deltoïde est décomposé en trois parties, si l'on compte pour une de ces parties l'extrémité inférieure du mastoïdo-huméral. Les deux autres parties forment deux muscles séparés, l'un placé au bord supérieur de l'omoplate, l'autre à son bord inférieur. Le muscle supérieur, qui a la même direction que le sus-épineux,

(1) *Loc. cit.*, p. 331-332.

(2) *Anat. comp. des animaux domestiques*, 2° édit., p. 209.

(3) Voy. Cuvier, *Anat. comp.*, 2° édit., t. I, p. 372 et 394.— Chauveau et Arloing, *Anat. comp. des animaux domestiques*, p. 209.

(4) Voy. Cuvier, *Anat. comp.*, 2° édit., t. I, p. 371.

s’insère au trochanter, au-dessus du petit pectoral ; le muscle inférieur, qui a la même direction que le sous-épineux, s’insère à l’empreinte deltoïdienne de l’humérus, au-dessus du tendon du grand pectoral. Chez le Cheval, cette portion inférieure du deltoïde est la seule qui persiste ; et ses fonctions spéciales, très-différentes de celles du deltoïde parfait, lui ont valu un nom nouveau, celui de *long abducteur du bras* (1).

Le rhomboïde est double comme chez beaucoup d’autres Mammifères, et forme deux muscles très-distincts par leurs insertions et leurs fonctions. Le rhomboïde de la tête (Cuvier) s’attache, d’une part à l’occiput, et d’autre part à la partie supérieure de la face profonde du bord scapulaire postérieur. Le rhomboïde du thorax s’insère aux premières vertèbres dorsales d’une part, et d’autre part à la face profonde du bord scapulaire postérieur, au-dessous du rhomboïde de la tête, par une attache absolument distincte du premier.

L’angulaire de l’omoplate et le grand dentelé n’offrent aucune disposition particulière. Confondus par leurs bords, ils ont l’aspect d’un muscle unique inséré, d’une part, à la face profonde du bord postérieur de l’omoplate, et rayonnant en dedans vers le sternum, à la façon d’un éventail largement ouvert. Il est facile cependant de reconnaître là, par la dissection, deux muscles distincts, sinon séparés. Si l’insertion scapulaire est unique, l’insertion costo-vertébrale est multiple. Les lames inférieures de l’éventail, au nombre de sept, forment autant de languettes séparées qui s’attachent à la face extérieure des côtes, depuis la sixième jusqu’à la douzième. Ce sont les insertions du grand dentelé. L’angulaire de l’omoplate situé au-dessus, et confondu par son bord inférieur avec le bord supérieur du grand dentelé, ne présente pas ces digitations. Il est lisse et uni, et s’insère aux cartilages des cinq premières côtes, et aux apophyses transverses des cinq dernières vertèbres cervicales.

Aucun muscle ne rattache l’épaule à l’os hyoïde ; et, comme

______

(1) Voy. Cuvier, *ibid.*, p. 395, et Chauveau, *Anat. comp. des animaux domestiques*, 2ᵉ édit., p. 263-264.

ARTICLE Nᵒ 5.

Meckel (1), Murie et Mivart (2), je n'ai pas rencontré de scapulo-hyoïdien ou omo-hyoïdien.

Les autres muscles de l'omoplate n'ont rien de remarquable : le sus-épineux, le sous-épineux, le sous-scapulaire, le grand rond et le petit rond, sont pareils à ceux des autres Mammifères. Le tendon du grand dorsal reçoit celui du grand rond et celui du pannicule charnu que j'ai décrit plus haut. De plus, il donne attache, comme d'ordinaire (3), à l'une des portions de l'extenseur du coude.

Le muscle coraco-brachial existe, malgré l'absence de l'apophyse coracoïde. Il s'insère à une petite éminence du bord supérieur de l'omoplate par en haut, et par en bas tout le long de la moitié supérieure de la face interne de l'humérus, entre le grand pectoral et le grand rond.

Je signalerai encore l'existence d'un très-petit muscle mentionné chez le Cheval par Chauveau (4) : le scapulo-huméral grêle, petit faisceau musculaire profond, appliqué sur la capsule de l'articulation scapulo-humérale, regardé par Rigot comme chargé de soulever cette capsule dans les mouvements de flexion, pour l'empêcher d'être pincée entre les surfaces articulaires. Il s'insère en arrière de la cavité glénoïde, et se termine au-dessus de la tête de l'humérus.

Le grand pectoral, ou pectoral superficiel, présente la forme d'un trapèze, dont le bord le plus large s'insère sur le sternum dans presque toute sa longueur. En haut, cette insertion recouvre celle du sterno-maxillaire ; en bas, celle du petit pectoral tout entière. En dehors, les fibres charnues du grand pectoral se partagent, vers la fin de leur trajet, en deux lames superposées, dont l'une va s'attacher à toute la longueur de la crête humérale, dans une étendue de 3 centimètres, tandis que l'autre se prolonge beaucoup plus loin et plus bas, et s'insère par une membrane large de 2 centimètres environ à la partie inférieure de

(1) *Anat. comp.*, t. VIII, p. 507.
(2) *Loc. cit.*, p. 334.
(3) Cuvier, *Anat. comp.*, 2ᵉ édit., t. I, p. 394.
(4) *Op. cit.*, p. 268.

l'aponévrose de l'avant-bras, dans l'étendue de la moitié supérieure de cet os.

Le petit pectoral, ou pectoral profond, offre à peu près la même disposition que chez le Cheval (1), mais avec un degré de subdivision encore plus marqué. Il présente deux parties bien distinctes, unies entre elles à leur insertion sternale, et séparées en dehors. La première partie, nommée *muscle sterno-trochinien* par Chauveau, se compose elle-même de deux faisceaux très-distincts et faciles à séparer par la dissection dans toute leur longueur.

De ces deux faisceaux, le plus profond, qui est en même temps plus rapproché du cou, s'insère sur la petite tubérosité de la tête humérale ou le trochin, d'une part, et d'autre part sur la lèvre externe de la coulisse bicipitale, au-dessous du trochiter ou grosse tubérosité humérale. Cette insertion forme une espèce de pont par-dessus la coulisse bicipitale; elle recouvre par conséquent le tendon du biceps contenu dans cette gouttière.

Quant à l'autre faisceau placé plus bas et plus superficiellement, il s'attache par ses fibres supérieures à la partie inférieure du trochiter, et par ses fibres inférieures à une saillie allongée, triangulaire, qui réunit le trochiter au bord antérieur de l'humérus. C'est au-dessous de cette insertion que commence celle du grand pectoral pour se prolonger jusqu'au bas de l'humérus.

La seconde partie du pectoral profond, nommée par Chauveau *muscle sterno-préscapulaire*, se compose également de deux faisceaux intimement unis à leur attache sternale, mais qui sont très-nettement distincts vers le milieu de l'espace qui sépare le sternum de l'épaule. De ces deux faisceaux, l'un s'arrête à l'angle scapulo-huméral, où il s'insère à l'aponévrose commune qui recouvre tous les muscles de l'omoplate. L'autre faisceau, beaucoup plus fort et plus volumineux, continue son trajet, mais en se réfléchissant à la façon du mastoïdo-huméral, dans une direction perpendiculaire à celle de ce dernier muscle. En effet, tandis que le mastoïdo-huméral croise l'épaule verticalement, le

____

(1) Chauveau, *op. cit.*, p. 247-249.

ARTICLE N° 5.

sterno-préscapulaire la croise horizontalement, tourne par-dessus l'angle scapulo-huméral, longe tout le bord supérieur de l'omoplate, appuyé sur le muscle sus-épineux, et s'attache enfin à l'angle du scapulum, au-dessus de l'origine de l'épine de l'omoplate.

Meckel (1) ne mentionne pas le petit pectoral, qu'il paraît avoir confondu avec le grand pectoral.

Le muscle sterno-préscapulaire est détaché du petit pectoral par Murie et Mivart (2), qui le nomment sterno-scapulaire. Ce même muscle a été regardé par Meckel (3) comme le sous-clavier, quoique la clavicule manque chez le Daman.

On voit par ce nouvel exemple combien les appréciations diffèrent entre les anatomistes pour la détermination des muscles. Ces organes actifs du mouvement varient beaucoup suivant la variation des organes passifs qu'ils ont à mouvoir, c'est-à-dire des diverses pièces du squelette ; et comme on rapporte toujours ces variations à un modèle pris comme type, l'Homme ordinairement, il arrive que, dans les cas où se présentent des organes qui manquent chez le modèle, ou réciproquement, les analogies deviennent très-difficiles et sont l'objet de controverses dans lesquelles aucun anatomiste ne peut cependant se flatter de prononcer un jugement infaillible et définitif.

Les muscles chargés de fléchir l'avant-bras sur le bras sont au nombre de deux comme d'ordinaire : le biceps et le court fléchisseur.

Le biceps ne peut porter ce nom chez le Daman, car il n'a qu'une seule origine au lieu de deux. Aussi reçoit-il souvent un autre nom, soit celui de scapulo-radien (Cuvier) (4), soit celui de coraco-radial (Chauveau) (5), soit celui de long fléchisseur de l'avant-bras (Meckel) (6).

(1) *Op. cit.*, p. 270.
(2) *Loc. cit.*, p. 338.
(3) *Op. cit.*, p. 260.
(4) *Anat. comp.*, 2ᵉ édit., t. I, p. 415.
(5) *Op. cit.*, p. 271.
(6) *Op. cit.*, t. VI, p. 283.

Ce muscle s'insère d'ailleurs à la manière habituelle. Son tendon unique supérieur s'attache au bord de la cavité glénoïde de l'omoplate, au tubercule représentant l'apophyse coracoïde; il passe dans la coulisse bicipitale, entre le trochiter et le trochin; puis, par son tendon inférieur, il s'attache au col du cubitus, en commun avec le mastoïdo-huméral, après avoir contourné du côté interne le col du radius, où il offre un tendon assez fort.

Le court fléchisseur de l'avant-bras a une disposition très-différente de celle qu'il a chez l'Homme, et mérite beaucoup mieux le nom de brachial externe que celui de brachial antérieur sous lequel il est désigné en anatomie humaine, et qui est conservé par MM. Murie et Mivart (1). C'est un muscle très-épais, volumineux à sa partie supérieure, et rétréci inférieurement. Il est logé dans la gouttière de torsion de l'humérus, dont il suit la direction, et il contourne cet os en le recouvrant successivement en arrière, en dehors et en avant. En haut, il s'insère sur la face postérieure de l'humérus, au-dessous du trochiter, par une surface très-étendue; et après avoir suivi la direction que j'ai indiquée plus haut, et qui rappelle assez celle des copeaux de bois contournés sur eux-mêmes, il va s'attacher par un tendon aplati à la tête du cubitus, immédiatement au-dessous de l'insertion du biceps. Son insertion inférieure est séparée de celle du biceps par le tendon du muscle mastoïdo-huméral.

Quant aux muscles extenseurs de l'avant-bras, ils sont énormes, et leur développement indique assez que le Daman est un animal fouisseur. Chez la Taupe, en effet, et chez les autres animaux fouisseurs, on trouve ces muscles considérablement développés.

Ces muscles, réunis dans l'espèce humaine sous le nom de triceps brachial, sont très-nettement séparés chez la plupart des Mammifères. Mais cette séparation n'a qu'une importance assez secondaire, parce que tous ces muscles agissent dans le même sens. Tous ont pour effet d'étendre l'avant-bras sur le bras. Ils sont chez le Daman au nombre de quatre, trois principaux et un accessoire. Des trois principaux, le premier, ou long extenseur, a

(1) *Loc. cit.*, p. 339.

son attache supérieure au bord de l'omoplate, sous la cavité glénoïde ; le second, ou court extenseur, au-dessous du trochiter, en arrière du court fléchisseur de l'avant-bras ; le troisième, ou brachial externe, à la face latérale externe et postérieure de l'humérus ; il se confond avec un autre muscle qui semble le continuer plus bas, et qui est l'anconé. Enfin, le muscle accessoire est un long muscle grêle, fusiforme, qui a son attache supérieure au tendon du grand dorsal. Tous ces muscles s'insèrent inférieurement à l'olécrâne et agissent de la même façon. Mais j'insiste de nouveau sur le volume et l'épaisseur considérables que présentent surtout les deux premiers.

Ici encore les dénominations diffèrent suivant les auteurs. Celles que j'adopte sont celles de Meckel (1). Murie et Mivart (2) détachent le muscle accessoire sous le nom de dorso-épitrochléaire. Ils admettent d'ailleurs une quatrième partie au triceps : c'est le muscle ordinairement nommé anconé ou olécrânien.

Murie et Mivart (3) mentionnent un long supinateur extrêmement petit, qui naît du côté externe du corps de l'humérus, juste au-dessus de l'origine commune des deux extenseurs du poignet et qui s'insère au radius, près de son col. Ils ajoutent que l'existence du long supinateur est très-intéressante, en ce que ce muscle n'existe ni chez le Cochon, ni chez le Cheval, ni chez beaucoup de Rongeurs (Lièvre, Porc-épic, Agouti, Castor, Rat, etc.). J'ai vérifié l'existence de ce petit muscle, qui avait échappé à Meckel (4). Mais s'il correspond par sa position au long supinateur, il n'a pas les mêmes fonctions. En effet, grâce à l'étroite soudure des extrémités supérieures et inférieures du cubitus et du radius, tout mouvement de pronation ou de supination chez le Daman est impossible. J'appliquerai la même remarque au rond pronateur, qui naît comme à l'ordinaire du condyle interne de l'humérus, et qui s'insère par un tendon aplati assez fort au milieu du corps du radius à son côté interne.

(1) *Op. cit.*, t. VI, p. 293-294.
(2) *Loc. cit.*, p. 340.
(3) *Loc. cit.*, p. 340.
(4) *Op. cit.*, t. VI, p. 298.

L'extension du poignet est produite par trois muscles : deux extenseurs radiaux et un extenseur cubital; la flexion est produite également par trois muscles : le fléchisseur radial, le fléchisseur cubital et le long palmaire.

D'après Meckel (1), les deux extenseurs radiaux sont complétement séparés. Murie et Mivart font remarquer avec raison (2) qu'ils naissent par une origine commune du condyle externe de l'humérus, et que c'est seulement un peu au-dessus du carpe qu'on voit naître deux tendons distincts, qui s'insèrent, l'un à l'os métacarpien de l'index, et l'autre à l'os métacarpien du doigt du milieu, après avoir passé sous l'extenseur de l'os métacarpien du pouce, qui les croise obliquement.

L'extenseur cubital naît du côté externe de l'apophyse coronoïde du cubitus, et en plus grande partie du condyle externe de l'humérus. Il s'insère à la tête du cinquième métacarpien, et par une expansion membraneuse à l'os pisiforme.

Le fléchisseur radial naît du condyle interne, au-dessous du rond pronateur. Il est grêle et a une partie charnue très-courte. Il s'insère au trapèze par un long tendon étroit, qui occupe un peu plus de la moitié de la longueur totale du muscle.

Le fléchisseur cubital est un muscle beaucoup plus fort qui s'attache au condyle interne de l'humérus et à toute la partie correspondante de l'olécrâne; en bas, il s'insère à l'os pisiforme par un tendon très-large et très-court, recouvert par les fibres musculaires jusqu'au voisinage de son insertion.

Le long palmaire naît du condyle interne, à côté du fléchisseur cubital, et il descend à la paume de la main, où il se termine par un disque fibro-cartilagineux aplati, qui sert de point central d'insertion pour l'aponévrose palmaire. Cette aponévrose se subdivise en quatre lanières qui se distribuent aux quatre doigts. Au carpe, comme l'ont justement remarqué Murie et Mivart (3), le tendon du long palmaire est séparé de celui du fléchisseur cubital

(1) *Op. cit.*, t. VI, p. 308.
(2) *Loc. cit.*, p. 340.
(3) *Loc. cit.*, p. 341.

par une bourse séreuse qui permet le glissement du premier sur le second.

Quant aux doigts, ils ont également trois extenseurs et trois fléchisseurs, qui sont les suivants.

L'extenseur commun des doigts naît en dehors des extenseurs radiaux, au condyle externe de l'humérus, et presque immédiatement se divise en deux faisceaux charnus de dimension inégale: l'un interne, beaucoup plus fort, qui donne naissance à trois tendons pour les trois premiers doigts; l'autre, beaucoup plus petit, qui fournit le tendon du dernier doigt.

L'extenseur du petit doigt naît entre le muscle précédent et l'extenseur cubital, au condyle externe. Il ne m'a pas paru se diviser en deux muscles distincts, comme l'ont vu Murie et Mivart (1); mais j'ai constaté, comme ces auteurs, qu'il se termine par deux tendons séparés, dont l'un s'attache à la première phalange du dernier doigt, et l'autre à l'extrémité de l'avant-dernier métacarpien. Meckel (2) n'a trouvé qu'un seul tendon qui allait au cinquième doigt.

L'extenseur de l'os métacarpien du pouce est un muscle très-développé, auquel Murie et Mivart (3) attribuent une origine peu étendue. Je lui trouve au contraire une insertion considérable, car il s'attache aux trois quarts supérieurs du radius et du cubitus, tout le long de la gouttière qui sépare ces deux os à la face externe de l'avant-bras. Un peu avant d'arriver au carpe, il se termine par un tendon assez fort qui passe par-dessus ceux des extenseurs radiaux en les croisant obliquement, et qui va s'attacher à l'os trapèze et au pouce rudimentaire.

Le fléchisseur superficiel des doigts et le fléchisseur profond naissent, par une masse commune, du condyle interne et de la partie supérieure du cubitus et du radius. Plus bas, ils se séparent, mais alors le fléchisseur profond s'unit intimement au long fléchisseur du pouce, qu'il absorbe en quelque sorte. Telle est du

(1) *Loc. cit.*, p. 341.
(2) *Op. cit.*, t. VI, p. 321.
(3) *Loc. cit.*, p. 341.

moins l'opinion de Murie et Mivart (1). Pour Meckel (2), le long fléchisseur du pouce n'existe pas, et c'est le fléchisseur profond qui le remplace. Cette opinion me paraît la plus conforme à la réalité des faits. Comme d'ordinaire, les tendons du fléchisseur superficiel sont traversés vers leur terminaison par les tendons du fléchisseur profond.

Murie et Mivart (3) ont décrit sous le nom de court fléchisseur de la main un troisième muscle qui naît du disque fibro-cartilagineux où aboutit le tendon du long palmaire, et des aponévroses palmaires superficielles et profondes. Il se divise en trois digitations distinctes et un peu longues, qui se terminent chacune par un tendon. Ces trois tendons marchent jusqu'aux deuxième, quatrième et cinquième doigts, et contribuent à former les tendons perforés en s'unissant aux tendons correspondants du fléchisseur superficiel. Aussi Meckel (4) a-t-il rattaché ces tendons au fléchisseur superficiel, en admettant qu'ils sont, à leur origine, enveloppés par un large ventre charnu qui leur est commun.

Le bord cubital de l'expansion aponévrotique qui termine le long palmaire, donne naissance au muscle palmaire cutané, que je n'ai trouvé signalé ni dans Meckel, ni dans Murie et Mivart.

Le pouce a deux très-petits muscles, qui paraissent remplir les fonctions de fléchisseurs, mais qui sont assez petits pour avoir pu échapper à Meckel (5). Le petit doigt possède un extenseur grand et fort. Il y a au métacarpe quatre paires de muscles interosseux, et seulement deux lombricaux, insérés au côté externe des deuxième et troisième doigts.

Les muscles du cou et du tronc ne diffèrent pas sensiblement de ce qu'on rencontre chez les autres Mammifères. Le muscle long du cou s'insère au corps des sept vertèbres cervicales, à l'exception de la première, et, dans le thorax, au corps des six

---

(1) *Loc. cit.*, p. 342.
(2) *Op. cit.*, t. VI, p. 343.
(3) *Loc. cit.*, p. 341.
(4) *Op. cit.*, t. VI, p. 333.
(5) *Op. cit.*, t. VI, p. 347.

premières vertèbres dorsales. Le droit antérieur de la tête va du basi-occipital aux troisième, quatrième, cinquième et sixième vertèbres cervicales. Le droit latéral va de l'apophyse transverse de l'atlas à l'apophyse paramastoïde.

Le scalène antérieur s'étend des apophyses transverses des cinquième, sixième et septième vertèbres cervicales jusqu'à la première côte. Une portion de ce muscle, comme l'ont constaté Murie et Mivart (1), descend en avant du thorax jusqu'au cartilage de la troisième côte.

Le scalène postérieur est très-long et aplati. Il naît des troisième, quatrième et cinquième côtes, et s'insère aux apophyses transverses des quatrième, cinquième et sixième vertèbres cervicales. Le troisième scalène n'existe pas.

Le splénius de la tête et celui du cou ont une origine commune. Tous les deux naissent des apophyses épineuses des quatrième, cinquième et sixième vertèbres dorsales, et se dirigent en haut et en dehors : le premier s'insère à l'occiput, et le second aux apophyses transverses de l'atlas.

Le grand complexus est volumineux. Il naît des apophyses transverses des vertèbres du cou et du dos, depuis l'axis jusqu'à la sixième vertèbre dorsale, et s'insère à l'occiput, en dedans du splénius. Les deux muscles sont réunis directement l'un à l'autre sur la ligne médiane.

Le petit complexus naît des vertèbres cervicales et des premières dorsales; il s'attache à l'occipital entre le splénius de la tête et le grand complexus, immédiatement au-dessous du premier.

Le grand et le petit droit postérieur de la tête, l'oblique supérieur et l'oblique inférieur de la tête, sont très-développés. Ils forment par leur réunion une masse charnue, saillante, en forme de pyramide renversée. Ils ont d'ailleurs leurs insertions habituelles.

Le grand dorsal est attaché au panicule charnu d'une façon étroite, surtout en arrière. Il s'insère, non pas aux côtes, mais

____

(1) *Loc. cit.*, p. 333.

aux vertèbres dorsales. En avant, il se bifurque : une portion
s'attache avec le panmicule charnu à l'aponévrose qui recouvre
le biceps; l'autre portion s'insère au bord interne du sillon bici-
pital de l'humérus. C'est entre ces deux faisceaux, comme Meckel
l'avait déjà remarqué (1), que passent les nerfs et les vaisseaux
du bras.

Le grand oblique de l'abdomen part du bord antérieur de l'i-
lion et de la symphyse du pubis, s'insère à la crête de l'os iliaque,
aux deux tiers inférieurs de la ligne blanche, puis s'attache par
des digitations distinctement séparées le long de la face externe
de toutes les côtes, à l'exception des quatre premières. Ses fibres
ne contribuent pas à former l'anneau inguinal, par la raison
très-simple que l'anneau inguinal manque aux animaux chez
lesquels, comme chez le Daman, les testicules ne sortent pas de
l'abdomen (2).

Le petit oblique va de la crête iliaque et des apophyses transverses des vertèbres lombaires aux dix dernières côtes.

Le muscle droit de l'abdomen est très-large. Il s'attache, en
haut et en dehors, à toutes les côtes comprises entre la troisième
et la dixième; en haut et en dedans, à tout le sternum; en bas,
à la symphyse du pubis.

Le diaphragme est inséré obliquement à la face interne des
côtes et du sternum. En haut, il s'attache à l'appendice xiphoïde,
et aux côtes suivantes, jusqu'à la dix-septième. En bas, il s'insère au corps des six dernières vertèbres dorsales par deux faisceaux longs et grêles qui constituent ses piliers. Il ne présente
d'ailleurs rien de remarquable. L'aorte passe entre les deux piliers; l'œsophage traverse le pilier droit par une ouverture creusée dans l'écartement des fibres; la veine cave inférieure passe
à travers une ouverture pratiquée dans la partie droite du centre
phrénique.

Le muscle carré des lombes est long et étroit. Il naît de la partie latérale du corps des douze dernières vertèbres dorsales, des

____

(1) *Op. cit.*, t. VI, p. 263.

(2) Voy. Meckel, *op. cit.*, t. VI, p. 194; et Siebold et Stannius, *Manuel d'anat.
comp.*, t. II, p. 414.

ARTICLE Nº 5.

têtes des côtes, des apophyses transverses de toutes les vertèbres lombaires, et de la face antérieure du sacrum. Il s'attache à la face interne de l'ilion, en avant de la symphyse sacro-iliaque.

Le grand psoas naît à la partie antérieure du corps des dernières vertèbres dorsales et des vertèbres lombaires. Il s'insère au petit trochanter.

L'iliaque est un muscle médiocre, comprimé latéralement ; il naît de l'épine supérieure et antérieure de l'ilion et de la face interne de cet os, et s'insère avec le grand psoas au petit trochanter.

Le petit psoas naît du corps des vertèbres lombaires, en dehors du grand psoas, et s'insère par un long tendon à la crête ilio-pectinée. Avant de s'y insérer, il détache une forte aponévrose qui se dirige transversalement par-dessus le grand psoas à l'iliaque, et qui retient ensemble ces trois fléchisseurs de la cuisse dans la région du bord supérieur de l'ilion : disposition déjà signalée par Meckel (1).

Le grand fessier, qui mérite plutôt ici le nom de *fessier superficiel*, car il est loin d'être le plus grand des trois, est un muscle mince recouvrant seulement le côté externe de la cuisse. En haut, il s'attache à l'aponévrose du moyen fessier ; en bas, à l'aponévrose qui recouvre le genou, et qui reçoit aussi l'insertion du tenseur de la gaîne fémorale et du biceps.

Le moyen fessier est plus volumineux et plus charnu. Il s'insère en arrière au sacrum ; en haut, il s'attache seulement sur l'aponévrose du fessier profond, vers le milieu de la hauteur de ce muscle. Il se bifurque en bas, et s'insère, d'une part, au troisième trochanter par un tendon très-épais et très-fort, et, d'autre part, par une aponévrose mince et longue, à l'aponévrose du fessier superficiel.

Le petit fessier, ou fessier profond, est de beaucoup le plus long, le plus épais, le plus puissant des trois muscles fessiers ; il forme la partie fondamentale de ce groupe musculaire. En haut, il naît du bord supérieur et antérieur, ainsi que de toute

(1) *Op. cit.*, t. VI, p. 368.

la face externe de l'ilion ; en arrière, il s'attache à toute la longueur du sacrum. En bas, il s'insère à toute la face externe et au bord supérieur du grand trochanter par un tendon court, très-puissant, entremêlé de nombreuses fibres charnues.

Le tenseur de la gaine fémorale naît de l'épine iliaque antérieure et inférieure, et du bord antérieur de l'ilion ; il est placé à son origine entre le fessier profond et le muscle iliaque. Il se termine au genou dans l'aponévrose fémorale, où se terminent également le biceps et le fessier superficiel.

Le pyramidal de la cuisse naît de la région moyenne du sacrum, et s'insère à la face interne du grand trochanter, immédiatement au-dessous du fessier profond. Ces deux muscles sont difficiles à séparer l'un de l'autre, tant leur union est intime.

Les deux jumeaux et l'obturateur interne sont réunis ensemble encore plus intimement, surtout à leur attache dans la fosse trochantérienne.

Le carré de la cuisse est volumineux ; il naît de la partie antérieure de la petite tubérosité de l'ischion, et s'insère à la ligne qui réunit le grand et le petit trochanter.

Le biceps naît de la tubérosité de l'ischion, et s'insère à la rotule, à la tête et à la moitié supérieure du péroné par une vaste expansion aponévrotique épaisse et résistante.

Le demi-tendineux naît de la tubérosité de l'ischion en arrière du biceps, et aussi des vertèbres coccygiennes ; il s'insère par un tendon mince à la jonction du tiers moyen et du tiers supérieur de la partie antérieure du tibia.

Le demi-membraneux a un volume considérable, comme l'ont déjà remarqué Meckel (1), Murie et Mivart (2). Il naît de l'ischion et des vertèbres coccygiennes, en arrière du demi-tendineux, et s'insère au condyle interne du fémur et à la partie supérieure du tibia.

Entre son attache et celle du demi-tendineux, l'intervalle est rempli par l'insertion d'un muscle venant du pubis : c'est le droit interne ou grêle interne de la cuisse.

(1) *Op. cit.*, t. **VI**, p. 386.
(2) *Loc. cit.*, p. 347.

L'extenseur de la jambe est très-puissant ; il se termine en bas à la rotule par un muscle unique ; mais, en haut, on peut lui reconnaître quatre parties distinctes : 1° le droit antérieur de la cuisse, qui naît de l'épine antérieure et inférieure de l'ilion ; 2° le crural ou faisceau moyen du triceps, qui s'insère tout le long de la face antérieure du fémur ; 3° le vaste externe, ou faisceau externe du triceps, qui s'attache à la partie externe du fémur ; 4° le vaste interne, ou faisceau interne du triceps, qui s'attache au corps du fémur dans toute sa partie interne.

Les adducteurs de la cuisse et le pectiné n'offrent rien de particulier. Le dernier naît comme d'habitude de la branche horizontale du pubis ; les adducteurs viennent de la branche descendante de cet os et de la branche ascendante de l'ischion, jusqu'à la tubérosité ischiatique. Tous s'insèrent à la ligne âpre du fémur.

Le tibial antérieur naît à la face externe du tibia, dans l'étendue environ du tiers supérieur du corps de l'os. Il s'attache en bas au côté interne du métatarsien du premier doigt.

Le long extenseur commun des orteils naît par un tendon mince de la face antérieure du condyle externe du fémur. Meckel, qui a signalé cette disposition chez un grand nombre de Mammifères, l'a méconnue chez le Daman (1). Murie et Mivart (2) ont justement rectifié cette erreur. J'ai constaté comme eux que cette insertion au fémur est très-nette et absolument incontestable.

Le long péronier naît de la tête du péroné au moyen de deux faisceaux séparés par le ligament latéral externe de l'articulation du genou. Son tendon inférieur, au lieu de passer en arrière de la malléole externe, passe à sa surface, puis s'engage sous la plante du pied, entre le scaphoïde et le dernier métatarsien, et se divise en deux languettes qui s'insèrent à ces deux os. Le court péronier se rend à la première phalange du troisième orteil, dont il est par conséquent l'extenseur.

Le court extenseur des orteils occupe la moitié externe du dos

(1) *Op. cit.*, t. VI, p. 426.
(2) *Loc. cit.*, p. 348.

du pied ; il naît du ligament latéral externe, de l'astragale, du calcanéum, et se termine par trois digitations, dont les tendons se rendent au côté externe des trois premières phalanges.

Le triceps de la jambe se compose, comme d'habitude, de trois muscles : 1° le gastrocnémien, qui naît du condyle externe et du condyle interne du fémur ; 2° le muscle plantaire, qui naît du condyle externe ; 3° le soléaire, qui naît de la tête du péroné. Ces trois muscles se réunissent en bas pour former le tendon d'Achille, qui s'attache à la partie postérieure du calcanéum.

Le muscle tibial postérieur manque entièrement, comme Meckel (1), Murie et Mivart (2) l'ont constaté.

Le poplité naît par un tendon assez fort de la coulisse située au côté externe du condyle externe ; il s'attache à toute la moitié supérieure du tibia.

Le long fléchisseur des orteils et le long fléchisseur du premier orteil sont confondus assez intimement. Leurs tendons se réfléchissent en arrière de la malléole interne, et se distribuent à la dernière phalange des trois orteils.

Le court fléchisseur des orteils naît de l'aponévrose plantaire superficielle, et se divise en trois tendons bifurqués qui laissent passer ceux du long fléchisseur.

Murie et Mivart (3) ont signalé un petit faisceau de fibres musculaires qui vont du tendon médian du fléchisseur profond à celui du fléchisseur superficiel.

Les interosseux sont au nombre de quatre, et les lombricaux au nombre de deux, comme à la main.

De cette étude détaillée du système musculaire du Daman, il est difficile de tirer une conclusion précise relativement aux affinités zoologiques de cet animal. Murie et Mivart (4) font remarquer que certains caractères, comme l'attache du sterno-mastoïdien à la mâchoire inférieure, le grand développement du sterno-scapulaire, le volume très-petit du deltoïde, les propor-

(1) *Op. cit.*, t. VI, p. 423.
(2) *Loc. cit.*, p. 350.
(3) *Loc. cit.*, p. 350.
(4) *Loc. cit.*, p. 352.

tions énormes du triceps brachial, la grande étendue du brachial antérieur, la disposition des muscles fessiers, le grand volume du demi-membraneux, l'insertion fémorale du long extenseur des orteils, etc., tendent à confirmer les affinités du Daman avec les Ongulés. Mais ils ajoutent que l'on trouve, d'autre part, tant de points de ressemblance avec les Rongeurs, surtout avec le Cochon d'Inde, qu'ils ont choisi comme un Rongeur à forme pachydermique (*as the most Pachyderm like*), que l'on ne saurait, d'après la structure musculaire seule, classer définitivement le Daman dans l'un ou l'autre de ces groupes de Mammifères.

Il me paraît incontestable que, chez le Daman comme chez tous les autres Vertébrés, la disposition du système musculaire est liée intimement, et tout à fait subordonnée à la disposition du squelette. Puisque les muscles sont destinés à mettre les os en mouvement, il est bien évident que pour des os nouveaux il faut de nouveaux muscles. Et comme, d'autre part, les os servent de point d'attache aux muscles, il est tout aussi évident que l'absence d'un os ou d'une portion d'os retirera à un muscle son point d'attache ordinaire. La disposition des muscles est donc commandée en quelque sorte par la disposition même du squelette.

Nous en trouvons l'exemple chez le Daman. J'ai déjà fait remarquer, pour ne citer que les points les plus saillants, que l'absence de l'apophyse mastoïde et de l'apophyse styloïde modifiait forcément l'attache des muscles qui d'ordinaire s'insèrent à ces dépendances de l'os temporal; de sorte que les uns, comme le sterno-mastoïdien, vont s'insérer à la mâchoire; les autres, et c'est le plus grand nombre, s'insèrent à l'apophyse paramastoïde, qui fait partie de l'occipital, et le temporal ne possède plus aucune de ces insertions.

De même, l'absence de la clavicule entraîne la disparition du muscle sous-clavier, et modifie profondément la forme, la disposition et les attaches des muscles qui s'insèrent à cet os, lorsqu'il existe, c'est-à-dire le cléido-mastoïdien, le grand pectoral, le trapèze et le deltoïde.

D'autre part, l'existence des doigts séparés aux membres antérieurs et inférieurs, la grande mobilité des phalanges les unes sur les autres, modifient encore la disposition des muscles des extrémités. Là les muscles sont plus nombreux et plus parfaits que chez la plupart des Pachydermes, et ils se rapprochent de la disposition qu'on observe chez les Rongeurs, en raison même de la disposition particulière du squelette.

Cependant, indépendamment de cette connexion étroite du système musculaire avec le squelette, je crois que l'on peut faire d'autres remarques générales sur la disposition de certains muscles chez le Daman.

Par ses muscles profonds, le Daman se rapproche beaucoup des Pachydermes, comme le Cheval et le Cochon; mais il s'en éloigne par ses muscles superficiels. Ainsi, par l'étendue de son pannicule charnu, il se rapproche des Rongeurs comme le Rat, ou des Carnassiers comme le Chien.

De plus, les habitudes du Daman, qui permettent de le ranger, jusqu'à un certain point, parmi les animaux fouisseurs, et surtout son habileté à gravir les pentes les plus escarpées, expliquent suffisamment le développement énorme des muscles pectoraux, brachiaux et cruraux.

Enfin, je crois devoir aussi signaler une disposition générale assez remarquable de la plupart de ses muscles superficiels : c'est leur aplatissement, leur étalement considérable, qui en fait une sorte de second pannicule charnu composé de languettes innombrables, remarquables par la largeur et la minceur de leurs aponévroses d'insertion. Les muscles latéraux du cou avec leur insertion à l'aponévrose scapulaire, la longue insertion du grand pectoral à l'aponévrose antibrachiale, les insertions en larges lamelles membraneuses du fessier superficiel sur l'aponévrose du genou, du fessier moyen sur l'aponévrose du fessier superficiel, du biceps crural sur l'aponévrose de la jambe, etc.. sont les exemples les plus frappants de cette disposition, qui se retrouve à des degrés moindres dans beaucoup d'autres muscles placés superficiellement, surtout sur les membres. Tous ces muscles, qui peuvent être considérés comme tenseurs des aponévroses d'enveloppe des muscles profonds, sont sans doute

destinés à les maintenir étroitement pendant leur contraction,
et à augmenter ainsi la puissance que leur volume seul per-
mettait déjà de leur supposer.

En résumé, l'étude du système musculaire ne permet pas de
placer le Daman plus spécialement dans les Pachydermes que
dans les Rongeurs, puisque, par la disposition de ses muscles, il
se rapproche en partie des uns, en partie des autres. Appartenant
à ces deux ordres de Mammifères, il n'appartient ni à l'un, ni
à l'autre, et réclame par conséquent une place à part.

SYSTÈME NERVEUX.

J'étudierai successivement la face intérieure du crâne, les
méninges et les sinus veineux, puis l'encéphale proprement dit.

La cavité intérieure du crâne, considérée dans sa partie basilaire, présente, comme chez les autres Mammifères, trois fosses
ou excavations destinées à supporter l'encéphale (1).

La fosse antérieure, qui supporte les lobes antérieurs du cerveau, est la plus élevée des trois ; elle est assez inégale, et présente deux portions bien distinctes placées l'une en arrière de
l'autre. La portion postérieure, dont le plancher est formé par
le plafond des orbites, est concave transversalement et convexe
d'avant en arrière. Ses deux bords latéraux se prolongent en
avant et en haut sous forme d'ailes, en circonscrivant une dépression qui constitue la portion antérieure de cette fosse. Cette
portion antérieure, qui se présente sous la forme d'une fosse
ovalaire, est destinée à loger les lobules olfactifs. Elle est séparée
en deux par l'apophyse *crista-galli*, dont la base élargie présente de chaque côté un assez grand nombre de trous pour le
passage des rameaux du nerf olfactif.

La fosse moyenne est composée de trois parties, une moyenne
et deux latérales. La partie moyenne, plus élevée que les parties latérales, est cependant moins élevée que la fosse antérieure.
Les parties latérales sont constituées par les ailes du sphénoïde ;

(1) Voy. fig. 44.

la partie moyenne par le corps du sphénoïde et la selle turcique, dont la saillie postérieure est complétement effacée. Aussi les apophyses clinoïdes postérieures ont disparu ; les antérieures existent seules, et leur prolongement en arrière forme la limite antérieure de la partie moyenne et des parties latérales de la fosse moyenne. Chacune de ces apophyses clinoïdes livre passage, sous son bord interne, au nerf optique, et sous son bord externe aux nerfs crâniens de la troisième, quatrième, sixième paire, et à la première branche de la cinquième paire. Les parties latérales de la fosse moyenne logent les lobes cérébraux postérieurs ; sa partie moyenne forme une gouttière à l'isthme de l'encéphale, et présente une dépression profonde où est enfouie la glande pituitaire.

Quant à la fosse postérieure, située encore plus bas que la fosse moyenne, et séparée d'elle en dehors par le bord supérieur du rocher, elle est destinée à loger exclusivement le cervelet, qui n'est pas plus recouvert par le cerveau que chez la plupart des Mammifères, et qui occupe toute la partie postérieure de la boîte crânienne, aussi bien en haut qu'en bas.

Les trous et les fentes de la base du crâne offrent quelques dispositions spéciales que je vais signaler.

Il n'y a rien de particulier pour le trou occipital où passe la moelle épinière, ni pour le trou condylien extérieur, creusé horizontalement dans la base du condyle, et qui donne passage au nerf grand hypoglosse.

Le trou déchiré postérieur, situé entre l'occipital et le rocher, est divisé en deux, comme il arrive souvent, par deux apophyses, l'une venant de l'occipital, l'autre du rocher ; mais tandis que chez l'Homme la partie postérieure est occupée par le golfe de la veine jugulaire et la partie antérieure par les nerfs glosso-pharyngien, pneumogastrique et spinal, chez le Daman c'est tout le contraire. Le trou destiné au passage des trois avant-dernières paires crâniennes est situé beaucoup en arrière de celui qui reçoit le golfe de la veine jugulaire, et ces deux orifices sont complétement séparés par la suture occipito-temporale, qui n'a pas moins d'un centimètre de longueur.

Dans la face postérieure du rocher est creusé le trou auditif interne, qui est divisé par une languette osseuse en deux parties bien distinctes, dont l'une reçoit le nerf acoustique, qui se termine dans le labyrinthe, et l'autre le nerf facial, qui sort du rocher par l'aqueduc de Fallope.

En avant du rocher, sur les bords de la selle turcique, très-déprimée, est le trou déchiré antérieur, irrégulier et assez grand, comprenant aussi le carotidien. Il s'ouvre immédiatement en avant du trou déchiré postérieur, et donne passage à l'artère carotide.

Le trou optique et le trou sphénoïdal sont peu considérables; ils ont une forme arrondie; il en est de même du trou ovale et du trou rond. Le trou ovale est tout entier dans le sphénoïde.

La lame criblée de l'ethmoïde, au lieu d'être horizontale, se relève en avant presque jusqu'à la verticale, séparée, comme toujours, par l'apophyse saillante nommée *crête-de-coq (crista-galli)*.

Les méninges cérébrales présentent la disposition ordinaire avec très-peu de différences.

La dure-mère tapisse exactement les os du crâne. Elle est très-adhérente au niveau des sutures et à la base du crâne, principalement au pourtour du trou occipital et au niveau du bord supérieur du rocher. Elle est peu adhérente dans les fosses occipitales et sur la portion écailleuse du temporal ; elle l'est encore moins au niveau des pariétaux, à la face supérieure du crâne.

La face externe de la dure-mère envoie des prolongements aux nerfs qui sortent de la base du crâne : elle les abandonne au niveau de l'orifice de sortie, et se confond avec le périoste de la face externe des os du crâne.

Dans son épaisseur, elle loge entre ses deux feuillets les artères et les veines méningées, ainsi que les sinus veineux, qui vont tous aboutir au golfe de la veine jugulaire pour se rendre hors du crâne.

Les principales cloisons fibreuses, fournies par la surface interne de la dure-mère pour séparer les diverses parties de l'encéphale, sont la faux du cerveau et la tente du cervelet. Le cervelet n'étant pas séparé en deux lobes distincts, la faux du cervelet n'existe pas.

La faux du cerveau est une lame fibreuse dirigée verticalement sur la ligne médiane, étendue de l'apophyse *crista-galli* à la tente du cervelet. Son extrémité antérieure s'insère au bord supérieur de l'apophyse *crista-galli*, à la base de cette apophyse, et à une surface de 2 ou 3 millimètres en arrière. Son extrémité postérieure tombe perpendiculairement sur la tente du cervelet, avec laquelle elle se continue.

La tente du cervelet est une voûte membraneuse qui sépare cet organe des lobes postérieurs du cerveau. En arrière, elle s'insère à la ligne courbe formée par le bord supérieur de l'occipital dans toute sa partie supérieure articulée à angle droit avec les temporaux et les interpariétaux. Sur les côtés, cette tente est insérée d'une manière très-intime au bord supérieur des rochers. La position du cervelet en arrière du cerveau fait que cette membrane est située dans un plan oblique, qui se rapproche plus de la direction verticale que de la direction horizontale. Son bord antérieur étant échancré par le passage de l'isthme de l'encéphale, elle présente, comme d'habitude, la forme d'un croissant à convexité postérieure.

Quant aux sinus qui rampent dans l'épaisseur de la dure-mère, voici les principaux que j'ai pu nettement constater :

1° Le sinus longitudinal supérieur, creusé dans l'épaisseur du bord convexe de la faux du cerveau, et étendu de l'apophyse *crista-galli* jusqu'au bord supérieur de l'os occipital.

2° Le sinus longitudinal inférieur, ou veine longitudinale (car ses dimensions le rapprochent plus des veines que des sinus), qui occupe tout le bord concave de la faux du cerveau jusqu'à la tente du cervelet.

3° Le sinus droit, qui relie l'extrémité postérieure des deux précédents, en longeant la base de la faux du cerveau.

4° Les sinus caverneux, situés sur les parties latérales du corps du sphénoïde, et dans l'intérieur desquels on trouve le nerf moteur oculaire externe et l'artère carotide interne. Parmi les veines que reçoit ce sinus, la plus considérable est la veine ophthalmique. qui pénètre dans le crâne par la fente sphénoïdale, en formant une dilatation désignée ordinairement sous le nom de *sinus ophthalmique*.

5° Les sinus pétreux supérieurs, situés sur le bord supérieur du rocher, allant déboucher dans les sinus caverneux.

6° Les sinus pétreux inférieurs logés dans la gouttière qui sépare l'occipital du rocher, et débouchant en bas dans les sinus caverneux.

7° Les sinus sphéno-pariétaux, de petite dimension, situés sur les parties latérales du crâne, entre la portion antérieure et la portion moyenne de cette boîte osseuse. Ils se jettent également dans le sinus caverneux.

8° Le sinus coronaire, qui fait communiquer entre eux les deux sinus caverneux.

9° Le sinus de la gouttière basilaire, placé en arrière du précédent, situé transversalement sur la gouttière basilaire, en arrière de la selle turcique, et communiquant par ses extrémités avec les sinus caverneux, au niveau de l'embouchure des sinus pétreux supérieur et inférieur.

10° Enfin les sinus latéraux, qui sont logés dans les bords de la tente du cervelet, et vont également s'ouvrir à la partie postérieure des sinus caverneux, au niveau du golfe de la veine jugulaire.

Je noterai seulement que le golfe de la veine jugulaire est situé beaucoup plus en avant qu'on ne le trouve ordinairement. Placé tout près de la pointe du rocher, il est borné en dedans par la suture de l'os basilaire et du corps du sphénoïde. Le trou déchiré postérieur est occupé par cette veine seule. Quant aux nerfs crâniens des neuvième, dixième et onzième paires, leur orifice de sortie hors du crâne est rejeté beaucoup en arrière, vers l'extrémité postérieure de la suture occipito-temporale, comme je l'ai déjà dit plus haut.

La seconde enveloppe du cerveau (arachnoïde) présente les dispositions ordinaires; elle est composée de deux feuillets : l'un, pariétal ou externe, soudé à la face interne de la dure-mère; l'autre, viscéral ou interne, qui recouvre la masse encéphalique sans pénétrer dans ses anfractuosités, et qui ne lui adhère qu'au niveau des parties saillantes, comme le sommet des circonvolutions cérébrales.

Enfin, la troisième enveloppe (pie-mère) est immédiatement appliquée sur la surface de l'encéphale, à laquelle elle adhère fortement, et dont elle suit toutes les ondulations. Elle pénètre entre les circonvolutions cérébrales ou cérébelleuses, en formant dans chaque sillon intermédiaire deux lames adossées l'une contre l'autre. Elle soutient sur sa face externe un réseau très-abondant de vaisseaux sanguins, dont les plus remarquables sont la toile choroïdienne et les plexus choroïdes cérébraux et cérébelleux.

J'arrive maintenant à l'étude de l'encéphale, en renvoyant à la description du système vasculaire pour les artères encéphaliques.

J'ai d'abord cherché quelle était, chez le Daman, la proportion relative de l'encéphale par rapport au reste du corps. D'après Owen, le poids du cerveau est au poids du corps comme 1 est à 95, tandis que dans le Rhinocéros indien il est comme 1 est à 764 (1). Chez les deux individus où j'ai pu faire cette comparaison, j'ai trouvé dans un cas que le poids du cerveau était de 11 grammes, et le poids total du corps de 1997 grammes ; dans le second cas, j'ai trouvé 2387 grammes pour le poids total du corps, et 12 grammes pour le poids de l'encéphale. En prenant la moyenne de ces deux proportions relatives, on trouve que le poids de l'encéphale est au poids total de l'animal comme 1 est à 200, proportion analogue à la proportion moyenne de l'encéphale des Carnassiers (2), et double ou triple de celle des Pachydermes. Dans ce poids total de l'encéphale, le cervelet seul pèse de 2 à 3 grammes.

Le cervelet a la forme d'une sphère assez régulière, aplatie en dessous. Le cerveau a la forme d'une ellipse plus large en arrière qu'en avant. Il recouvre à peu près le tiers antérieur du

(1) *Anatomy of Vertebrates*, t. III, p. 143.
(2) Voyez les tableaux de Cuvier, *Anat. comp.*, 2ᵉ édit., t. III, p. 78-79.
ARTICLE N° 5.

cervelet, sur lequel il s'appuie obliquement (1). Cuvier dit que le cervelet se montre en grande partie chez le Daman (2).

La longueur du cervelet d'arrière en avant est de 15 millimètres, et celle du cerveau de 35 millimètres, ce qui donnerait un total de 50 millimètres, si ces deux organes étaient juxtaposés bout à bout; mais la longueur totale de ces deux parties dans leur position naturelle n'est que de 45 millimètres, à cause du chevauchement du cerveau sur la partie antérieure du cervelet.

La largeur du cerveau est de 30 millimètres en arrière, et de 23 millimètres en avant. Sa plus grande hauteur, c'est-à-dire en arrière, est de 20 millimètres.

La hauteur du cervelet n'est que de 10 millimètres, tandis que sa largeur le dépasse de moitié et offre les mêmes dimensions que la longueur d'arrière en avant, c'est-à-dire 15 millimètres.

Après ces renseignements généraux, je passe à la description de chacune des parties de l'encéphale en particulier, telles que j'ai pu les étudier, soit par des coupes multipliées, soit par une sorte de dissection au moyen de l'énucléation prudente et graduelle de ces diverses parties préalablement durcies dans l'alcool.

Je commencerai par la description de l'isthme de l'encéphale; puis je passerai à celle du cervelet, et je terminerai par celle du cerveau, en gardant pour la fin l'étude des circonvolutions cérébrales.

L'isthme de l'encéphale est, comme on le sait, le prolongement de la moelle épinière. Il supporte le cervelet et se termine dans les hémisphères cérébraux. J'examinerai successivement sa face inférieure et sa face supérieure.

Sa face inférieure (3) se divise d'arrière en avant en trois parties : en arrière, le bulbe rachidien; en avant de lui, la protubérance annulaire, et enfin tout à fait en avant, les pédoncules cérébraux.

Le bulbe rachidien repose par sa face inférieure dans la gout-

(1) Voy. fig. 33.
(2) *Leçons d'anat. comp.*, t. III, p. 86.
(3) Voy. fig. 32 et 36.

tière de l'apophyse basilaire. Il présente sur la ligne médiane un sillon bien marqué, prolongation de celui de la moelle, creusé entre deux saillies allongées nommées *pyramides* du bulbe, dont la base touche à la protubérance, et dont le sommet se perd insensiblement en arrière. Dans le sillon qui limite chaque pyramide en dehors, on voit naître la sixième paire de nerfs crâniens. En arrière et plus en dehors, se trouvent les origines des quatre dernières paires crâniennes.

La protubérance annulaire, ou pont de Varole, représente une bande demi-circulaire de fibres transversales jetées comme un pont d'un côté à l'autre du cervelet. Elle est logée dans la dépression antérieure de la fosse basilaire. Son bord antérieur est convexe, mais son bord postérieur est concave; et ses deux moitiés, au lieu de se réunir dans le même plan transversal, se réunissent en formant un angle obtus qui fait saillie en avant, c'est-à-dire dont l'ouverture regarde en arrière. Elle est parcourue d'arrière en avant par un sillon médian peu profond, dans lequel rampe le tronc basilaire. Les extrémités se recourbent par en haut, pour se plonger dans l'épaisseur du cervelet par deux gros cordons qui constituent les pédoncules cérébelleux moyens. En avant et en dehors, de chaque côté, on voit sortir d'entre les fibres de la protubérance les origines des nerfs trijumeaux.

Les pédoncules cérébraux, qui continuent les fibres du bulbe rachidien en avant de la protubérance, sont deux énormes faisceaux blancs qui se plongent par leur extrémité antérieure dans les hémisphères du cerveau. Ils sont séparés l'un de l'autre par un sillon médian nommé scissure interpédonculaire, qui se bifurque en avant pour circonscrire l'éminence mamillaire. Sur les côtés de l'éminence mamillaire, ils sont eux-mêmes circonscrits par les nerfs optiques, qui se réunissent comme d'habitude sur la ligne médiane pour former leur entrecroisement ou chiasma.

Le corps mamillaire, divisé en deux lobes chez l'Homme et chez les Singes supérieurs, est impair et médian chez le Daman, comme chez la plupart des Mammifères (1). Il n'offre même pas les traces

(1) Cuvier, *Leçons d'anat. comp.*, t. III, p. 105.

de division qu'on trouve chez les Carnassiers (Chiens et Chats);
ses deux moitiés latérales sont complétement soudées, comme
chez les Pachydermes et particulièrement le Cheval.

Cette saillie, de couleur blanche, comme les pédoncules cérébraux, dont elle est nettement détachée à sa partie postérieure,
a la forme d'un V à pointe émoussée, ouvert en avant, et dont
les branches s'appuient de chaque côté contre les racines des
nerfs optiques. Dans l'espace triangulaire compris entre ces
branches se trouve le tubercule cendré (*tuber cinereum*, petite
éminence de couleur grise, creusée intérieurement, et qui n'est
qu'un diverticulum du ventricule moyen (1).

Dans la selle turcique est logé un organe (2) qui, au premier
abord, semble distinct du cerveau, et qu'on en sépare généralement quand on retire l'encéphale de la boîte crânienne. C'est la
glande pituitaire ou hypophyse, dont les usages ont donné lieu
à tant d'hypothèses, et dont on ignore encore les fonctions dans
l'état actuel de la science.

La glande pituitaire est située dans la selle turcique, où elle
est fixée par le repli sus-sphénoïdal de la dure-mère qui lui forme
une loge presque complète ; elle est entourée par un cercle vasculaire constitué par les sinus caverneux. Cet organe, de forme
elliptique, allongé d'arrière en avant, plus étroit à sa partie antérieure qu'à sa partie postérieure, est composé, chez le Daman,
de deux lobes latéraux, séparés par une cloison longitudinale incomplète. Il est attaché au tubercule cendré par la tige pituitaire, court prolongement conique implanté par sa base sur le
tubercule cendré, et par son sommet sur la face supérieure et
près de l'extrémité antérieure de la glande pituitaire. La cavité
du tubercule cendré se continue dans la tige pituitaire, et se termine en cul-de-sac au niveau de son insertion à la glande pituitaire. La tige pituitaire, formée de substance grise, est d'une
très-grande fragilité, et se brise le plus souvent quand on extrait
l'encéphale du crâne.

____

(1) Voy. fig. 32 et 34.
(2) Voy. fig. 24, 40, 44.

La face supérieure de l'isthme de l'encéphale (1) présente d'arrière en avant les parties suivantes, pour l'examen desquelles il est nécessaire d'enlever le cervelet.

On voit d'abord, au niveau du bulbe rachidien, une surface recouverte par le cervelet, creusée dans son milieu d'une excavation qui constitue le plancher du quatrième ventricule. Cette excavation, qui se prolonge en avant au-dessus de la protubérance, présente en arrière un angle taillé en forme de bec de plume, et nommé pour cette raison *calamus scriptorius*. Le *calamus scriptorius* est bordé par deux épais cordons, prolongements des faisceaux supérieurs de la moelle, désignés sous le nom de *corps restiformes*. De chaque côté du quatrième ventricule se trouvent les pédoncules cérébelleux, bordés en arrière par une bandelette transversale qui, en descendant en dehors, longe le bord postérieur de la protubérance annulaire, et d'où naissent les septième et huitième paires crâniennes (nerf facial et nerf auditif).

Les pédoncules cérébelleux, qui attachent le cervelet sur la face supérieure de l'isthme de l'encéphale, sont de chaque côté au nombre de trois. Le pédoncule cérébelleux moyen ou externe, le plus gros des trois, descend obliquement en bas, en dehors et en avant; il se continue avec l'extrémité de la protubérance. Le pédoncule cérébelleux postérieur, le plus mince de tous, est formé par le corps restiforme, dont une portion se réfléchit sur la racine du nerf acoustique pour gagner la substance du cervelet; il s'unit assez intimement au précédent, mais il est cependant assez facile de l'en isoler. Le pédoncule cérébelleux antérieur est formé par un faisceau bien distinct des deux autres; il part du cervelet, descend en avant et en dedans, et pénètre par son extrémité antérieure sous les tubercules *testes*. Il est accompagné à sa terminaison antérieure par un faisceau supéro-latéral des pédoncules cérébraux, nommé *ruban de Reil*, ou *faisceau triangulaire latéral, faisceau latéral oblique de l'isthme*, qui forme une surface triangulaire assez bien circonscrite, bordée en avant par la

____

(1) Voy. fig. 35 et 36.

saillie des tubercules *testes*, en dedans par le pédoncule cérébelleux antérieur, et en dehors par le pédoncule cérébelleux moyen.

Entre les pédoncules cérébelleux antérieurs se trouve une mince lamelle blanche, qui les réunit l'un à l'autre, de forme rectangulaire, et constituant une sorte de commissure des pédoncules cérébelleux antérieurs : c'est la valvule de Vieussens, qui forme le plafond de la partie antérieure du quatrième ventricule, et recouvre en même temps l'orifice postérieur de l'aqueduc de Sylvius. Par son bord postérieur, elle s'insère à l'éminence vermiforme antérieure du cervelet.

En avant de la valvule de Vieussens et des pédoncules cérébelleux antérieurs, s'élèvent les tubercules quadrijumeaux. Ce sont quatre éminences ovoïdes, accolées deux à deux, dont les antérieures sont ordinairement désignées sous le nom de *nates* et les postérieures sous celui de *testes*. Ces noms donnés aux deux paires de tubercules quadrijumeaux, à cause de leur forme et de leurs dimensions réciproques, ne sauraient convenir aussi exactement chez le Daman. En effet, les tubercules postérieurs et inférieurs sont beaucoup plus volumineux et de forme plus arrondie que les tubercules antérieurs et supérieurs. Les premiers sont recouverts par le cervelet, les autres par le cerveau.

Enfin la région située en avant des tubercules quadrijumeaux constitue à droite et à gauche les couches optiques, qui correspondent à la partie antérieure des pédoncules cérébraux.

Dans leur ensemble, les couches optiques sont plus larges que les tubercules quadrijumeaux ; en outre, elles sont encore plus larges en avant qu'en arrière. En dedans, elles sont séparées par une gouttière assez profonde ; en dehors, elles sont bordées par deux saillies placées l'une au devant de l'autre, la postérieure placée plus près de la ligne médiane que l'antérieure : ces deux saillies sont les corps genouillés, distingués en externe et en interne. Le corps genouillé externe est plus volumineux et plus élevé que l'interne ; l'interne se réunit à l'externe, en bas et en dehors, par une petite bandelette oblique. De la réunion de ces deux corps genouillés naît un gros cordon nerveux aplati de dedans en dehors, et qui constitue l'origine du nerf optique.

Les couches optiques sont en rapport en avant avec les corps striés, dont elles sont séparées par un sillon, dans le fond duquel se trouve une étroite lanière désignée sous le nom de *bandelette demi-circulaire (tænia semicircularis)*. Cette bandelette se contourne en dehors, le long et en avant du nerf optique, en formant autour de l'extrémité antérieure de l'isthme un lien circulaire, sous lequel passent toutes les fibres de l'isthme encéphalique pour gagner les hémisphères cérébraux.

La glande pinéale (*conarium*) 1) est un petit tubercule ovoïde situé dans la fossette qui borde en avant les tubercules quadrijumeaux. Sa face supérieure est régulière, et présente l'aspect d'un organe simple et unique. Mais sa face inférieure, reposant sur l'ouverture commune postérieure qu'elle contribue à fermer, est composée de cinq lobes latéraux juxtaposés. Le lobe médian, assez court, s'attache par son extrémité antérieure à la substance des couches optiques, immédiatement en avant de l'ouverture commune postérieure. Les deux lobes du côté droit se réunissent en avant pour former un cordon unique; il en est de même pour les deux lobes du côté gauche. Les deux cordons ainsi constitués forment les pédoncules antérieurs du conarium. Ce sont deux bandelettes étroites qui se dirigent en avant, parallèlement l'une à l'autre, dans le fond de la gouttière médiane des couches optiques, auxquelles elles adhèrent assez intimement pour qu'il soit difficile de les en séparer. Elles arrivent ainsi vers l'ouverture commune antérieure, où elles se réunissent aux piliers antérieurs du trigone cérébral. Ces pédoncules sont en contact sur la ligne médiane dans toute leur étendue.

Il me reste à parler de la conformation intérieure de l'isthme de l'encéphale, c'est-à-dire du ventricule moyen et des parties qui concourent à sa formation (2).

Si l'on part du ventricule cérébelleux (quatrième ventricule) et qu'on pénètre en avant sous la valvule de Vieussens, on s'engage dans un canal étroit nommé *l'aqueduc de Sylvius*. C'est un conduit longitudinal et médian qui repose sur les pédoncules du

(1) Voy. fig. 34, 35, 39.
(2) Voy. fig. 34.

cerveau et qui est recouvert par les tubercules quadrijumeaux. A son extrémité antérieure, il se dilate considérablement pour faire place à l'excavation connue sous le nom de *ventricule moyen* (troisième ventricule).

Le ventricule moyen est une cavité irrégulière, très-étroite latéralement, allongée d'arrière en avant, à laquelle on peut reconnaître deux parois, un plancher, une voûte et deux extrémités, l'une antérieure, l'autre postérieure.

Les deux parois sont lisses et légèrement concaves.

Le plancher, très-étroit, forme une gouttière à plusieurs étages, et qui, d'arrière en avant, descend à la façon d'un escalier. Le premier degré est constitué par la face supérieure des pédoncules cérébraux ; le second degré repose sur le tubercule mamillaire ; le troisième enfin, placé le plus bas de tous, est creusé dans l'épaisseur du tubercule cendré, dont la cavité se continue en bas par celle de la tige pituitaire pour aller rejoindre la glande pituitaire. Au delà du tubercule cendré, c'est-à-dire en avant de lui, le plancher du ventricule se relève, et repose sur une mince lamelle de substance grise, qui repose elle-même sur le chiasma des nerfs optiques. Là on arrive à l'extrémité antérieure du ventricule.

L'extrémité antérieure du ventricule est fermée par les piliers antérieurs du trigone cérébral. Là ces piliers sont traversés de droite à gauche par un petit cordon cylindrique de fibres transversales nommé *commissure blanche antérieure ;* cette commissure se perd par ses extrémités dans l'épaisseur des corps striés.

La voûte du ventricule, au lieu d'être concave, est convexe. De droite à gauche, comme une poutre épaisse dans un plafond, on voit traverser un énorme faisceau cylindrique qui est une saillie des couches optiques, et qui a reçu le nom de *commissure grise ;* elle forme presque uniquement la voûte du ventricule. En avant de la commissure grise se trouve un orifice nommé *ouverture commune antérieure.* Cet orifice, placé sur la ligne médiane, se continue par un canal qui se dirige en avant et en haut, placé entre les deux piliers du trigone cérébral, et qui fait communiquer le ventricule moyen avec les ventricules latéraux. En arrière

de la commissure grise se trouve l'ouverture commune postérieure qui est plutôt un cul-de-sac, car cet orifice est fermé par
la glande pinéale. Enfin, en arrière et au-dessous de l'ouverture
commune postérieure, et en avant de l'extrémité antérieure des
tubercules quadrijumeaux, on voit un étroit faisceau de fibres
transversales nommé *commissure blanche postérieure;* cette commissure se perd par ses extrémités dans l'épaisseur des couches
optiques.

L'extrémité postérieure du ventricule moyen, plus étroite que
l'antérieure, et placée sur un plan plus élevé, se continue avec
l'aqueduc de Sylvius, dont l'entrée de ce côté se trouve placée
sous la commissure blanche postérieure.

Je ne m'étendrai pas longuement sur la structure intime de
l'isthme encéphalique. On y trouve les trois faisceaux ordinaires
qui se présentent chez les autres Mammifères : un faisceau supérieur, formé par les corps restiformes ; un faisceau inférieur,
formé par les pyramides du bulbe ; et un faisceau latéral, intermédiaire aux deux premiers. Les fibres qui composent ces faisceaux sont longitudinales. Comme fibres transversales, je rappellerai seulement celles de la protubérance annulaire, de la
valvule de Vieussens, et des trois commissures (blanche postérieure, grise, et blanche antérieure) placées dans l'intérieur du
troisième ventricule.

Le cervelet forme une masse globuleuse, assez régulièrement
sphérique, aplatie seulement en dessous. Il est parcouru par un
grand nombre de sillons transversaux, qui le divisent en autant
de lamelles. Il présente en outre deux sillons profonds de chaque
côté de la ligne médiane. Ces sillons latéraux le partagent en trois
lobes, un médian et deux latéraux [1].

Le lobe moyen a été comparé grossièrement à un Ver à soie
enroulé circulairement autour de la partie moyenne du cervelet,
et dont les deux extrémités viendraient se rejoindre, sans se toucher, sous la face inférieure de l'organe : de là le nom de *vermis*
sous lequel il est souvent désigné. Les deux extrémités du vermis

[1] Voy. fig. 31, 33, 34.
ARTICLE N° 5.

constituent les éminences vermiformes ou vermiculaires antérieure et postérieure, qui contribuent à former le plafond du
quatrième ventricule. Sur l'éminence vermiforme antérieure,
la valvule de Vieussens s'insère par son bord postérieur. Ce lobe
moyen est considérable, et dépasse de beaucoup le volume des
lobes latéraux réunis. Sous ce rapport, le Daman s'éloigne des
Pachydermes pour se rapprocher des Mammifères inférieurs
(Marsupiaux, Rongeurs, Édentés).

Les lobes latéraux ont la forme de segments irréguliers de
sphère. Leur surface extérieure présente la continuation des
sillons du lobe moyen. C'est à leur partie inférieure que pé-
nétrent les pédoncules dans l'intérieur du cervelet. En arrière
de l'insertion des pédoncules cérébelleux se trouvent appliqués,
sous les parties latérales, les plexus choroïdes cérébelleux, prolongements vasculaires de la pie-mère encéphalique.

La coupe verticale antéro-postérieure du cervelet montre sa
structure composée de substance blanche, recouverte de substance grise. Un sillon vertical transversal partage en deux le
cervelet dans les deux tiers environ de sa hauteur, et est
occupé par la pie-mère cérébelleuse. Ces deux noyaux se subdivisent en branches et en rameaux, qui sont chacun composés
de substance blanche centrale et de substance grise corticale :
ils se terminent en rayonnant à la surface du cervelet. Leur
aspect général forme une élégante arborisation, désignée par
les anciens anatomistes sous le nom d'*arbre de vie*.

Le cerveau comprend les deux lobes antérieurs de l'encéphale
ou hémisphères cérébraux. Ce sont deux renflements allongés
dans le sens du grand diamètre de la tête, accolés sur la ligne
médiane, et réunis l'un à l'autre en avant par une commissure
transversale, le corps calleux, et en bas par les pédoncules cérébraux. L'ensemble de ces deux lobes constitue une masse ovoïde,
dont la base est tournée en arrière, et dont la face inférieure
est aplatie (1). En arrière, le cerveau s'appuie obliquement sur le
cervelet, dont il recouvre environ le tiers ou le quart antérieur.

(1) Cuvier, *Leçons d'anat. comp.*, t. III p. 88.

Les deux hémisphères cérébraux (dont j'étudierai plus loin les circonvolutions) sont séparés l'un de l'autre par la grande scissure interlobaire. En dessus, cette scissure est très-profonde, et descend jusqu'au corps calleux en avant; en arrière, elle se contourne entre les lobes postérieurs des hémisphères, mais elle n'atteint pas tout à fait le bourrelet postérieur du corps calleux, parce que, au-dessus de ce bourrelet, les deux moitiés du cerveau adhèrent l'une à l'autre dans une petite étendue. Cette scissure contourne le corps calleux en avant, et descend au niveau du chiasma des nerfs optiques; mais là elle change de direction, et se divise en deux branches, pour constituer une vaste échancrure qui reçoit l'extrémité antérieure de l'isthme de l'encéphale. Chacune des branches de cette bifurcation remonte de chaque côté de l'isthme de l'encéphale en croisant d'abord le nerf optique, puis les pédoncules cérébraux et les tubercules quadrijumeaux, au-dessus desquels ces deux branches se réunissent en se confondant avec la partie postérieure de la scissure interlobaire supérieure.

Ainsi se trouve constituée, autour du point d'immergence de l'isthme dans le cerveau, une ligne de démarcation bien tranchée, constituée, sur les côtés et en arrière, par une fente très-profonde appelée *fente de Bichat* ou *grande fente cérébrale* (1).

La scissure interlobaire est occupée par la cloison longitudinale de la dure-mère ou faux du cerveau. La fente de Bichat reçoit la toile choroïdienne, expansion vasculaire dépendante de la pie-mère, qui pénètre dans le cerveau en s'interposant entre les couches optiques et la circonvolution de l'hippocampe. Les veines qui s'échappent de la toile choroïdienne et des plexus choroïdes se réunissent en un seul tronc nommé *grande veine de Galien* (2), qui contourne le bourrelet postérieur du corps calleux pour gagner la scissure interlobaire et s'élever vers le sinus de la faux du cerveau.

Le corps calleux présente la forme d'un quadrilatère allongé d'arrière en avant, qui, par ses bords latéraux, se perd dans la

(1) Voy. fig. 32.
(2) Voy. fig. 34.

substance centrale des hémisphères. Sa face supérieure est libre dans son milieu, et forme le fond de la scissure interlobaire, tandis que ses bords latéraux sont recouverts par la substance des hémisphères. L'extrémité antérieure se replie en dessous, en formant une sorte de genou qui se plonge en bas dans la substance cérébrale, et dont les contours sont exactement suivis par le trajet de l'artère cérébrale antérieure (1). L'extrémité postérieure se recourbe d'une façon analogue pour se perdre dans le cerveau, après s'être confondue avec la partie médiane et postérieure de la voûte à trois piliers. Enfin la face inférieure reçoit dans toute la partie moyenne de sa longueur l'insertion de la cloison transparente, qui la divise en deux moitiés, formant chacune le plafond de l'un des ventricules latéraux.

Ces ventricules, de forme irrégulière, ont pour plancher, en avant, les corps striés, en arrière la voûte à trois piliers et l'hippocampe.

Le corps strié fait suite en avant et en dehors à la couche optique, dont il est séparé par la bandelette demi-circulaire mentionnée plus haut. C'est une saillie allongée, dont la moitié interne forme le plancher du ventricule latéral, tandis que sa moitié externe est située en dehors de ce ventricule.

La voûte à trois piliers, ou trigone cérébral, est une lame triangulaire à base postérieure voûtée d'arrière en avant, et dont l'extrémité antérieure est constituée par deux piliers très-rapprochés, placés en avant de la commissure blanche antérieure. L'écartement de ces deux piliers donne passage au trou de Monro, qui fait communiquer les ventricules latéraux avec le ventricule moyen (2). La voûte à trois piliers se prolonge en arrière de chaque côté par une lame répandue à la surface de l'hippocampe, dont elle forme la couche corticale.

L'hippocampe, ou corne d'Ammon, continue et prolonge en apparence chaque pilier postérieur du trigone. Les deux hippocampes, considérés dans leur ensemble, rappellent assez exac-

(1) Voy. fig. 34. 42.
(2) Voy. fig. 34.

tement la disposition des cornes utérines de certains Ruminants, tels que la Vache. Par leur extrémité antérieure et interne, ils se mettent en contact l'un avec l'autre au-dessous de la partie moyenne du trigone, en formant là une saillie assez considérable (1). Leur extrémité externe et postérieure, ou réfléchie, décrit une courbe assez étendue, et occupe un espace volumineux, ce qui réduit en ce point la circonvolution occipitale à une assez faible épaisseur.

Enfin les deux grandes cavités latérales circonscrites par ces parties sont les ventricules latéraux, allongés d'arrière en avant, creusés dans la substance des hémisphères, accolés l'un à l'autre en avant, où ils sont séparés par la cloison transparente, divergents en arrière, où ils se dirigent en dehors et en bas pour se terminer dans l'épaisseur du lobe mastoïde ou sphénoïdal. Le corps calleux sert de voûte commune aux deux ventricules, qui ont pour plancher en avant le corps strié, en arrière le trigone cérébral. Au-dessous de la partie postérieure de la cloison transparente, entre les deux piliers antérieurs du trigone, se trouve le trou de Monro, c'est-à-dire l'orifice qui fait communiquer les deux ventricules entre eux d'une part, et d'autre part avec le ventricule moyen.

J'arrive maintenant à la partie la plus intéressante de l'étude du cerveau, à celle qui offre entre les divers Mammifères les différences les plus considérables, c'est-à-dire les circonvolutions. En effet, « c'est surtout des parties intérieures du cerveau des Mammifères qu'il est exact de dire qu'elles sont semblables à ce que montre le cerveau de l'Homme.... Pour les parties profondes, ce ne sont guère que leurs proportions relatives qui varient (2). » Au contraire, à la surface du cerveau, on remarque de grandes différences, soit dans la forme générale, soit dans l'absence ou la présence des circonvolutions, soit dans l'étendue et le nombre de ces circonvolutions elles-mêmes.

Cuvier ne donne sur ces circonvolutions du Daman au-

---

(1) Voy. fig. 38.
(2) Cuvier, *Leçons d'anat. comp.*, 2ᵉ éd., 1845, t. III, p. 97-98.
ARTICLE Nᵒ 5.

cune espèce de renseignements. Il dit seulement qu'on trouve beaucoup de circonvolutions chez les Pachydermes en général (1).

Parmi les naturalistes qui ont figuré l'encéphale du Daman, je citerai d'abord Serres (2), qui a reproduit d'une façon générale la direction antéro-postérieure des sillons, mais avec de nombreuses inexactitudes dans les détails. J'en dirai autant de la base du cerveau, qui est encore moins exacte.

M. Dareste, dans ses *Études sur les circonvolutions du cerveau chez les Mammifères*, ne s'est pas prononcé sur celui du Daman, parce que les éléments lui manquaient pour cette détermination. Voici ce qu'il dit à ce sujet :

« Un autre animal, dont le cerveau serait également fort curieux à étudier, c'est le Daman. J'ai vu trois cerveaux de cette espèce dans la galerie du Muséum ; mais leur mauvais état de conservation ne me permet pas de me prononcer à cet égard. Il m'a paru seulement que ces cerveaux s'éloignaient du type des Pachydermes pour se rapprocher de celui des Carnivores. Si cette prévision venait à se réaliser, ce serait une preuve de plus en faveur des idées de M. Edwards, qui range le Daman à côté des Carnassiers, parmi les Mammifères à placenta zonaire (3). »

M. Richard Owen a aussi décrit et figuré l'encéphale de l'*Hyrax* (4). Mais son dessin, quoique plus exact que celui de Serres, est encore assez éloigné de la vérité. Je ne m'arrêterai pas à la description détaillée et assez compliquée des sillons qu'il signale, parce qu'elle me paraît jeter plus d'obscurité que de lumière sur cette question.

Enfin je dois encore citer une description qui m'a paru plus exacte que les précédentes, quoiqu'elle ait été faite seulement d'après un moule intracrânien. Elle a paru dans un mémoire de M. Paul Gervais. *Sur les formes cérébrales propres à différents*

____

(1) *Leçons d'anat. comp.*, t. III, p. 94.
(2) *Anatomie comparée du cerveau, etc.*, 1824, atlas, pl. 15, fig. 269 et 273.
(3) Dareste, *Ann. des sc. nat.*, 4ᵉ série, 1855, t. III, p. 106.
(4) *Anatomy of Vertebrates*, London, 1868, vol. III, p. 120, 121, 123, fig. 96, 99, 105.

groupes de Mammifères (1). L'auteur a décrit le moulage du cerveau chez l'*Hyrax arboreus*, où les différences avec le Daman du Cap sont assez peu importantes.

Avant d'aborder l'étude détaillée des circonvolutions cérébrales, je rappellerai que chez la plupart des Mammifères elles n'existent que dans la moitié supérieure du cerveau. Un fait remarquable en effet. « c'est la prépondérance que prend, à partir des Carnassiers, la caroncule olfactive, et la ligne de démarcation très-précise qui s'établit entre la partie du cerveau qui paraît être plus directement en rapport avec cette caroncule, et ce qui constitue plus spécialement les hémisphères. Que l'on prenne, en effet, un cerveau de Carnassier, de Ruminant, de Pachyderme ou de Rongeur, on voit partir du bord postérieur de l'hémisphère, à une hauteur variable, une ligne presque horizontale dont l'extrémité antérieure vient aboutir au bord supérieur de la caroncule olfactive ; et la scissure de Sylvius, qui, dans l'Homme et les Singes, descend jusqu'au bas de la face latérale du cerveau, ne descend dans les animaux dont nous parlons que jusqu'à cette ligne horizontale. Il n'y a plus qu'une petite impression vasculaire entre la partie antérieure du cerveau et cette tubérosité descendante du lobe moyen que l'on désigne indifféremment par les noms de *tubérosité temporale*, *tubérosité de la corne d'Ammon*. ou de *lobule de l'hippocampe*... Dans les cerveaux sans circonvolutions, la face latérale des hémisphères ne montre que cette ligne horizontale et la scissure de Sylvius qui s'unit à elle sous un angle plus ou moins aigu. Dans les cerveaux à circonvolutions, on voit les sillons et les contours de ces circonvolutions venir aboutir et s'arrêter à cette ligne, et la scissure de Sylvius respecter aussi cette limite des hémisphères proprement dits (2). »

J'ajouterai à ces remarques le complément suivant, donné plus loin par notre grand anatomiste (3) : « En avant du pont de Varole. ce qui frappe surtout, à partir des *Makis*, c'est la dis-

<hr>

(1) *Journal de zoologie*. Paris, 1872. t. Ier, n°s 5 et 6, p. 465-467.

(2) Cuvier, *Leçons d'anat. comp.*, t. III, p. 89,

(3) *Ibid*., p. 103-104.

parition des circonvolutions, et la liaison intime et continue qui s'établit entre le lobe de l'hippocampe et le nerf ou plutôt le lobe olfactif. Nous avons déjà indiqué, dans la description de la face latérale du cerveau, la distinction qui s'opère entre la partie supérieure des hémisphères, qui se plisse en circonvolutions, et la partie inférieure qui se continue d'arrière en avant, en un grand tractus qu'on pourrait appeler le tractus olfactif. A la face inférieure, ces deux tractus forment une saillie en forme de cœur, qui occupe la base du cerveau presque tout entière dans les Carnassiers, les Rongeurs, les Ruminants... Plusieurs anatomistes sont portés à considérer l'apparition de cette saillie cordiforme à la base du cerveau, comme se rattachant au développement plus grand du sens de l'olfaction chez les animaux où on l'observe; et ce qui semble confirmer cette opinion, c'est que dans le Dauphin, qui n'a pas d'olfaction, on ne retrouve plus rien de semblable, mais au contraire une scissure de Sylvius profonde qui sépare les deux lobes cérébraux. »

Ces observations sont parfaitement justes pour le Daman, et j'ai pensé ne pouvoir mieux faire que d'emprunter là-dessus les paroles même de Cuvier.

Si nous prenons maintenant la partie latérale et supérieure du cerveau, qui est le véritable siége des circonvolutions, il nous reste à étudier la façon dont elles sont disposées. Pour cette étude, on a proposé beaucoup de méthodes et de classifications. On a cherché surtout à ramener la complication prodigieuse des circonvolutions dans les cerveaux des Mammifères supérieurs à un type simplifié pris parmi les cerveaux les moins complexes. Mais la difficulté principale consiste dans le choix de l'animal à prendre pour type, et dans la détermination des circonvolutions élémentaires et en quelque sorte primordiales.

La régularité des circonvolutions chez quelques Carnassiers avait conduit Leuret à prendre pour type de sa classification des circonvolutions le cerveau du Renard. Cette classification, adoptée également par Gratiolet, et qu'il a appliquée, en la développant, à l'étude des circonvolutions chez l'Homme et les Primates, rend compte d'une façon très-satisfaisante des circonvolutions du cerveau. De toutes les classifications proposées, celle-là est la plus simple et la plus claire, et c'est celle que j'adopterai dans la description du cerveau du Daman. Je prendrai donc pour point de départ le cerveau du Renard, tel qu'il a été décrit et figuré par Leuret et Gratiolet (1).

Sur la face supérieure et latérale de ce cerveau, on peut distinguer avec ces auteurs quatre lobes principaux, savoir :

1° Tout à fait en dedans et en haut, et bordant la grande scissure interlobaire, le lobe frontal.

2° En descendant, et parallèlement au précédent, le lobe pariétal.

3° Plus bas encore, le lobe temporal.

4° Enfin, tout à fait en bas et en arrière, le lobe occipital, séparé du précédent par la scissure de Sylvius.

Nous allons retrouver ces quatre lobes parfaitement caractérisés chez le Daman (2).

Le lobe frontal s'étend d'un bout à l'autre de l'hémisphère, d'avant en arrière, très-nettement séparé du lobe suivant par une scissure profonde qui règne d'un bout à l'autre sans interruption, et qui même se prolonge en arrière et contourne la face postérieure du cerveau pour aller rejoindre, en limitant le lobe occipital, le sillon antéro-postérieur qui sépare la face latérale du cerveau en deux étages, comme je l'ai dit plus haut. Cette scissure qui borne le lobe frontal ne va cependant pas tout à fait jusqu'à l'extrémité antérieure du cerveau ; elle s'arrête un peu avant la fin de ce promontoire, et en ce point le lobe frontal est uni au lobe pariétal situé en dehors de lui.

Quant au lobe pariétal et au lobe temporal, dont la direction est exactement parallèle à celle du lobe frontal, dans leur moitié antérieure ils sont séparés par une scissure profonde qui les distingue bien nettement l'un de l'autre ; mais dans leur moitié postérieure ils sont réunis ensemble et paraissent former une masse unique. Cependant une dépression longitudinale assez

(1) *Anat. comp. du système nerveux*, Paris, 1839-1857, t. I, p. 370; atlas, pl. 4.
(2) Voy. fig. 31 et 33.

étendue et très-marquée semble indiquer à la surface de cette moitié supérieure un commencement de séparation ; et comme cette dépression, qui occupe une assez grande étendue, est située dans l'axe du prolongement de la scissure antérieure, il y a tout lieu d'estimer que cette partie postérieure présente une fusion incomplète des deux lobes pariétal et temporal.

Enfin, si l'on arrive au lobe occipital, on trouve qu'il est circonscrit avec une précision incontestable. Sa forme, au lieu d'être allongée comme celle des lobes précédents, est irrégulièrement losangique. Il est limité en haut par une scissure horizontale qui fait en avant un angle obtus et descend obliquement dans le sillon qui représente la scissure de Sylvius. En bas, il est limité par le sillon antéro-postérieur qui le sépare du lobule de l'hippocampe, et qui remonte en arrière pour rejoindre la scissure séparant le lobe frontal du lobe pariétal. Ce lobe occipital présente ordinairement vers le centre de sa surface une légère dépression ayant la forme d'une étoile à trois branches. C'est peut-être l'indice d'une tendance à un nouveau plissement ; mais je n'ai trouvé aucune scissure proprement dite dans aucun des trois échantillons que j'ai étudiés, soit à l'état frais, soit après durcissement dans l'alcool, et après avoir dépouillé le cerveau de ses membranes.

J'ajouterai que ces quatre lobes constituant les circonvolutions cérébrales du Daman, s'ils sont séparés entre eux dans la plus grande partie de leur étendue, ne le sont pas à leurs extrémités antérieure et postérieure. A l'exception du sillon qui borde en dehors le lobe frontal, et qui creuse une dépression profonde à la face postérieure du cerveau, tous les autres sillons s'arrêtent, en avant et en arrière, avant d'atteindre le bord du cerveau. Ainsi le lobe occipital est uni en avant et en arrière au lobe temporal, lequel est également réuni à ses deux extrémités au lobe pariétal, et le lobe pariétal lui-même, s'il est séparé du lobe frontal dans sa partie postérieure, lui est uni à son extrémité antérieure, comme je l'ai dit plus haut.

Quant aux sillons qui séparent ces quatre lobes cérébraux pour en former quatre circonvolutions très-nettes, il ne faut pas croire qu'ils soient superficiels et sujets à la controverse. Leur

profondeur est relativement considérable, et j'ai pu la mesurer
par des coupes pratiquées transversalement dans l'encéphale
ainsi que par l'examen direct. Cette profondeur varie de 3 à
5 millimètres. Pour donner une idée de la proportion que peut
offrir cette dimension avec celle du cerveau, je dirai que la
première scissure, celle qui borde en dehors le lobe frontal,
descend presque jusqu'au niveau du corps calleux.

Je ne signalerai aucune scissure secondaire : je n'en ai pas
rencontré. En dehors des deux dépressions situées au centre
du lobe occipital que j'ai toujours trouvées, et qui d'ailleurs
sont superficielles et ne peuvent être désignées comme des scissures, je n'ai rien à signaler qui ait une importance ou une
constance et une fixité réelles; et je crois qu'il n'y a rien à
mentionner de quelque valeur en dehors des grandes scissures
que je viens de décrire et qui délimitent si nettement les quatre
circonvolutions primordiales prises comme types par Leuret et
Gratiolet.

En résumé, l'encéphale du Daman offre des caractères très-
tranchés qui tendent à le distinguer de tous les groupes zoologiques où on l'a rangé jusqu'ici. Ses circonvolutions cérébrales
sont beaucoup plus compliquées que celles des Rongeurs, dont
il doit être absolument séparé. Elles sont moins compliquées
que celles des Pachydermes, et ont une direction toute différente ;
aussi ne peut-on, sous ce rapport, le placer à côté du Rhinocéros, dont Cuvier l'avait rapproché à cause de certaines autres
ressemblances. Le type zoologique auquel il ressemble le plus
au point de vue des circonvolutions cérébrales, c'est le Renard,
et en général les Carnassiers. Le poids relatif de son cerveau est
un nouveau caractère de parenté avec les Carnassiers. Cependant on ne saurait dire que le Daman soit un carnassier, et il est
impossible de le ranger dans ce groupe de Mammifères, dont il
s'éloigne sous tant d'autres rapports.

Quant aux autres caractères spéciaux que pouvait présenter
l'encéphale, je ne m'y suis pas arrêté, parce qu'ils diffèrent trop
peu de ce qu'on trouve chez les autres Mammifères. En effet, si
l'on excepte le grand développement du lobe moyen du cervelet

et le peu de développement de ses lobes latéraux, la dimension des *testes*, notablement supérieure à celle des *nates*, la forme remarquable et la subdivision partielle de la glande pinéale, la saillie médiane qu'offre en dessous la voûte à trois piliers, et la forme triangulaire du *tuber cinereum* enclavé dans l'éminence mamillaire, tous les autres détails de l'encéphale ne présentent aucune disposition qui s'éloigne notablement des dispositions ordinaires.

Je signalerai maintenant les particularités les plus importantes des nerfs crâniens et rachidiens (1).

La première paire des nerfs crâniens est représentée par deux lobules volumineux lobules olfactifs, qui sont complètement séparés par la partie antérieure de la faux du cerveau insérée à l'apophyse crista-galli et à la partie moyenne de l'ethmoïde et et du frontal. La surface ethmoïdale qui donne passage aux rameaux olfactifs est oblique de haut en bas et d'avant en arrière. La dure-mère forme une gaine à tous ces rameaux jusqu'à leur sortie hors du crâne.

Les nerfs de la deuxième paire naissent par une bandelette aplatie en avant des tubercules quadrijumeaux. Cette bandelette optique, recouverte à son origine par l'hippocampe, contourne le pédoncule cérébral, et, arrivée à la face inférieure de l'encéphale, s'entrecroise avec celle du côté opposé pour former la commissure ou le chiasma des nerfs optiques. Puis les deux nerfs s'engagent, en traversant la dure-mère, dans les trous optiques, pour gagner les cavités orbitaires.

Le nerf de la troisième paire (moteur oculaire commun) naît, comme l'olfactif, à la face inférieure de l'isthme de l'encéphale, en avant de la protubérance annulaire. On le voit sortir des pédoncules cérébraux, près de la ligne médiane, un peu en dehors du sillon médian interpédonculaire. Presque immédiatement après son origine, il traverse la dure-mère, se place dans la paroi externe du sinus caverneux, et pénètre dans l'orbite par la partie interne et supérieure de la fente sphénoïdale.

---

(1) Voy. fig. 32, 33, 36, 37, 44.

Le nerf de la quatrième paire (pathétique) naît comme le nerf optique, à la face supérieure de l'isthme de l'encéphale. Il sort du ruban de Reil, immédiatement en arrière des tubercules quadrijumeaux, et presque aussitôt traverse la dure-mère pour se placer entre cette membrane et le bord supérieur du rocher. Il descend le long de ce bord supérieur, dans le repli tranchant de la dure-mère qui sépare la partie moyenne des parties latérales de la fosse cérébrale moyenne ou sphénoïdale. Il longe en dehors, le moteur oculaire commun, et pénètre dans l'orbite en se plaçant au-dessus et en dehors de lui. Il occupe ainsi la partie la plus élevée de la fente sphénoïdale.

Le nerf de la cinquième paire (trifacial ou trijumeau) naît par deux racines, l'une plus grosse (racine sensitive), l'autre plus petite (racine motrice). Ces deux racines, très-rapprochées, sortent de la protubérance annulaire tout à fait en dehors, près du pédoncule cérébelleux moyen ; puis elles se réunissent, traversent immédiatement la dure-mère, et aboutissent au ganglion de Gasser.

Le ganglion de Gasser, caché entre la dure-mère et les os du crâne, s'engage sous une sorte de languette en forme de promontoire qui est la continuation du bord supérieur du rocher ; puis il disparaît dans le repli de la dure-mère, où est déjà logé le nerf pathétique. Par sa face inférieure, ce ganglion repose sur le rocher et sur le bord correspondant de la fosse sphénoïdale, entre cette fosse et le sinus caverneux qui le sépare de la glande pituitaire. Là il se divise presque immédiatement en trois branches : une inférieure, qui constitue le nerf maxillaire inférieur, et sort du crâne par le trou ovale ; une moyenne, qui forme le nerf maxillaire supérieur, et sort du crâne par le trou rond ; une supérieure enfin, qui constitue la branche ophthalmique, gagne la fente sphénoïdale et pénètre dans l'orbite au-dessus du moteur oculaire commun et du pathétique.

La première branche du trijumeau (branche ophthalmique) est la plus petite des trois. Elle fournit trois rameaux principaux : le nerf frontal, qui se distribue à la peau du front et de la paupière supérieure ; le nerf palpébro-nasal, qui va aux parois de la fosse nasale et à la paupière inférieure; enfin, le nerf lacrymal, qui va à la glande lacrymale.

La deuxième (nerf maxillaire supérieur) est de beaucoup la plus volumineuse. Elle suit la face inférieure de l'orbite, s'engage dans le canal sus-maxillo-dentaire, et en sort par le trou sous-orbitaire. Elle donne dans son trajet des filets aux paupières, un rameau considérable (grand nerf palatin), qui s'enfonce dans le conduit palatin pour aller ramper sous la voûte palatine jusqu'auprès du trou incisif, un rameau plus petit (nasal ou sphéno-palatin), qui pénètre par le trou de même nom dans les fosses nasales où il se distribue à la membrane pituitaire, et enfin des rameaux dentaires qui se distribuent de la façon ordinaire aux dents de la mâchoire supérieure. Ses rameaux terminaux ou sous-orbitaires constituent un faisceau considérable qui s'épanouit à la façon d'un pinceau pour se terminer dans les naseaux et la lèvre supérieure, en s'anastomosant avec les divisions terminales du facial.

La troisième branche (nerf maxillaire inférieur) se divise, à la face interne du maxillaire inférieur, en deux rameaux de volume inégal. Le plus gros s'engage dans le conduit maxillo-dentaire, dont il parcourt toute l'étendue; puis il en sort par les trous mentonniers, au nombre de trois ou quatre de chaque côté : ces divisions terminales, analogues à celles du maxillaire supérieur, sont les nerfs mentonniers. L'autre rameau, un peu moins volumineux, est le nerf lingual, qui reçoit d'abord la corde du tympan, passe entre le muscle digastrique et le ptérygoïdien interne, gagne la base de la langue, où il se place sous la muqueuse buccale, et se termine à la pointe de la langue, après avoir donné des filets à la glande sublinguale. Sur son trajet, le nerf maxillaire inférieur fournit des rameaux au masséter, au temporal, aux muscles de la joue, aux ptérygoïdiens, et enfin à la poche gutturale et à la glande parotide : ces derniers rameaux, dont l'ensemble constitue le nerf temporal superficiel, s'anastomosent à leur terminaison avec le facial.

Les ganglions annexés à la cinquième paire sont assez petits, mais cependant faciles à isoler par une dissection soigneuse. Ce sont : 1° le ganglion ophthalmique, dépendant de la branche ophthalmique ; 2° le ganglion sphéno-palatin, annexé au nerf maxillaire supérieur ; 3° le ganglion otique, qui s'accole au nerf maxillaire inférieur.

Comme on le voit, le nerf trijumeau n'offre chez le Daman aucune disposition spéciale différente de ce qu'on rencontre ordinairement chez la plupart des autres Mammifères.

Le nerf de la sixième paire (moteur oculaire externe) naît du bulbe rachidien, immédiatement en arrière de la protubérance annulaire, dans le sillon qui limite en dehors la pyramide du bulbe. Presque aussitôt il traverse la dure-mère, et s'engage sous l'extrémité de la languette osseuse (prolongement du bord supérieur du rocher), sous laquelle est déjà logé le ganglion de Gasser. Il longe donc en dedans la branche ophthalmique de la cinquième paire ; mais il s'en sépare bientôt pour pénétrer dans l'intérieur du sinus caverneux, à côté et en dehors de l'artère carotide interne. Il pénètre ensuite dans l'orbite par la fente sphénoïdale, en dedans et au-dessous de la branche ophthalmique de la cinquième paire.

Le nerf de la septième paire (facial) naît du bulbe rachidien, sur l'extrémité externe de la bandelette transversale qui longe le bord postérieur de la protubérance. Après avoir traversé la dure-mère, il pénètre dans un orifice spécial creusé dans le rocher, en avant d'un autre orifice également isolé qui sert à la pénétration du nerf acoustique. Le nerf facial suit alors un canal osseux creusé dans l'épaisseur du rocher, et qui se dirige d'abord en avant, puis en dehors, en bas et en arrière, et il contourne le cadre osseux du tympan, pour sortir du crâne par le trou stylo-mastoïdien. En arrière du cadre du tympan, le facial fournit comme d'habitude un petit rameau nerveux, la corde du tympan, qui traverse l'oreille moyenne en décrivant une courbe à convexité supérieure, et en s'appliquant contre la membrane du tympan, par-dessous la branche descendante de l'enclume et par-dessus le manche du marteau (1). La corde du tympan sort

(1) Voy. fig. 48.

de l'oreille moyenne par un canal creusé dans le bord antérieur du rocher, après quoi elle va se réunir au nerf lingual.

Au sortir de l'aqueduc de Fallope par le trou stylo-mastoïdien (qui mériterait mieux le nom de paramastoïdien), le facial est caché sous la face profonde de la parotide, puis il gagne le bord postérieur du maxillaire, devient superficiel et se place sur le masséter, immédiatement au-dessous de l'articulation temporo-maxillaire. Il fournit des branches aux muscles stylo-hyoïdien et digastrique, à la poche gutturale et à la parotide, aux téguments de l'oreille externe, et se termine au niveau du masséter par plusieurs branches anastomosées avec celles du nerf temporal superficiel, branche du maxillaire inférieur. Cette anastomose, qui constitue le plexus zygomatique, se comporte comme à l'ordinaire. Les branches de ce plexus, en arrivant près du bord antérieur du masséter, se partagent en une série de rameaux divergents qui vont se perdre dans le tissu des joues, des lèvres et des naseaux.

Le nerf de la huitième paire (acoustique) naît du bulbe rachidien immédiatement en arrière du facial. Après avoir traversé la dure-mère, il s'engage dans l'hiatus auditif interne, qui est très-court et se réduit à une petite fossette qui n'a guère qu'un millimètre et demi dans tous les sens. Au fond de cette fossette, en arrière de l'orifice de l'aqueduc de Fallope, il existe deux ouvertures, l'une en dedans, qui communique avec le limaçon, l'autre en dehors, qui communique avec les canaux demi-circulaires. Le nerf auditif se divise là en deux branches, dont l'une pénètre dans l'axe du limaçon, l'autre dans le vestibule et les canaux demi-circulaires.

Les nerfs des neuvième, dixième et onzième paires (glosso-pharyngien, pneumogastrique, spinal) naissent par des racines multiples sur les côtés du bulbe, en arrière de la huitième paire ; le nerf de la onzième paire reçoit en outre des racines de toute l'étendue de la moelle cervicale, qui remontent dans le canal rachidien pour se réunir aux racines supérieures. Ces trois nerfs forment en dernier lieu trois cordons accolés l'un à l'autre, qui traversent la dure-mère crânienne par un seul orifice, et s'engagent tous les trois dans une ouverture unique pour sortir hors du crâne, comme je l'ai déjà dit plus haut.

Le nerf de la douzième paire (grand hypoglosse) naît également par plusieurs racines, à la face inférieure du bulbe rachidien. Les rameaux réunis en un seul cordon traversent la dure-mère et s'engagent dans le trou condylien extérieur de l'occipital.

Le pneumogastrique, à sa sortie du crâne, est d'abord placé en dehors du sympathique, puis il le croise après un assez court trajet, et se trouve entre l'artère carotide et le sympathique, sur les côtés de l'œsophage. Il fournit sur son trajet des filets de communication avec le ganglion cervical supérieur, un rameau pharyngien, le nerf laryngé supérieur, des filets de communication avec le ganglion cervical inférieur, et enfin le nerf laryngé inférieur ou récurrent, qui contourne, comme d'habitude, l'artère axillaire à droite, la crosse de l'aorte à gauche. Après avoir fourni, par ses anastomoses avec le grand sympathique, le plexus cardiaque et le plexus pulmonaire, le pneumogastrique continue son trajet le long de l'œsophage, et se termine à l'estomac à la façon ordinaire, par un épanouissement nerveux des plus riches.

Je reviendrai sur le glosso-pharyngien et l'hypoglosse à propos de l'étude de la langue.

Les nerfs rachidiens présentent chez le Daman les mêmes caractères que chez les autres Mammifères. Tous prennent naissance sur les côtés de la moelle par deux ordres de racines, les unes motrices, les autres sensitives. Ces deux ordres de racines se réunissent en traversant le trou de conjugaison pour former un tronc fort court, qui se divise presque immédiatement en deux branches : l'une postérieure, destinée aux muscles spinaux et aux téguments qui les recouvrent ; l'autre antérieure, qui se rend dans les parties latérales et antérieures du tronc et dans les membres. Enfin, cette branche antérieure communique également par de nombreux rameaux avec les ganglions du grand sympathique.

La première paire des nerfs cervicaux passe par le trou supérieur de l'atlas ; la dernière sort entre la première vertèbre dorsale et la dernière cervicale. Il en résulte que le nombre des nerfs cervicaux est égal à celui des vertèbres du cou, plus un; il y a donc huit paires de nerfs cervicaux.

La première paire de nerfs cervicaux, beaucoup plus petite que toutes les suivantes, fournit des rameaux aux muscles qui relient l'atlas à l'occipital, et à la peau qui recouvre la partie postérieure de la tête. Elle communique aussi avec le nerf spinal par de nombreuses anastomoses. Enfin, elle fournit en avant plusieurs branches destinées aux muscles sterno-hyoïdien, sterno-thyroïdien et sterno-mastoïdien.

La deuxième paire, entre autres rameaux, en fournit plusieurs accolés d'abord l'un à l'autre et formant une anse qui contourne l'atlas et qui donne des filets au muscle mastoïdo-huméral, à la parotide et au peaussier.

La troisième, la quatrième et la cinquième paire fournissent des rameaux à la couche superficielle et à la couche profonde des muscles latéraux du cou. La cinquième fournit le nerf diaphragmatique, auquel la quatrième et la sixième envoient chacune un filet accessoire, et sur lequel je reviendrai plus loin.

Les sixième, septième et huitième paires, réunies à la première paire dorsale, constituent le plexus brachial, dont je parlerai également plus tard.

Je n'ai rien de particulier à mentionner au sujet du plexus cervical, constitué comme d'ordinaire par les nombreuses anastomoses des branches antérieures des nerfs cervicaux, et qui se distribuent aux muscles des parties latérales et antérieure de la région trachélienne.

Le nerf diaphragmatique est toujours formé par les branches antérieures de plusieurs nerfs cervicaux. Tantôt, comme chez l'Homme, il vient des troisième, quatrième et cinquième paires cervicales; tantôt, comme chez le Mouton (1), il vient des trois dernières paires cervicales (6ᵉ, 7ᵉ et 8ᵉ); tantôt, comme chez le Marsouin (2), il vient des deux dernières; tantôt enfin, comme chez le Cheval (3), il provient de la sixième paire cervicale et du

(1) Cuvier, *Anat. comp.*, 2ᵉ édit., t. III, p. 242.
(2) *Ibid.*
(3) Chauveau, *op. cit.*, p. 799.

plexus brachial, avec un petit rameau accessoire, et qui n'est pas constant, provenant de la cinquième paire cervicale. Le plus ordinairement [1] ce nerf provient de la quatrième paire cervicale et des deux suivantes. Chez le Daman, le nerf diaphragmatique offre un tronc principal assez volumineux, et deux rameaux accessoires très-grêles. Le tronc principal naît de la cinquième paire cervicale ; les rameaux accessoires naissent, l'un de la quatrième paire et l'autre de la sixième. Le nerf ainsi formé descend sur les côtés des muscles profonds du cou, donne quelques filets aux muscles scalènes et aussi au thymus (chez le jeune individu où je l'ai rencontré) ; puis il s'engage dans la cavité thoracique, passe en dedans de l'artère axillaire avec le nerf pneumogastrique, gagne le côté de la base du cœur, sur lequel il se trouve étroitement appliqué, et il atteint enfin le centre phrénique, où il se divise en plusieurs branches dont les ramifications se portent à la périphérie du diaphragme. On voit que ce nerf n'offre rien de particulier dans son trajet et dans sa distribution, et c'est surtout son origine qui diffère un peu de ce qu'on rencontre le plus généralement chez les autres Mammifères.

Le plexus brachial est très-remarquable par son volume, qui avait déjà frappé Pallas (2) et que tous les anatomistes ont également signalé (3). Ce plexus comprend un énorme faisceau de nerfs situé entre la paroi thoracique et la face interne du membre antérieur. Cet entrelacement nerveux est tel, qu'il est assez difficile de suivre chacune des quatre paires de nerfs qui le forment, lorsqu'elles se séparent pour se distribuer au membre antérieur.

Voici les principaux rameaux fournis par le plexus brachial, de haut en bas :

1° Un rameau volumineux qui va se distribuer à tous les muscles qui recouvrent la face postérieure de l'omoplate, et qui provient exclusivement de la sixième paire cervicale.

2° Un rameau aussi volumineux que le précédent, composé

(1) Cuvier, *loc. cit.*
(2) *Miscell.*, p. 44.
(3) Brandt, *op. cit.*, p. 46.

de deux racines, l'une provenant de la sixième, l'autre de la septième paire cervicale, et qui se distribue aux muscles de la face antérieure de l'omoplate.

3° Un rameau un peu plus faible, composé de deux racines provenant également de la sixième et de la septième paire, et qui, croisant le plexus par devant, va se distribuer aux muscles pectoraux.

4° Un rameau un peu plus petit, très-long, qui se détache de la septième paire immédiatement à sa sortie du trou de conjugaison, et qui, après avoir croisé le plexus par derrière, va se distribuer au muscle grand dentelé.

5° Deux filets assez grêles qui vont au biceps et au coraco-brachial.

6° Plusieurs filets cutanés pour les téguments de l'épaule.

7° Un rameau considérable, le nerf radial, qui pénètre à la face postérieure du bras, vers sa partie moyenne, entre l'humérus et le triceps. Ce rameau fournit de nombreux filets aux muscles puissants de la région brachiale postérieure; puis, après avoir contourné l'humérus, il va se distribuer aux muscles de la région externe de l'avant-bras.

8° Un rameau de moyenne dimension, le musculo-cutané ou cutané externe, qui va aux muscles et aux téguments de la portion antérieure du bras et de l'avant-bras.

9° Le nerf médian, rameau volumineux qui suit son trajet ordinaire et se termine en donnant aux doigts les filets habituels.

10° Le nerf cubital, beaucoup plus petit, qui se distribue comme à l'ordinaire, et se termine en donnant sur le dos de la main plusieurs anses nerveuses qui le relient aux terminaisons correspondantes du radial.

11° Le cutané interne, qui se distribue aux téguments de la partie interne du bras et de l'avant-bras, et qui se perd dans la peau de la main. Son volume est considérable.

La distribution des nerfs du membre antérieur n'offre donc rien de particulier.

Les nerfs dorsaux ou intercostaux sont au nombre de vingt et un de chaque côté. Ils s'engagent dans les espaces des côtes, en longeant le bord inférieur de la côte supérieure, au-dessous de l'artère et de la veine intercostale. Ils suivent leur trajet entre la plèvre et les intercostaux internes, jusque vers le milieu de la longueur de la côte. Là ils se divisent en deux parties : l'une plus grêle, qui continue à longer la côte et se distribue aux muscles intercostaux ; l'autre, plus volumineuse du double, qui traverse les parois de la poitrine et les muscles pectoraux, leur donne des filets et va s'épuiser dans la peau de la région thoracique. Les rameaux des fausses côtes se divisent de la même façon : l'un des deux filets se distribue à la face interne de la paroi du ventre ; l'autre traverse les muscles abdominaux et se termine par des filets cutanés pour la peau du ventre. Les branches perforantes des premières côtes s'anastomosent avec la branche sous-cutanée du plexus brachial.

Il y a une exception à faire pour la première paire des nerfs intercostaux. Elle fournit un rameau intercostal très-grêle ; mais elle n'a pas de branche perforante, et son rameau unique s'épuise entièrement dans les muscles intercostaux.

Les nerfs lombaires sont au nombre de huit paires, dont les cinq premières se comportent de la même façon que les nerfs dorsaux, c'est-à-dire qu'ils se partagent vers le milieu de leur trajet en deux branches, l'une qui s'épuise dans les muscles de la paroi abdominale, l'autre perforante, qui va se distribuer à la face profonde de la peau du ventre.

La quatrième et la cinquième paire fournissent chacune un filet dont la réunion contribue à former le nerf génito-crural, qui sort entre le petit psoas et les vertèbres lombaires, et va se distribuer aux parties antérieures de la cuisse et aux organes génitaux externes.

Les dernières paires lombaires contribuent à former le plexus lombo-sacré, qu'on peut diviser en deux parties : le plexus lombaire et le plexus sacré (1).

Le plexus lombaire est formé par les cinquième, sixième et septième paires lombaires. La cinquième et la sixième paire

(1) Voy. fig. 76.

donnent chacune deux filets qui se réunissent ensuite pour former le nerf fémoral cutané externe, lequel sort d'entre le petit et le grand psoas, traverse la paroi abdominale avec l'artère circonflexe iliaque, et se distribue aux muscles du ventre et aux téguments de la portion externe de la cuisse. Puis la sixième et la septième paire entremêlent leurs fibres pour donner naissance à deux troncs assez importants : le nerf crural et le nerf obturateur.

Le nerf crural ou fémoral antérieur descend dans la rainure qui sépare le psoas de l'iliaque, traverse le pli de l'aine et se divise là en deux branches : l'une qui s'épuise par de nombreux filets dans le triceps crural ; l'autre qui continue son trajet à la face interne de la cuisse, et qui, arrivée à la jambe, se divise en deux branches, le nerf saphène interne et le nerf saphène antérieur.

Le nerf obturateur descend en dedans des vaisseaux iliaques, passe entre le muscle iliaque et le plexus sacré, traverse le trou sous-pubien, et se termine dans les masses musculaires de la face interne de la cuisse, spécialement le pectiné et les adducteurs.

Le plexus sacré forme une masse considérable, presque égale en volume au plexus brachial lui-même. Il est constitué par le huitième nerf lombaire et les six premiers nerfs sacrés. Il est en communication avec le plexus lombaire par l'intermédiaire du huitième nerf lombaire, qui envoie un rameau au nerf crural antérieur et un autre au nerf obturateur.

Ce faisceau nerveux sort entre le bord postérieur de l'ilion et le sacrum, appliqué contre la face profonde du fessier profond. Il envoie des filets à tous les muscles voisins, aux muscles fessiers, au pyramidal, aux jumeaux. Puis il forme un cordon unique, considérable, qui passe entre le grand trochanter et la tubérosité ischiatique : c'est le grand nerf sciatique. Il s'en détache un rameau qui distribue des filets aux muscles postérieurs de la cuisse, le demi-tendineux, le demi-membraneux et le biceps.

Au niveau du creux poplité, le nerf sciatique se divise en deux parties : l'une qui pénètre entre les deux ventres du gastrocnémien et qui va se placer à la face postérieure du tibia ; l'autre qui pénètre dans l'épaisseur du long extenseur des orteils et se place en avant de la jambe, dans l'espace interosseux. Le nerf tibial, après avoir donné des filets à tous les muscles de la région postérieure de la jambe, se termine au niveau du calcanéum par deux branches, les nerfs plantaires externe et interne. Le nerf péronier fournit également des rameaux aux muscles de la région antérieure de la jambe, et se termine sur le dos du pied par de nombreux filets distribués aux muscles de cette région.

Je terminerai par la description du nerf grand sympathique.

Le grand sympathique (1) naît à la manière ordinaire, par deux groupes de racines : les unes qui partent des ganglions ophthalmique, sphéno-palatin et otique ; les autres qui proviennent du plexus caverneux, enlacent la carotide interne, puis la carotide primitive. Tous ces filets aboutissent au ganglion cervical supérieur.

Le ganglion cervical supérieur est un corps fusiforme allongé, situé contre la carotide, en avant de l'apophyse transverse de l'atlas, auprès des nerfs glosso-pharyngien, pneumogastrique, spinal et hypoglosse. Tous ces nerfs communiquent avec le ganglion cervical supérieur par de minces filets formant autour de lui le plexus guttural.

De ce ganglion part un long cordon accolé au pneumogastrique, mais non pas confondu avec lui ; car ces deux nerfs sont toujours faciles à séparer. En dehors de leurs connexions, leur volume suffit pour les faire distinguer l'un de l'autre ; le pneumogastrique est deux à trois fois plus gros que le sympathique.

Dans toute l'étendue de la région cervicale, le sympathique ne donne et ne reçoit aucune branche, et ne présente aucun renflement.

A son entrée dans la poitrine, le sympathique présente un léger renflement (ganglion cervical moyen), d'où partent trois ou quatre filets divergents, dont un plus volumineux, qui repré-

(1) Voy. fig. 78 et 79.
ARTICLE N° 5.

sente le tronc principal. Ce tronc principal offre après un très-court trajet un nouveau renflement considérable, du volume d'un grain de chènevis environ : c'est le ganglion cervical inférieur. Ce ganglion est le centre de huit à dix filets qui en partent comme les rayons d'une étoile, et dont les uns établissent des anastomoses avec le pneumogastrique d'une part, avec les nerfs rachidiens de l'autre. Les autres filets se distribuent à l'œsophage, au cœur, au médiastin, aux artères thoraciques.

Le ganglion cervical inférieur est situé entre la première et la deuxième côte.

A sa suite, la chaîne ganglionnaire descend tout le long de la colonne vertébrale, placée d'abord assez en dehors, au niveau de la tête des côtes ; mais bientôt elle se rapproche du plan médian du corps, et la double chaîne se place dans la gouttière formée par l'intervalle des deux muscles psoas, entre lesquels elle chemine également dans l'abdomen, jusqu'à son arrivée dans la cavité du bassin.

La série de ganglions qui constituent cette chaîne naissent par une racine qui part du nerf intercostal, et qui donne, à son origine même un épanouissement nerveux très-abondant, formant une espèce de ganglion secondaire. De l'autre côté du ganglion central partent des filets qui se distribuent à l'artère aorte dans tout son trajet thoraco-abdominal.

Au niveau de la quatorzième côte, le nerf grand splanchnique prend naissance par un gros filet, qui se renforce bientôt d'un filet né au niveau de la quinzième. Le nerf petit splanchnique se détache également par deux filets des deux ganglions situés au-dessous, c'est-à-dire au niveau de la quinzième et de la seizième côtes. Le grand splanchnique va former dans l'abdomen le ganglion semi-lunaire ; le petit splanchnique se réunit à la chaîne du sympathique en formant avec son concours le plexus rénal.

Les plexus abdominaux naissant du ganglion semi-lunaire et des ganglions de la chaîne sympathique sont très-nombreux et très-riches en filets nerveux. Ils forment une double série de ganglions en outre de la chaîne ganglionnaire, et constituent là des entrelacements nerveux très-abondants et reliés ensemble par des anastomoses innombrables. Ils envoient des filets à tous les viscères contenus dans l'abdomen et dans le bassin, en même temps qu'aux vaisseaux qui traversent ces régions.

Dans le bassin, la chaîne ganglionnaire continue son trajet sur les côtés des vertèbres sacrées, entre l'artère sacrée et le plexus lombaire. Elle se prolonge jusqu'à la dernière vertèbre sacrée sans offrir rien de remarquable dans son trajet ni dans sa terminaison.

Quant aux autres rapports du grand sympathique, il se trouve situé contre les gros troncs vasculaires qu'il longe en dehors, maintenu comme eux contre la paroi abdominale par le péritoine. Les artères et les veines intercostales et lombaires sont situées entre le grand sympathique et les muscles des parois thoraciques et abdominales.

ORGANES DES SENS.

L'organe de la vision est constitué, comme chez les autres Mammifères, par les yeux proprement dits et par les parties nommées souvent parties accessoires, et qui sont les sourcils, les paupières et l'appareil lacrymal.

Les sourcils sont très-nettement marqués par une arcade de poils plus serrés que ceux du voisinage, et surmontés d'une double rangée de soies noires, longues et roides, analogues à celles qui forment les moustaches. Ces soies sont au nombre de six à huit à chaque rangée, dont la disposition générale suit la courbure des sourcils et occupe la même étendue.

Je ne décrirai pas en détail la forme et la structure des paupières, qui présentent, comme d'habitude : une surface externe convexe, formée par la peau ; une surface interne concave, moulée sur la face antérieure du globe de l'œil ; un bord adhérent, un bord libre et deux commissures. La structure des paupières n'offre rien non plus de particulier : la membrane fibreuse, adhérente au pourtour de l'orbite, et se continuant par le cartilage tarse ; les glandes de Meibomius, le muscle orbiculaire des paupières et le releveur de la paupière supérieure ; les cils, la con-

jonctive, sont semblables à ce qu'on rencontre ordinairement.

Je dirai seulement un mot de la troisième paupière, désignée
aussi sous les noms de *membrane nictitante*, *paupière clignotante*,
corps clignotant.

Placé dans l'angle interne de l'œil, d'où il s'étend sur le globe
oculaire pour le débarrasser des corps étrangers, le corps clignotant est très-développé chez le Daman, et couvre environ la
moitié du globe de l'œil. Il est à remarquer que généralement
il existe un rapport inverse entre le développement du corps clignotant et la facilité qu'ont les animaux de se frotter l'œil avec
le membre antérieur. Ainsi, chez le Cheval et le Bœuf, dont le
membre thoracique ne peut servir à cet usage, le corps clignotant est très-développé ; il devient plus petit chez le Chien, qui
déjà peut un peu se servir de sa patte pour le remplacer ; il est
encore plus petit chez le Chat, et il devient rudimentaire dans le
Singe et dans l'Homme, chez qui la main est parfaite. Or, le
Daman présente cette disposition particulière, que, malgré son
aptitude à pouvoir se frotter l'œil avec la patte, il a le corps clignotant très-développé, ce qui le rattacherait sous ce rapport
aux grands Pachydermes.

Ce corps clignotant a pour charpente un fibro-cartilage épais
et prismatique à sa base, mince à sa partie libre, et recouvert
par un repli de la conjonctive. Je n'ai trouvé aucun muscle
destiné à ses mouvements, et sous ce rapport il rentre dans la
règle générale.

Au corps clignotant est annexée une glande de Harder assez
volumineuse, composée d'un seul lobe, placée entre le globe de
l'œil et la paroi interne de l'orbite, et débouchant par son conduit excréteur à la face interne du corps clignotant.

La glande lacrymale (1) est située en arrière de l'orbite, ce
qui s'explique quand on songe à l'étroitesse de la paroi orbitaire
externe, constituée par un simple ruban fibreux vertical, jeté
d'une apophyse à l'autre pour fermer l'orbite en dehors.

(1) Voy. fig. 45.

La glande lacrymale est située entre le globe oculaire et le muscle temporal; elle a la forme d'un croissant, très-richement alimenté par des divisions artérielles provenant de l'artère ophthalmique; elle reçoit aussi plusieurs rameaux nerveux fournis par la branche ophthalmique de Willis et le rameau lacrymal du maxillaire supérieur. A l'une de ses extrémités, la glande lacrymale se termine par de nombreux conduits qui cheminent entre le globe oculaire et l'orbite dans l'angle inférieur, et non pas dans l'angle supérieur de cette cavité. Ces conduits vont s'ouvrir à la face interne de l'angle externe des paupières, et versent là les larmes destinées à lubrifier la surface antérieure de l'œil.

Ces larmes s'échappent ensuite pour descendre dans les fosses nasales par les voies ordinaires. Entre le corps clignotant et l'angle interne de l'orbite, au fond du sillon courbe qui sépare le corps clignotant de la commissure interne des paupières, se trouve la caroncule lacrymale, petite saillie en forme de cône tronqué, à base postérieure, offrant une surface légèrement rugueuse, et constituée par un léger repli de la conjonctive qui recouvre quelques follicules agglomérés. En avant de la caroncule lacrymale, au-dessus et au-dessous de son extrémité antérieure, on voit deux petites ouvertures : ce sont les points lacrymaux. A la suite des points lacrymaux, viennent les conduits lacrymaux, d'abord étroits, mais qui s'élargissent bientôt, et se réunissent pour former le sac lacrymal. Le sac lacrymal se rétrécit en bas pour se continuer par le canal lacrymal ou nasal, long conduit qui s'engage dans le trou lacrymal, puis pénètre dans l'intérieur de la fosse nasale, et se place sous la concavité du cornet inférieur, en avant duquel il s'ouvre dans la narine.

C'est surtout dans les parties accessoires de l'appareil de la vision que j'ai trouvé quelques dispositions particulières. Pour le globe de l'œil lui-même, je n'ai rencontré aucune différence notable soit dans les enveloppes, soit dans les milieux de l'œil. Les muscles, les nerfs, les vaisseaux, offrent aussi leurs dispositions et leurs distributions ordinaires. C'est également ce qui a été constaté par Brandt (1). Je crois par conséquent inutile d'y insister.

Je commencerai la description de l'organe de l'ouïe par l'oreille externe; je passerai ensuite à l'oreille moyenne, et je finirai par l'oreille interne (2).

Le pavillon de l'oreille, en forme de cornet évasé, est recouvert en dehors de poils fins et serrés. A sa face interne, il porte aussi, surtout vers sa circonférence, un grand nombre de poils analogues qui s'opposent à l'entrée de la poussière dans l'oreille.

Au-dessous de la peau sont des muscles destinés à faire mouvoir l'oreille, et qui reposent sur une charpente cartilagineuse ayant la forme du pavillon, et fixée au pourtour du conduit auditif osseux.

La portion osseuse du conduit auditif externe, qui fait suite au pavillon de l'oreille, en rappelle assez exactement la forme, mais sur un plus petit modèle. Ce conduit représente un demi-cylindre court et horizontal, légèrement incliné en bas, en dedans et en avant. A sa terminaison interne, ce canal, au lieu de communiquer largement avec la cavité osseuse de l'oreille moyenne, en est séparé par une sorte de muraille demi-circulaire qui correspond exactement à la partie inférieure de la membrane du tympan : disposition déjà signalée par Hyrtl (3).

L'oreille moyenne est constituée par la caisse du tympan, qui est « étroite et en quelque sorte soufflée, pour devenir une espèce de vessie renflée, mais sans cellules » (4). Elle offre comme d'ordinaire la forme d'un tambour, mais d'un tambour très-aplati ; c'est-à-dire que les dimensions de cette cavité en travers sont très-réduites, tandis que, de haut en bas et d'arrière en avant, ces dimensions sont considérables.

En dehors, l'os tympanique est renflé, et forme une saillie volumineuse à la base du crâne.

(1) Brandt, *Mémoires de l'Acad. des sc. de St-Pétersb.*, 7ᵉ série, 1869, t. XIV, nº 2, p. 49.

(2) Voy. fig. 47 à 55.

(3) *Vergleichend anatomische Untersuchungen über das innere Gehörorgan des Menschen und der Säugethiere*, von Joseph Hyrtl. Prag, 1845, p. 21.

(4) Hyrtl, *op. cit.*, p. 21.

La membrane du tympan est encadrée dans un cercle tympanique énorme, car il n'a pas moins de 8 à 9 millimètres de diamètre. Cette membrane offre elle-même un diamètre très-peu inférieur. Les mesures que Hyrtl (1) lui attribue sont les suivantes :

Hauteur........   3 lignes (6 millimètres 6 dixièmes).
Largeur........   3 lignes 4 dixièmes (7 millim. 48 centièmes).

Cette membrane est appuyée en bas, à sa face externe, contre le demi-cercle osseux qui la sépare du conduit auditif externe, de sorte que la moitié supérieure seulement de cette membrane reçoit le choc de l'air qui apporte les ondes sonores. Il est vrai que la vibration ne s'en transmet pas moins à la membrane entière.

Cette disposition est peut-être en rapport avec le développement considérable du réservoir aérien placé sur le trajet de la trompe d'Eustache comme un diverticulum en forme d'anévrysme, et qu'on désigne sous le nom de *poche gutturale*. Le demi-cercle osseux placé à la limite de l'oreille externe et de l'oreille moyenne aurait alors pour objet de soutenir la membrane du tympan contre le poids de l'air intérieur contenu dans les poches gutturales, et qui peut, par la contraction des muscles du pharynx, être chassé brusquement dans l'oreille moyenne.

La paroi interne de la caisse tympanique, qui forme en même temps la paroi externe de l'oreille interne, offre une surface irrégulière, bosselée, et qui bombe dans l'oreille moyenne. Cette paroi présente en arrière et en haut une petite dépression ovalaire, dans laquelle est enchâssée la base de l'étrier, et qui est fermée à sa partie profonde par une membrane mince encadrée dans la fenêtre ovale. En avant et en bas, on trouve une autre ouverture circulaire, la fenêtre ronde, fermée également par une membrane. Cette membrane sert en quelque sorte de couvercle à l'extrémité de la rampe tympanique du limaçon, dont la direction se dessine par une saillie demi-cylindrique qui s'efface graduellement, à mesure qu'on s'avance vers l'extré-

(1) Hyrtl, *op. cit.*, p. 23.

mité interne du rocher, dans l'épaisseur duquel est creusé le limaçon. C'est à cette saillie qu'on a donné généralement le nom de *promontoire*. Le promontoire est peu saillant, comme Hyrtl l'a également constaté (1).

La circonférence de l'oreille moyenne, qui déborde d'une façon notable le cadre tympanique, est occupée, dans presque toute son étendue, mais surtout en arrière et en bas, par les cellules mastoïdiennes. Ces cellules, peu abondantes chez le Daman, occupent toute la circonférence de la caisse tympanique, excepté par en haut. Ce sont de petites cavités assez régulières, peu profondes, séparées par de minces cloisons, qui sont disposées autour du cercle tympanique comme les rayons d'une roue ; elles sont largement ouvertes dans la caisse du tympan. L'absence d'apophyse mastoïdienne chez le Daman, comme chez le Cheval, réduit à un très-petit nombre les cellules mastoïdiennes, qui, au contraire, chez les Carnassiers, forment un compartiment spécial de la caisse tympanique, mis en communication avec cette cavité par une ouverture unique.

Au surplus, les poches gutturales remplacent, comme réservoir aérien, les cellules qui seraient contenues dans l'apophyse mastoïde.

Vers la jonction du bord inférieur et du bord antérieur de la circonférence de l'oreille moyenne, tout près de la paroi interne, se trouve l'orifice interne de la trompe d'Eustache, étroit et ovalaire, qui n'offre d'ailleurs rien de particulier à signaler.

Enfin, les deux parois de la caisse du tympan sont reliées par la chaîne des osselets de l'ouïe, composée, comme d'ordinaire, de quatre pièces : le marteau, l'enclume, l'os lenticulaire et l'étrier.

Le marteau, situé à peu près verticalement, a un manche assez long, dont l'extrémité, adhérente au centre de la membrane du tympan, attire cette membrane et la fait saillir en dedans. La tête du marteau porte une facette qui s'articule avec l'enclume. La tête est séparée du manche par un étranglement qui consti-

<hr>

(1) Hyrtl, *op. cit.*, p. 23.

tue le col. Au-dessous du col se trouvent deux saillies rappelant assez exactement par leurs formes, leurs dimensions et leur situation réciproque, les deux trochanters du fémur humain. Ce qui représenterait le grand trochanter est adhérent à la partie correspondante de la circonférence de la membrane du tympan. Quant à l'analogue du petit trochanter, il donne insertion, d'une part, à une petite bride tendineuse qui semble faire fonction d'un ligament élastique, et qui va s'attacher au cadre tympanique en arrière et en haut ; et, d'autre part, il donne attache au muscle interne du marteau. Ce muscle est un petit faisceau pyramidal, logé dans une dépression de la circonférence tympanique antérieure, et adhérant par sa grosse extrémité à l'os temporal, un peu au-dessus de l'orifice de la trompe d'Eustache ; il se dirige d'avant en arrière en s'amincissant, et s'insère à la petite apophyse du col du marteau. Il a pour action d'attirer en dedans le manche du marteau et en même temps la membrane du tympan.

L'enclume, qu'on a souvent comparée à une dent molaire, présente un corps ou partie moyenne et deux branches ou jambes (*crura*). Le corps est creusé à sa partie externe d'une facette qui s'articule avec celle du marteau. La tête du marteau et le corps de l'enclume débordent notablement le cadre tympanique ; il en est de même de la branche supérieure de l'enclume. Cette branche est située sur le même plan que le corps, se porte horizontalement en arrière, et se termine par une pointe mousse. La branche inférieure, de même dimension que la branche horizontale, forme avec elle un angle droit. Elle se porte verticalement en bas, parallèlement au manche du marteau, qui la dépasse du double en longueur. A son extrémité inférieure, c'est-à-dire au niveau du milieu du manche du marteau, cette branche se recourbe en dedans, et s'articule avec l'os lenticulaire.

L'os lenticulaire est un petit tubercule circulaire, aplati, discoïde, qui relie la branche inférieure de l'enclume et la tête de l'étrier.

L'étrier, dont le nom rappelle exactement la forme, présente une direction à peu près horizontale. On lui reconnaît un sommet (ou tête), une base et deux branches. Le sommet, en forme de pointe tronquée, s'articule avec la face interne de l'os lenticulaire. Les branches, à peu près rectilignes et de dimensions sensiblement égales, circonscrivent un espace triangulaire et non pas arrondi, comme le veut Hyrtl; mais, pour la base de l'étrier, mes observations sont d'accord avec les siennes (1). Cette base, de forme elliptique, est plane à sa face qui regarde les branches ; sa face opposée, c'est-à-dire celle qui est en rapport avec la membrane de la fenêtre ovale, présente un renflement qui rappelle assez bien l'aspect des globules du sang chez les Oiseaux. D'après Owen (2), cette base est rarement ossifiée, excepté à sa circonférence. Je l'ai toujours trouvée complétement ossifiée. Cette base est enchâssée dans la fenêtre ovale, qu'elle ferme exactement.

L'oreille interne présente les mêmes parties que chez les autres Mammifères. Le labyrinthe qui la compose comprend sous le rapport de sa texture deux parties : l'une osseuse, et l'autre membraneuse. Sa forme permet de lui considérer deux portions : le vestibule et les canaux demi-circulaires d'une part, et d'autre part le limaçon.

Le vestibule, situé au centre du rocher, est le point où aboutissent les autres parties du labyrinthe. Il présente, comme d'ordinaire, une fossette hémisphérique et une fossette semi-elliptique. D'après Halmann, cité par Hyrtl, la portion mastoïdienne (*pars mastoidea*) ne manque pas tout à fait ; mais elle est très-peu développée. Les canaux demi-circulaires, au nombre de trois, sont placés en haut, en arrière et en dehors ; ils sont verticaux, et offrent une coupe circulaire. Les tubes arqués ont entre eux le même rapport que chez le Singe, c'est-à-dire que le plan du canal demi-circulaire externe coupe le plan du canal demi-circulaire postérieur en deux parties égales, dont l'une est sous le plan du canal demi-circulaire externe. Chaque canal est, comme chez les autres Mammifères, renflé en ampoule (3).

(1) Hyrtl, *op. cit.*, p. 75.
(2) *Anatomy of Vertebrates*, vol. III, p. 234. London, 1868.
(3) Hyrtl, *op. cit.*, p. 109.

Le limaçon est placé en bas, en avant et en dedans; la lame spirale le divise en deux rampes, dont l'une aboutit au vestibule et l'autre à la fenêtre ronde. Hyrtl lui attribue une cavité de $1^{mm},524$ et une largeur de $2^{mm},027$. Il a également mesuré, sur un cercle partagé en 360 divisions, son nombre de tours de spire, pour lequel il a trouvé le chiffre $3\frac{165}{360}$ (1). Il ne faut pas d'ailleurs attacher à cette estimation une importance excessive. S'il en est chez le Daman comme chez l'Homme, le nombre de ces tours de spire peut varier dans des proportions considérables. C'est du moins ce qui résulte des recherches du docteur Auzoux. M. Auzoux, pour la construction de ses modèles d'oreille de carton-pâte, a pris, à l'aide du plomb fondu, le moulage de plusieurs centaines d'oreilles humaines. Quand on examine cette curieuse collection, on voit que le limaçon de l'Homme offre tous les degrés possibles d'enroulement, depuis un seul tour de spire jusqu'à trois tours et demi. Une recherche intéressante consisterait à comparer le degré de finesse de l'ouïe avec ces enroulements du limaçon. Mais, quoi qu'il en soit à cet égard, ces variations anatomiques sont importantes à noter, et elles prouvent que l'on ne peut fixer une règle à ce sujet qu'après avoir examiné de très-nombreux individus. Or, c'est ce qui n'a été donné à personne encore pour l'animal qui fait le sujet de ce travail.

Dans une étude sur le labyrinthe auditif du *Dinotherium*, Claudius (2) a étudié comparativement l'organe auditif du genre *Hyrax*. D'après lui, les Pachydermes, les Solipèdes et les Ruminants ont une grande concordance dans la structure de leur labyrinthe, et le genre *Hyrax* offrirait une analogie marquée avec le *Moschus*, « peut-être, dit-il avec raison, à titre d'habitant des montagnes ». Le genre *Hyrax* a en outre, comme l'Hippopotame et les Suidés, un canal du limaçon allongé et peu divergent, offrant une extrémité élevée et grêle, et l'ampoule du dernier tour est plus étalée que chez le Cochon.

<hr>

(1) Hyrtl, *op. cit.*, p. 114.

(2) Claudius, *Das Gehörlabyrinth von Dinotherium*. Cassel, 1864, p. 7.

On trouve dans le Daman toutes les parties du labyrinthe membraneux moulées sur le labyrinthe osseux, ainsi que les liquides qui baignent ces parties, et qui entretiennent toutes les divisions du nerf acoustique dans l'état d'humidité et de souplesse nécessaire à l'exercice de leurs fonctions.

Le nerf acoustique pénètre dans le rocher, comme je l'ai déjà dit, par une ouverture distincte formant une fossette, au fond de laquelle se trouvent deux orifices, l'un en dehors pour la branche vestibulaire, l'autre en dedans pour la branche cochléenne ou limacienne. Ces deux branches se distribuent à la façon ordinaire dans le vestibule et dans le limaçon.

À l'étude de l'oreille moyenne se rattache celle de la trompe d'Eustache, qui présente une disposition spéciale.

La trompe d'Eustache est, comme on le sait, un étui fibro-cartilagineux, qui met en communication la cavité de l'oreille moyenne avec le pharynx. Elle sert à renouveler dans la caisse du tympan l'air nécessaire à la transmission des ondes sonores pour l'audition.

Son orifice tympanique est étroit, et débouche obliquement dans la caisse du tympan. Au contraire, l'orifice pharyngien, situé en arrière de l'ouverture gutturale des fosses nasales, à peu près au niveau de l'apophyse ptérygoïdienne, est évasé, et représente une grande fente oblique en bas et en dehors. La réunion de ces deux fentes, dont les angles supérieurs se touchent presque sur la ligne médiane, représente très-exactement la forme d'un V renversé (1).

La trompe d'Eustache présente dans sa partie moyenne une dilatation considérable, déjà signalée par le docteur Brandt (2), sorte de *diverticulum* qu'on retrouve chez les Solipèdes, et qui a été très-bien décrite chez le Cheval par MM. Chauveau et Lavocat (3). Plusieurs parties de cette description s'appliquent très-exactement au Daman ; je les reproduirai textuellement :

(1) Voy. fig. 55.

(2) *Bull. de l'Acad. des sc. de St-Petersbourg*, 3e série, 1862, t. V, n° 7, p. 508 ; et *Mémoires de l'Acad. des sc. de St-Petersbourg*, 7e série, 1869, t. XIV, n° 2.

(3) Chauveau, *op. cit.*, 2e édit., p. 888.

« Dans sa longueur, le conduit guttural est fendu inférieurement, et par cette longue ouverture la muqueuse s'échappe, et
descend pour constituer le grand sac particulier aux Monodac-
tyles, et connu sous le nom de *poche gutturale*.

» Au nombre de deux, une de chaque côté, les poches gutturales sont adossées l'une à l'autre dans le plan médian, et descendent jusqu'au niveau du larynx, où elles se terminent en cul-de-
sac, constituant leur fond.

» D'avant en arrière, elles s'étendent depuis la partie antérieure du pharynx jusqu'à la face inférieure de l'atlas....

» De forme irrégulière, comme l'espace où elle se déploie,
la poche gutturale répond, en haut et en arrière, à la base du
sphénoïde et de l'occipital. Quand ce réservoir est distendu, sa
partie inférieure ou son fond descend sur les parties latérales
du pharynx et du larynx.....

» Les poches gutturales, communiquant avec l'arrière-bouche
et la cavité tympanique, renferment habituellement de l'air ; la
quantité de ce fluide peut varier dans l'état physiologique, suivant que les réservoirs membraneux sont dilatés ou non....

» Quoi qu'il en soit, les fonctions des poches gutturales sont
loin d'être connues. On ne saurait affirmer qu'elles servent au
perfectionnement de la phonation ; leurs usages paraissent plutôt relatifs à l'audition, si l'on considère que ces annexes du
conduit guttural du tympan coïncident chez les Solipèdes avec
un développement de cellules mastoïdiennes moindre que chez
les autres animaux. »

J'ajouterai que la capacité de chacune de ces poches est d'environ 2 centimètres cubes, volume relativement considérable,
puisque chez le Cheval cette capacité n'est guère que de 4 déci-
litres.

J'arrive maintenant à l'étude de l'organe de l'odorat (1).

Les cavités nasales, au nombre de deux, placées symétrique-
ment de chaque côté du plan médian, offrent à considérer trois
parties : 1° leur orifice antérieur ; 2° leur orifice postérieur ;

(1) Voy. fig. 56 et 57.

3° les fosses proprement dites qui constituent ces cavités, avec les sinus osseux qui s'y rattachent.

Les orifices antérieurs des cavités nasales, ou narines, sont deux ouvertures obliques, dont la réunion présente la forme d'un V. Chaque narine se compose elle-même de deux orifices juxtaposés à la manière des deux moitiés d'un sablier. L'orifice externe et supérieur se termine par un cul-de-sac : c'est la fausse narine ; l'orifice interne et inférieur, plus considérable, est la vraie narine, et se prolonge en arrière dans les fosses nasales.

Chaque narine est entourée d'un cercle noir assez considérable, dont la moitié supérieure est entrecoupée de crevasses nombreuses, circonscrivant des espèces de saillies qui, vues au microscope, ont la disposition de papilles aplaties, régulièrement disposées et incrustées d'une énorme quantité de cellules pigmentaires noires.

Les deux narines sont séparées à leur partie inférieure par un sillon vertical qui augmente de profondeur et de largeur à mesure qu'il se rapproche des lèvres. Tout le long de son trajet, il est accompagné à droite et à gauche par un sillon étroit et superficiel, dont chacun part de la commissure inférieure de la narine vraie, et s'arrête également au bord libre de la lèvre supérieure.

La narine vraie, en pénétrant dans les fosses nasales, s'élargit immédiatement d'une façon considérable. Le conduit qui lui fait suite est placé à un niveau inférieur, et fait un coude avec la direction du conduit même de la narine qui est presque vertical, tandis que le canal même de la fosse nasale est horizontal.

Les orifices postérieurs des cavités nasales sont situés au niveau de la partie moyenne de la dernière dent molaire. Ils ont une forme ovalaire transversalement, et sont séparés l'un de l'autre par le vomer. Là ils se réunissent en un conduit commun très-allongé, qui a pour plafond le sphénoïde et l'os basilaire, pour parois latérales les os ptérygoïdiens, et pour plancher le voile du palais très-allongé. Là se trouvent les orifices des trompes d'Eustache.

Les fosses nasales proprement dites présentent le même degré de complication que dans les autres Mammifères, et exigent une description détaillée. Elles sont creusées dans l'épaisseur de la tête, au-dessus de la voûte palatine, et sont séparées l'une de l'autre par une cloison cartilagineuse verticale qui n'existe pas dans le squelette. Elles suivent une direction parallèle au grand axe de la tête, et leur longueur dépasse un peu celle de la face en arrière. On peut considérer à chacune d'elles un plafond, un plancher, deux parois latérales et deux extrémités.

Les fosses nasales, très-étroites en comparaison de leur hauteur, ont pour plafond une simple gouttière surmontée de l'os nasal. Le plancher, un peu plus large que le plafond, est concave transversalement, et repose sur la partie de l'os maxillaire qui constitue la voûte palatine. Il paraît plus élevé en avant qu'en arrière ; mais ce n'est là qu'une simple apparence due à la présence de l'organe de Jacobson, qui limite cette gouttière en dedans. En avant, en effet, la gouttière qui forme le plancher est séparée de la cloison médiane des fosses nasales par un organe désigné sous le nom d'*organe de Jacobson*. C'est une sorte de tube allongé, qui commence par un cul-de-sac au niveau de la deuxième dent molaire. Il longe d'arrière en avant le bord inférieur du vomer, et se termine, après un trajet d'un centimètre environ, par une extrémité coudée qui descend dans le trou incisif. Cet organe est enveloppé dans toute sa circonférence par une gaîne cartilagineuse. Entre sa paroi et son canal central, cet organe contient un très-grand nombre de sinus veineux, qu'on a souvent pris à tort pour des glandes. Cet organe reçoit des filets du nerf olfactif, et des divisions nerveuses du rameau naso-palatin du trijumeau. Il se termine sur un bourrelet cartilagineux allongé qui ferme le trou incisif, et remplace en ce point la voûte palatine osseuse.

En avant de l'organe de Jacobson, le plancher de la fosse nasale présente une espèce d'entonnoir qui se continue profondément par un canal vertical : c'est le canal de Sténon. Ce canal se termine également dans la substance cartilagineuse qui ferme l'ouverture du trou incisif ; mais, par une exception à la règle habituelle, il est tout à fait indépendant de l'organe de Jacobson, dont il ne reçoit pas l'extrémité terminale et dont il est séparé dans toute sa longueur par une paroi cartilagineuse.

La paroi interne est formée par la cloison nasale, c'est-à-dire en bas par le vomer, en haut par la lame verticale de l'ethmoïde et par la cloison cartilagineuse qui lui fait suite en avant. La lame perpendiculaire de l'ethmoïde se termine en avant et en bas par une ligne courbe qui suit à peu près le contour tracé par les volutes ethmoïdales à leur extrémité; la grande volute ethmoïdale dépasse seule cette limite.

Quant à la paroi externe, elle est de beaucoup la plus compliquée, à cause des lamelles osseuses enroulées qui constituen les cornets. Voici l'aspect général que présente cette paroi recouverte de la membrane pituitaire, la tête étant supposée horizontale, c'est-à-dire reposant à plat sur la série des dents molaires.

A la partie supérieure, occupant environ le tiers moyen de la longueur, on voit une surface triangulaire allongée d'arrière en avant, à base postérieure, à sommet tronqué antérieur. C'est le cornet supérieur (1). Sa base offre une échancrure triangulaire dans laquelle pénètre, comme un coin, une des volutes de l'ethmoïde, désignée quelquefois sous le nom de cornet moyen. Au-dessous, occupant à peu près la même étendue, mais dirigé obliquement de bas en haut et d'avant en arrière, se trouve le cornet inférieur. Les deux cornets sont en contact, et ne sont séparés l'un de l'autre que par une échancrure étroite, assez profonde, qui remonte obliquement en haut sous la lame descendante du cornet supérieur; cette échancrure a reçu le nom de méat moyen. La dépression assez légère qui sépare le cornet supérieur de l'os nasal est le méat supérieur. Quant au méat inférieur qui sépare le cornet inférieur de la voûte palatine, il se confond en arrière avec le plancher de la fosse nasale; mais en avant il s'en sépare, et remonte au-dessus de la saillie que produit dans l'os prémaxillaire la racine courbe de la dent incisive. Les deux cornets, supérieur et inférieur, se prolongent en

____

(1) Voy. fig. 56.

avant par une portion cartilagineuse, recouverte, comme la portion osseuse, par la membrane pituitaire.

Les volutes ethmoïdales, qui forment la partie postérieure de la paroi externe des fosses nasales, sont au nombre de quatre, disposées à la façon des branches d'un éventail, libres par leur extrémité antérieure plus évasée, adhérentes par leur extrémité postérieure plus étroite à la lame criblée de l'ethmoïde, à laquelle elles sont comme suspendues. La volute antérieure, de forme triangulaire, tient à l'ethmoïde par un pédicule étroit, puis elle s'élargit considérablement, et l'un de ses angles pénètre dans une dépression correspondante du cornet supérieur. La volute suivante est très-étroite, à peu près cylindrique, et s'arrête au niveau du bord terminal de la première. La volute qui vient après est beaucoup plus large, de forme trapézoïdale, plus large à son extrémité libre qu'à son extrémité adhérente. Enfin, la dernière volute a un bord antérieur rectiligne et un bord postérieur curviligne qui s'étend d'une extrémité à l'autre.

« Pour se faire une idée, dit Cuvier (1), des cellules ethmoïdales dans la plupart des animaux, il faut se représenter un grand nombre de pédicules creux, tous attenant à l'os cribleux. Ils se portent en avant et en dehors ; et, à mesure qu'ils avancent, les plus voisins s'unissent, et il en naît des vésicules qui grossissent à mesure qu'elles deviennent moins nombreuses. Toutes sont creuses, et entre elles sont une infinité de conduits ou de rues communiquant toutes les unes avec les autres. »

Chez le Daman, ces vésicules forment deux groupes verticaux, l'un interne, l'autre externe, reliés d'ailleurs l'un à l'autre par de nombreux replis des lamelles osseuses. Le groupe interne est constitué par les quatre volutes dont je viens de parler. Quant au groupe externe, il est composé de cellules moins nombreuses, mais plus vastes ; elles sont au nombre de trois, et leur ensemble forme en dehors une saillie arrondie qui sépare l'un de l'autre les deux sinus maxillaires.

L'orifice qui fait communiquer les sinus maxillaires avec les

____

(1) *Anat. comp.*, 2ᵉ édit., t. III, p. 687.

ARTICLE Nᵒ 5.

fosses nasales est situé vers la partie supérieure du sillon profond qui limite en avant les volutes ethmoïdales, au niveau de la partie moyenne du bord de la volute antérieure. Le sillon qui limite en bas la dernière volute ethmoïdale fait communiquer le sinus sphénoïdal avec les fosses nasales.

L'extrémité antérieure des fosses nasales est constituée par la narine, en arrière de laquelle se voit, au fond d'une dépression légère, l'orifice inférieur du canal nasal qui se prolonge sous le cornet inférieur.

L'extrémité postérieure des fosses nasales communique avec le pharynx par les arrière-narines, dont il a été question plus haut. En haut, les volutes ethmoïdales terminent en arrière les fosses nasales; elles sont séparées des arrière-narines par une lamelle osseuse venant du sphénoïde, qui sert de plancher au canal de communication avec les sinus sphénoïdaux.

Les rameaux du nerf ou plutôt du bulbe olfactif, qui présente, comme je l'ai déjà dit, un volume considérable, traversent la lame criblée de l'ethmoïde située très-obliquement, et, à leur sortie de cette lame, se dirigent à peu près horizontalement sous la voûte formée par l'os nasal, le long de la cloison médiane. Mais bientôt il se détache des rameaux qui descendent obliquement sur les parois des fosses nasales pour se répandre dans toute l'épaisseur de la membrane pituitaire.

Je terminerai par l'étude des cornets et des sinus.

Les cornets osseux, dépouillés de la membrane pituitaire, se distinguent facilement l'un de l'autre par leur origine et par leur forme.

Le cornet supérieur est confondu en arrière avec l'ethmoïde, dont il n'est réellement qu'une volute très-allongée. Il est formé d'une lame de tissu compacte mince comme une feuille de papier et très-fragile, fixée par son bord supérieur à la crête longitudinale interne de l'os nasal. Cette lame descend à peu près verticalement, en suivant cependant une direction légèrement oblique en bas et en dedans. Arrivée au niveau du méat moyen, cette lame se replie brusquement sur elle-même en dehors et en haut, et forme ainsi une gouttière assez étroite, qui se rétrécit encore beaucoup plus en arrière qu'en avant, et qui occupe environ la moitié inférieure du cornet. Sa face externe est concave ; sa face interne est bombée, et présente en arrière une dépression triangulaire pour loger la volute ethmoïdale, qu'on désigne souvent sous le nom de *cornet moyen*. En avant, l'extrémité du cornet se prolonge par une lame fibro-cartilagineuse jusqu'à l'orifice externe du nez. La forme générale du cornet est celle d'un triangle allongé, à sommet obtus, la base étant tournée en arrière et la pointe en avant.

Le cornet inférieur, tout à fait indépendant de l'ethmoïde, a la même structure que le cornet supérieur ; il est, comme lui, très-mince et très-fragile, quoique formé de tissu compacte. En raison de son point d'attache, on lui donne souvent le nom de *cornet maxillaire*. Il est un peu moins long que le cornet supérieur, et a une forme assez différente. Son bord supérieur s'applique intimement sur une saillie interne de l'os maxillaire, déterminée par la présence de l'alvéole de la dent incisive. Cette saillie, vue de profil, a la forme d'une courbe à convexité supérieure, et c'est sur cette ligne courbe que s'insère le cornet maxillaire. La lame qui constitue ce cornet se dirige d'abord horizontalement en dedans ; mais bientôt elle se recourbe à angle droit pour se diriger en bas, et elle se termine par un bord droit et net, sans repli ni bourrelet. En arrière, cette lame descend beaucoup plus bas qu'en avant, et son aspect général est celui d'un ruban osseux étendu d'arrière en avant et de bas en haut, et dont les deux bouts seraient taillés en biseau suivant une ligne horizontale. Ce cornet présente ainsi la figure assez exacte d'un parallélogramme à côtés réciproquement obliques les uns sur les autres, adhérent par son bord antéro-supérieur assez court et par son bord postéro-supérieur plus long, libre par son bord postéro-inférieur assez court et par son bord antéro-inférieur plus long. Les bords supérieur et inférieur sont courts et horizontaux ; les bords antérieur et postérieur sont dirigés obliquement de haut en bas et d'avant en arrière. L'angle formé par la réunion du bord supérieur et du bord antéro-inférieur, c'est-à-dire l'extrémité antérieure du cornet, se continue en avant par une lame fibro-cartilagineuse qui sert de voûte à l'extrémité nasale du canal lacrymal, et qui forme le bord externe de l'orifice inférieur de ce canal.

L'espace qui reste libre entre les deux cornets supérieurs (la cloison étant enlevée) est beaucoup plus large que celui qui sépare les deux cornets inférieurs ; cet espace est quelquefois le double de l'autre.

Les sinus sont au nombre de trois de chaque côté : le sinus frontal, le sinus maxillaire et le sinus sphénoïdal.

Le sinus frontal est allongé d'avant en arrière et de dehors en dedans. Il ne se prolonge pas en arrière dans les autres os du crâne, comme cela se voit chez l'Éléphant et chez le Cochon. En avant, il ne s'ouvre pas immédiatement dans les fosses nasales; mais il communique par une ouverture percée au centre de sa paroi antérieure avec le sinus maxillaire.

Le sinus maxillaire est double, et l'on peut lui reconnaître une partie supérieure et une partie inférieure, séparées l'une de l'autre par la saillie de la face externe de la masse latérale de l'ethmoïde, et par le canal du nerf sous-orbitaire.

Le sinus maxillaire supérieur, borné en arrière par la cloison osseuse très-mince qui le sépare du sinus frontal, est placé sur la paroi interne de l'orbite, dont il suit assez exactement les contours. Le sinus maxillaire inférieur, creusé dans l'os maxillaire, et s'enfonçant en arrière jusqu'au niveau de la dernière molaire, s'ouvre en avant dans une cavité qui lui est commune avec le sinus maxillaire supérieur. Cette cavité commune, sorte de vestibule des deux sinus, communique avec les fosses nasales par une ouverture située vers le milieu du bord libre de la grande volute ethmoïdale.

Enfin le sinus sphénoïdal, creusé dans l'épaisseur du sphénoïde, a une forme assez irrégulière. Plus étroit en arrière qu'en avant, il s'ouvre dans les fosses nasales par un conduit situé entre la masse latérale de l'ethmoïde et une lame osseuse provenant du sphénoïde. Les deux sinus sphénoïdaux sont séparés sur la ligne médiane par une cloison mince, souvent perforée, qui n'envoie aucun prolongement dans ces sinus.

La membrane pituitaire, qui recouvre comme d'habitude toutes les parties des fosses nasales, en suit tous les replis et pénètre dans tous les sinus, où elle se continue en tapissant exactement leurs cavités. Elle se prolonge également dans l'intérieur du canal de Sténon.

J'arrive à l'organe du goût.

La langue (1) est étroite et allongée, comme tronquée en avant, ovalaire et plus épaisse en arrière. Elle est attachée au plancher de la bouche par un frein assez long et de peu d'épaisseur.

Au milieu de la langue environ se trouve une espèce de trou en forme de croissant, à concavité postérieure, et que recouvre un bourgeon à base large, dont l'aspect rappelle celui de l'extrémité d'une petite langue dont la base serait enfouie. Cette disposition avait été déjà signalée par Pallas d'une façon très-nette : « *Basis (linguæ)... antice sinu et supra eum bulbo* » *convexo terminata* » (2). Cette saillie, qui rappelle une disposition analogue chez le Lièvre, le Castor, le Cochon d'Inde, le Porc-épic (3), tendrait à rapprocher le Daman des Rongeurs.

La moitié antérieure de la langue est conformée supérieurement en dos d'âne ; et de la crête médiane qu'elle présente partent latéralement des sillons irréguliers qui s'avancent jusqu'à ses bords. Ces sillons ne sont autre chose que l'empreinte des saillies en croissant qui garnissent la voûte palatine, de même que la crête médiane de la langue n'est que l'empreinte de la dépression palatine qui sépare les deux rangées de croissants.

Les deux bords de la langue portent encore chacun un sillon longitudinal composé de dépressions successives, et qui représente l'empreinte des dents.

Toute la partie antérieure de la langue est recouverte d'un épiderme très-épais, qui ne laisse apercevoir aucune papille à l'œil nu. Cependant une coupe verticale, examinée au micros-

(1) Voy. fig. 12.

(2) *Miscell. Zool.*, p. 35.

(3) Voy. Meckel, *Anat. comp.*, t. VIII, p. 593, 594 ; et Siebold et Stannius, *Manuel d'anat. comp.*, t. II, p. 455.

ARTICLE N° 5.

cope, permet de constater sous cette couche épithéliale une innombrable quantité de papilles filiformes. Au contraire, la base de la langue, le pharynx et le voile du palais, portent une très-grande quantité de papilles hémisphériques, recouvertes d'un épiderme très-mince et facile à détacher.

On ne trouve à la partie postérieure de la langue aucune trace des papilles caliciformes, et de leur disposition ordinaire en forme de V. Mais sur les côtés de la partie postérieure de la langue, on trouve une vingtaine de papilles fungiformes, dont la moitié environ ont un volume double des autres, disséminées irrégulièrement sur le bord de la langue.

Enfin, vers la base de la langue, de chaque côté, on trouve ce que Brandt (1) a nommé des fentes fines disposées sur une ligne courbe, et dont l'ensemble constitue de chaque côté une papille foliacée (*papilla foliata*), longue d'un centimètre et demi et large de 3 à 4 millimètres. Cette papille agrégée (qu'on retrouve chez quelques Rongeurs, comme le Rat et le Lapin) est composée de douze papilles secondaires, constituées elles-mêmes par des papilles filiformes agminées. Chaque papille secondaire contient à sa base un certain nombre de glandes. Dans le voisinage de la papille foliacée, on ne trouve que les papilles filiformes de toute la surface de la langue, avec des glandules à leur base (2).

Lorsqu'on ouvre le plancher de la bouche par sa face inférieure, on a d'abord, comme d'habitude, à enlever le large muscle qui forme ce plancher, le muscle mylo-hyoïdien, dont les attaches n'ont rien de particulier. Une fois ce muscle enlevé, on trouve vers la base de la langue, à sa partie médiane, une certaine quantité de tissu adipeux, désigné par certains anatomistes sous le nom de *noyau graisseux de Baur* (3), accompagné d'un ganglion lymphatique volumineux, ovoïde, rattaché par sa base aux veines de la langue (4).

(1) *Op. cit.*, p. 49.
(2) Voy. fig. 59, 60, 61, 62 et 63.
(3) Chauveau, p. 359.
(4) Voy. fig. 58.

Les muscles de la langue peuvent se diviser en trois groupes principaux (1) :

1° Au milieu, un muscle vertical qui s'insère à l'apophyse géni, le génio-glosse, en forme d'éventail, qui porte la langue en avant.

2° En dehors, s'insérant à l'apophyse paramastoïde, le stylo-glosse, petit et allongé, qui porte la langue en haut et en arrière.

3° Au milieu, s'insérant aux baguettes hyoïdiennes et à la membrane qui les relie, l'hyoglosse, large et multiple, qui porte la langue en bas et en arrière. Il a été subdivisé par Cuvier en chondro-glosse, basio-glosse et cérato-glosse.

Les fibres de tous ces muscles (2) s'entrecroisent dans la langue pour former le muscle lingual, qui a également été l'objet de plusieurs subdivisions; mais ces subdivisions, difficiles à obtenir d'une façon nette par la dissection, sont trop souvent artificielles pour être à l'abri de toute contestation. Je désignerai donc sous le seul nom de *muscle lingual* l'entrelacement à peu près inextricable de toutes les fibres terminales des trois groupes musculaires désignés plus haut.

Les nerfs de la langue sont, comme d'habitude, au nombre de trois, et n'offrent rien de particulier sous le rapport de leur origine, ni de leur distribution; ils présentent entre eux de très-nombreuses anastomoses (3). Ces anastomoses sont surtout fréquentes entre le grand hypoglosse et le glosso-pharyngien. A leur portion terminale, vers la pointe de la langue, ils présentent une de ces anastomoses sous forme d'un ruban ondulé, où la dissection isole des fibrilles très-nombreuses qui s'en détachent presque à angle droit pour s'enfoncer dans la substance de la langue.

J'ajouterai, comme Cuvier en avait déjà fait la remarque (4), qu'on suit plus aisément les filets qui vont aux papilles du dessous du bout de la langue que ceux qui vont à la face supérieure,

(1) Voy. Meckel, *Anat. comp.*, t. VIII, p. 343.
(2) Voy. fig. 58.
(3) Voy. fig. 58.
(4) *Anat. comp.*, t. III, p. 744.

ARTICLE N° 5.

parce que, les principales branches rampant à la face inférieure, les filets qui vont à l'autre face disparaissent aisément, à cause de leur ténuité, dans l'épaisseur des chairs qu'ils sont forcés de traverser. Ces filets montent parallèlement entre eux, et arrivent très-perpendiculairement à la surface où ils aboutissent.

L'étude du sens du toucher comprend en même temps celle de la peau dont il est le siége, et des poils qui la recouvrent.

Le corps du Daman est recouvert d'une fourrure épaisse, molle, de couleur foncée, plus claire sous le cou et sous le ventre. Je ne parlerai pas ici des différences de couleur que peut offrir cette fourrure; j'y reviendrai en examinant les espèces qu'on a créées d'après la variation de ce caractère.

Dans différentes parties du corps, et spécialement sur la lèvre inférieure, sur les joues, sur les sourcils, sur le dos, sur les côtés de la poitrine, on voit un certain nombre de soies roides, que Pallas compare aux épines du Porc-épic (1). Ces soies sont bien loin d'avoir une pareille rigidité. Vosmaer (2) suppose, avec beaucoup de vraisemblance, que «ces poils sont destinés à avertir l'animal de l'approche ou de la proximité des corps qui peuvent lui être nuisibles, ou se trouver en son chemin dans sa demeure souterraine. Peut-être lui indiquent-ils, par leur impression sensible, la mesure de grandeur qu'il doit donner à ses terriers, à ses logements. » Cette sorte de pressentiment sur l'importance des poils tactiles chez les Mammifères a reçu, tout récemment encore, de nombreuses confirmations (3).

La plupart de ces grandes soies sont blanches dans une partie de leur longueur. A l'examen microscopique, on voit que cette couleur blanche est due à la présence d'un grand nombre de cellules centrales remplies d'air, qui, à la lumière réfléchie, donnent une couleur blanche, et à la lumière réfractée, une couleur noire (4).

(1) *Spicilegia zool.*, p. 20.

(2) *Monographies*. Amsterdam, 1767, p. 7.

(3) Jobert, *Études d'anatomie comparée sur les organes du toucher chez divers Mammifères, Oiseaux, Poissons et Insectes* (Ann. des sc. nat., 5ᵉ série, 1872, t. XVI, et *Bibliothèque de l'École des hautes études, section des sciences naturelles*. t. VI, 1872.

(4) Voy. fig. 73 et 74.

Quant aux poils fins, au lieu d'être disséminés d'une façon régulière, ils sont réunis par groupes, dont le nombre varie depuis cinq jusqu'à quinze dans un follicule unique, garni seulement de deux glandes sébacées qui viennent s'ouvrir sur ses côtés, vers le milieu de sa longueur (1). Chacun de ces poils a d'ailleurs son follicule propre, que l'on met très-bien en évidence par des coupes tangentielles à la surface de la peau (2).

Chez certains Carnassiers, comme les Chiens, on trouve aussi des bouquets de quatre ou cinq poils réunis dans un seul follicule.

La peau présente d'ailleurs la même structure et les mêmes couches que celle des autres Mammifères. La couche pigmentaire qui recouvre le derme est très-épaisse par places, et contient des cellules étoilées de pigment en très-grande quantité.

Chez le Daman comme chez presque tous les Mammifères, la main et le pied ont perdu la délicatesse tactile qu'ils ont chez l'Homme, ce qui s'explique suffisamment par le frottement de la marche, qui émousse promptement la sensibilité.

Le nombre des doigts chez notre animal est de quatre devant et de trois derrière. Il y a d'ailleurs d'autres différences importantes entre les extrémités antérieures et postérieures (3).

Au pied de devant, les doigts sont réunis par la peau jusqu'à l'ongle. Le doigt externe surtout est uni d'une façon très-étroite à son voisin, dont il suit tous les mouvements. Les trois autres gardent entre eux un peu plus d'indépendance, parce que le repli de la peau est un peu lâche, et simule une courte membrane interdigitale. L'extrémité de chaque doigt est arrondie et recouverte d'un ongle noir, aplati, tout à fait semblable à l'ongle de l'Homme, et qui, usé carrément, est débordé d'une façon très-notable par l'extrémité du doigt. Le squelette possède en outre un pouce rudimentaire, qui est toujours caché sous la peau.

Le pied de derrière n'a que trois doigts, sans rudiment de pouce et sans vestige de cinquième doigt ; ce sont donc les trois du milieu qui ont persisté. Les deux doigts externes, réunis par la

(1) Voy. fig. 71.
(2) Voy. fig. 72.
(3) Voy. fig. 64 à 68.

peau jusqu'à la dernière phalange, se terminent comme ceux de devant, et ont les mêmes ongles. Mais le doigt interne a des caractères tout particuliers. D'abord il se détache des autres doigts d'une façon complète, et est doué de mouvements tout à fait indépendants. En outre, il est armé d'un ongle oblique et crochu, muni d'un double tranchant, et contourné autour de l'extrémité de la phalange. Sa forme est assez irrégulière, et rappelle celle de la coquille du mollusque nommé *Scaphander lignarius*. Enfin la phalange qui porte cet ongle est peut-être unique dans la classe des Mammifères, car elle est fourchue, et ses deux pointes sont l'une au-dessus de l'autre ; dans les Fourmiliers et les Pangolins, il y a aussi des phalanges fourchues, mais les deux pointes sont à côté l'une de l'autre. Entre ces deux pointes s'engage un prolongement corné qui se détache de l'ongle, comme une cloison qui descendrait d'une voûte. Cette disposition assure à l'ongle une solidité plus grande encore.

Les fonctions de cet ongle singulier ont donné lieu aux conjectures les plus diverses. D'après Pallas, ce doigt du pied de derrière sert à pousser le corps en avant, et à rejeter la terre dans les fouilles que fait l'animal (1). D'après le comte Mellin (2), ce doigt interne se trouve élevé au-dessus de la terre dans toute espèce de mouvement que fait l'animal, et cet ongle ne touche jamais la terre. A cause de sa minceur, il ne paraît pas propre à creuser la terre. Il sert beaucoup plus probablement au Daman, suivant le comte Mellin, pour saisir ou chasser les vermines, ce que ne pourraient faire les autres ongles arrondis et aplatis.

La face palmaire et la face plantaire des pieds de devant et de derrière est dépourvue de poils et complétement lisse, et présente seulement divers plissements de la peau dus aux mouvements. Les saillies que circonscrivent ces sillons ne sont pas dues à une conformation intérieure particulière. D'après M. Schweinfurt dans le récit qu'il a fait de son voyage au cœur de l'Afrique de 1868 à 1871, les coussinets de la paume des mains et de la

---

(1) *Spicilegia zool.*, p. 21.
(2) *Schriften der Berlin. Ges. nat. Freunde*, t. III, 1872, p. 273.

plante des pieds peuvent faire le vide en s'écartant; et c'est à
ce mouvement de ventouse qu'il attribue l'adhérence de ces
animaux contre les parois lisses et verticales des rochers (1).

L'épiderme de ces parties est très-épais, résistant, et adhère
fortement aux parties sous-jacentes. La couche pigmentaire est
épaisse là comme partout, mais plus encore que partout ailleurs.
En effet, chez cet animal plantigrade, la paume des mains et la
plante des pieds sont d'un noir foncé, comparable pour la couleur
au cercle pigmentaire qui entoure l'entrée des narines.

Si l'on fait une coupe perpendiculaire mince à travers le
derme préalablement dépouillé de l'épiderme (2), on voit que
les papilles du derme sont pour la plupart réunies par groupes
de deux ou trois reposant sur une base commune. De plus, il est
à noter que les conduits excréteurs des glandes sudoripares, au
lieu de s'ouvrir, comme d'habitude, entre les papilles, traversent
leur épaisseur pour gagner la surface de la peau : disposition
assez curieuse, mais déjà signalée dans le bec de l'Ornitho-
rhynque par M. Jobert (3). Ces papilles sont d'ailleurs parcourues
comme d'ordinaire par des anses vasculaires; mais elles sont
très-pauvres en filets nerveux, ce qu'il était facile de prévoir
à l'avance.

Je n'ai pas insisté sur la couleur des poils, ni sur le plus ou
moins de mollesse ou de rigidité de la fourrure, parce que j'en
parlerai en détail à propos des diverses espèces. Je rappellerai
seulement qu'on trouve chez tous les animaux de cette famille,
au niveau des vertèbres lombaires, une touffe de poils dont la
couleur n'est pas la même que celle du reste de la fourrure.
Cette tache dorsale, tantôt noire, tantôt blanche, tantôt jaune,
mais toujours de la même couleur chez les mêmes espèces, porte
à son centre un petit espace circulaire, d'un centimètre environ
de diamètre, dépourvu de poils, et désigné souvent sous le nom
de *nudité glanduleuse* du dos. Ces glandes supposées n'ont jamais

____

(1) *Heart of Africa*, p. 385.
(2) Voy. fig. 69 et 70.
(3) *Ann. des sc. nat.*, 5ᵉ série, 1872, t. XVI, pl. 4, fig. 20.

été vues par personne. Ehrenberg (1) les a cherchées en vain. Je n'ai pas été plus heureux que lui, et toutes mes recherches pour trouver là un appareil glandulaire spécial ont été infructueuses.

APPAREIL URO-GÉNITAL.

Les reins sont situés à la partie supérieure de l'abdomen, le rein droit notablement plus haut que le rein gauche, qu'il dépasse environ d'un quart de sa longueur (2).

Chaque rein est unique, et n'offre pas les subdivisions qu'on rencontre chez quelques Mammifères. Sa surface n'est pas même bosselée, comme chez l'Éléphant et le Rhinocéros (3) : elle est lisse et unie comme dans l'espèce humaine. Sa forme est d'ailleurs la même que chez l'Homme, celle d'un haricot.

J'ai trouvé pour cet organe, examiné sur deux individus, les dimensions moyennes suivantes :

Longueur. . . . .   40 à 42 millimètres.
Largeur . . . . 20 à 25
Épaisseur . . . . 15 à 18

Ces chiffres se rapprochent sensiblement de ceux de Martin (4) qui assigne au rein comme longueur un pouce trois quarts (43 millimètres), et comme largeur trois quarts de pouce (18 millimètres). Brandt (5) a trouvé des dimensions analogues.

Le poids moyen du rein est de 9 à 10 grammes, soit environ le deux-centième ou le deux-cent-vingtième du poids total du corps.

Au-dessus de chaque rein se trouve une capsule surrénale ovoïde, allongée transversalement, recouverte par le repli péritonéal chargé de graisse qui tient le rein appliqué étroitement contre la paroi dorsale de l'abdomen.

La proportion de la substance corticale avec la substance mé-

(1) « *Glandulam sub cute, cutisve in loco macula dorsalis frustra aliquoties quæsivi.* » (*Symbol. phys.*)
(2) Voy. fig. 8, 9, 10, 80.
(3) Siebold et Stannius, *Manuel d'anat. comp.*, t. II, p. 498.
(4) *Proceed.*, 1835, p. 15.
(5) *Op. cit.*, p. 71.

dullaire varie suivant les animaux. Chez le Daman, elle occupe la moitié du diamètre transversal du rein, comme Cuvier (1) l'avait déjà remarqué. Il avait noté également que, chez cet animal, il n'existe qu'un seul mamelon par où transsude l'urine. Cette disposition a été confirmée par Owen (2) et Martin (3) ; j'ai pu en vérifier l'exactitude. Comme il n'existe qu'une seule papille, grande et conique, placée au centre du rein, le bassinet se trouve confondu avec le seul calice qui pourrait exister. Il embrasse tout le contour de la surface d'où transsude l'urine, et envoie dans la substance du rein, sous forme de languettes étroites et minces, des prolongements disposés en rayons, et qui sont très-distincts jusqu'à la substance corticale.

Chez les Rongeurs, comme le Cochon d'Inde, le Lièvre et l'Écureuil, le rein n'a qu'une seule papille, tandis qu'on en trouve trois chez certains Pachydermes, comme l'Éléphant (4).

Les reins sont en rapport en arrière avec les muscles des lombes, en avant avec le duodénum à droite, et le côlon descendant à gauche.

Les uretères sont deux conduits longs et étroits, accolés dans toute leur longueur aux muscles lombaires, jusqu'au moment où ils s'en séparent pour pénétrer dans la vessie.

Les uretères pénètrent dans la vessie très-obliquement, entre les fibres musculaires, à la partie postérieure du fond de ce réservoir, et vers les angles, à la façon des trompes de Fallope dans l'utérus. Ils cheminent dans l'épaisseur des parois vésicales, obliquement en bas et en dedans, pendant un trajet de 4 à 5 millimètres, et s'ouvrent dans la vessie par un orifice oblique en forme de croissant renversé.

Il est à remarquer que les uretères s'insèrent également très-haut chez plusieurs Rongeurs, soit vers la moitié supérieure de la face dorsale de la vessie, comme chez le Lièvre et le Lapin (5),

(1) *Leçons d'anat. comp.*, 2ᵉ édit., t. VII, p. 566.
(2) *Proceed.*, 1832, p. 205, et *Anat. and Physiol. of Vertebrates*, t. III, p. 606.
(3) *Proceed.*, 1835, p. 15.
(4) Cuvier, *Leçons d'anat. comp.*, t. VII, p. 566.
(5) Martin Saint-Ange, *Étude de l'appareil reproducteur chez les Vertébrés*, pl 2, fig. 3.

ARTICLE Nᵒ 5.

soit même près du sommet de la vessie, comme chez le Lagomys nain (1) ; tandis que leur embouchure se trouve près du col de la vessie chez plusieurs Pachydermes, comme le Cheval (2) et le Rhinocéros (3).

La vessie, distendue par l'urine, présente à peu près la même hauteur que le rein, 4 à 5 centimètres. D'après Pallas (4), elle pourrait à peine contenir un gland de chêne : *vix glandis capax*. Elle est de forme ovoïde, et située environ pour moitié dans le bassin et moitié en dehors, c'est-à-dire au-dessus de l'arcade pubienne. Quand elle est vide, son poids est d'environ 4 grammes.

Quant au canal de l'urèthre, j'aurai l'occasion d'y revenir à propos des organes de la génération, auxquels il est lié intimement.

Le Daman est au nombre des rares Mammifères supérieurs, dont les testicules restent pendant toute la durée de la vie dans la cavité abdominale. Parmi les Pachydermes, l'Éléphant présente cette même disposition, et chez lui les testicules sont même situés au niveau des reins (5). Chez le Daman, les testicules ne sont pas placés à une aussi grande hauteur : leur bord supérieur est séparé du bord inférieur des reins par la distance d'un centimètre environ (6). Cette distance est même un peu plus grande pour le rein droit, par la raison que chaque testicule est situé au même niveau, tandis que le rein droit, comme on l'a vu, est situé plus haut que le rein gauche.

Les testicules ne sont pas placés directement au-dessous des reins sur une ligne verticale : ils sont un peu en dehors, et, quoique leur largeur soit beaucoup moindre que celle des reins, leur bord externe déborde notablement celui du rein correspondant.

---

(1) Pallas, *Nova species Quadrupedum*, p. 43, pl. 4, fig. 9.

(2) Chauveau, *Anat. comp. des animaux domestiques*, 2ᵉ édit., p. 520.

(3) Owen, *Anat. of the Indian Rhinoceros* (*Trans. of the Zool. Soc.*, t. IV, pl. 57 et 58, fig. 1).

(4) *Miscell.*, p. 42.

(5) Voy. Camper, *Description d'un Éléphant mâle*, pl. 4 et 5.

(6) Voy. fig. 8 et 80.

Les testicules ont une forme ovoïde, à petite extrémité située en bas. De la grosse extrémité part l'épididyme, qui se recourbe et s'accole au testicule. Il se continue par un canal déférent très-long, sur lequel je reviendrai dans un instant.

Les dimensions du testicule sont les suivantes :

Longueur.............................	18 à 20 millimètres.
Diamètre au gros bout...............	8 à 10
— au petit bout..............	5 à 6

Son poids est d'environ 2 grammes.

Les canaux déférents, qui longent à peu près parallèlement les uretères dans toute leur longueur, les croisent au niveau de la symphyse sacro-iliaque, passent devant, puis vont se plonger dans le bassin en longeant la face postérieure de la vessie. Vers la fin de leur trajet, ils présentent un renflement assez considérable, de forme allongée (1), entouré par une membrane fibreuse très-résistante. Par une dissection délicate, on arrive à dédoubler cet organe, et l'on y trouve un enroulement très-complexe des canaux déférents considérablement élargis. C'est ce que Pallas a appelé les *seconds épididymes* (2). Leurs circonvolutions, comme M. Owen l'avait déjà remarqué (3), doivent former un réservoir considérable pour la semence; et il me paraît juste de leur attribuer le rôle des vésicules séminales. Ils n'offrent cependant aucune trace de structure glandulaire, et l'on n'y trouve que les fibres lamineuses et les fibres musculaires lisses du reste des canaux déférents. Ces organes se rétrécissent ensuite, et pénètrent dans l'urèthre en arrière, dans l'angle rentrant formé par la saillie du bulbe uréthral.

L'urèthre du Daman, chez le mâle, présente une longueur d'environ 8 centimètres, partagés de la façon suivante : 3 centimètres pour la portion membraneuse, c'est-à-dire du col de la vessie jusqu'au bulbe, et 5 centimètres pour la portion spongieuse, depuis le bulbe jusqu'au méat urinaire.

(1) Voy. fig. 80 et 81.
(2) *Miscell.*, p. 43, et pl. 4.
(3) *Proceed. Zool. Soc.*, 1852, p. 206.

Extérieurement, la portion membraneuse est lisse et unie. L'urèthre continue le col de la vessie par un canal qui a la forme d'un cône très-allongé, à base supérieure, et qui prend, vers le milieu de son trajet, un diamètre à peu près cylindrique.

La verge du Daman est un organe incurvé en bas et en arrière en demi-cercle, à la façon de ce qu'on rencontre chez beaucoup de Rongeurs (1), comme les Lièvres, les Rats et les Agoutis. M. Owen dit l'avoir observée souvent pendante chez l'animal en vie (2). Dans l'état d'érection, elle change sans doute de forme et de volume ; mais je n'ai pu constater que l'état cadavérique. Sa longueur, quand on l'étend en ligne droite, est d'environ 5 centimètres. Son diamètre n'est pas cylindrique : elle est aplatie de haut en bas, et par conséquent plus large transversalement. La peau qui la revêt est couverte de poils dans toute son étendue jusqu'à l'extrémité du prépuce. Le prépuce ne recouvre que la base du gland, qui de la sorte est toujours presque entièrement à découvert, et qui d'ailleurs présente l'aspect rude d'une muqueuse exposée sans cesse à l'air et aux frottements extérieurs (3). Quand le prépuce est retiré en arrière vers la racine de la verge, il laisse la moitié de cet organe à découvert. Une disposition qui mérite d'être notée consiste dans la présence, en arrière du gland, d'une grande quantité de plis circulaires juxtaposés, qui sont sans doute destinés à compenser dans l'acte du coït l'insensibilité très-probable du gland. Cette zone de plis transversaux occupe à peu près le tiers de l'espace mis à nu.

Le gland est aplati comme le reste du pénis (4); il se termine par une extrémité tronquée. Sa surface est irrégulière, chagrinée, bosselée en plusieurs points, et présente, vers le bas, des rides nombreuses qui vont rejoindre des rides semblables, formant en dessous de la verge une sorte de sillon longitudinal qui se prolonge jusqu'à l'insertion du prépuce. Le méat urinaire, de forme assez irrégulière, est situé au sommet d'une espèce de

<hr>

(1) Voy. Milne Edwards, *Leçons sur la physiol.*, t. IX, p. 24.
(2) *Proceed. Zool. Soc.*, 1832, p. 207.
(3) Voy. fig. 83 et 84.
(4) Voy. fig. 85.

petit tubercule constitué par la substance même du gland, qui fait en ce point une légère saillie très-nettement délimitée.

La verge est, comme d'ordinaire, soutenue par un ligament suspenseur, aplati et triangulaire, attaché par sa base au pubis, et adhérent, par sa pointe très-allongée, à la partie médiane du dos de la verge. Le poids de la verge dépouillée de la peau est de 6 à 7 grammes.

Il me reste à parler de l'intérieur du canal de l'urèthre.

Le calibre du canal de l'urèthre offre des variations assez nombreuses. Au niveau du méat urinaire, ce calibre est assez étroit, et l'on a quelque peine à y faire pénétrer une sonde cannelée ordinaire. En arrière de cet orifice, le canal s'élargit graduellement, et il finit par offrir un diamètre très-considérable au niveau du bulbe. Là, plus encore que dans l'espèce humaine, on risquerait de faire fausse route, si l'on ne relevait pas à temps le bec de la sonde. On pénètre alors dans un passage assez étroit, au delà duquel le canal s'élargit de nouveau pour aller se terminer à la vessie, en s'évasant peu à peu en forme d'entonnoir.

Si l'on fend l'urèthre dans toute sa longueur, à sa surface supérieure, c'est-à-dire en divisant d'abord le dos de la verge et en continuant dans la même direction, voici ce qu'on peut constater (1). Dans la portion prostatique et membraneuse, la muqueuse uréthrale continue la muqueuse vésicale avec les mêmes plis longitudinaux, et sans présenter aucun orifice de glandes situées soit dans l'épaisseur de ses parois, soit en dehors. Vers la fin de la portion membraneuse, et dans l'axe d'un pli plus accusé que les autres, qui forme une crête longitudinale et médiane, on voit se dresser au milieu du canal une petite éminence en forme de cône tronqué, composée d'un tubercule allongé de haut en bas, et recouvert à demi par un capuchon elliptique. Ce tubercule porte deux paires d'orifices, les uns supérieurs, les autres inférieurs. Les orifices inférieurs sont ceux des canaux éjaculateurs; quant aux supérieurs, ils forment l'embouchure d'une paire d'appendices vésiculeux allongés, placés de chaque

---

(1) Voy. fig. 81.

côté de la vessie, et considérés par Pallas (1) et par Cuvier (2,
comme les vésicules séminales. Leur absence de toute connexion
avec les canaux déférents me paraît devoir faire rejeter cette
opinion. Il me semble qu'on doit considérer le tubercule dont je
viens de parler comme le *verumontanum*, et les organes appelés
vésicules séminales par Pallas, comme une paire de prostates.
Pareille erreur avait été commise par Cuvier, pour ce qu'il
appelle les vésicules séminales chez l'Éléphant 3 . Le verumontanum se continue en bas par une tige médiane qui divise le
bulbe en deux, comme cela se voit chez beaucoup de Rongeurs,
notamment chez le Rat d'eau (4 , et par un double frein qui se
prolonge sur les côtés du bulbe. Dans le fond du bulbe aboutissent
les conduits de deux petites glandes placées sur les côtés de
l'urèthre, et qui sont l'analogue des glandes de Cowper, comme
le pensait M. Owen 5 .

Comme muscles de la verge, en outre des érecteurs et des
accélérateurs de l'urine, il y a une paire d'élévateurs qui prennent leur origine à la symphyse du pubis, et se terminent par un
tendon unique, comme chez le Rhinocéros. M. Owen, qui a signalé
le premier cette disposition (6), fait remarquer que les muscles
érecteurs sont courts et forts, mais tout à fait impropres à remplir les fonctions que leur nom indique. L'érection ou extension
du pénis est effectuée, comme chez les autres animaux qui
pissent en arrière *retro-mingentes* , par deux muscles qui naissent de la symphyse du pubis, et qui s'insèrent près du gland par
un tendon unique qui traverse le dos de la verge. On comprend
difficilement, ajoute-t-il, que ce muscle puisse servir à dilater
complétement le pénis, à moins qu'il ne soit aidé par l'action que
Cuvier attribue aux accélérateurs de l'urine, c'est-à-dire d'ex-
pulser le sang accumulé dans la partie bulbeuse de l'urèthre, et

(1) *Miscell.*, p. 43, et pl. 4, fig. 13, *h*, *h*.
(2) *Anat. comp.*, t. VIII, p. 165.
(3) Voy. Milne Edwards, *Leçons sur la physiologie*, t. IX, p. 44, note 2.
(4) Voy. Milne Edwards, *ibid.*, t. IX, p. 32.
(5) *Proceed. Zool. Soc.*, 1832, p. 207.
(6) *Ibid.*

de le chasser à l'autre extrémité du pénis, action qui peut, comme on le conçoit facilement, avoir une influence considérable dans l'érection.

Les ovaires et les trompes utérines n'offrent rien de particulier à signaler. L'utérus est bicorne, comme chez la plupart des Mammifères ; mais ces deux cornes se réunissent presque immédiatement en une cavité unique qui forme le corps de l'utérus. Sous ce rapport, le Daman se rapproche plus des Pachydermes que des Rongeurs. Le corps de l'utérus en effet a une longueur au moins égale à celle des cornes, si ce n'est même supérieure (1). L'utérus est séparé du vagin par un repli circulaire qui intercepte une fente linéaire étroite et transversale, et qui représente le museau de tanche.

Dans un utérus en état de gestation, j'ai trouvé sur la paroi postérieure de la cavité du museau de tanche une saillie fongiforme considérable (2), dont je ne saurais dire le caractère exact. Était-ce un effet de la gestation, un produit pathologique ou une disposition normale, formant là un obstacle analogue à ce qu'on rencontre chez l'Ours (3) ? Je ne puis me prononcer là-dessus ; il faudrait avoir disséqué un grand nombre d'individus pour se former un jugement précis. Malheureusement les Damans sont encore trop rares en Europe pour qu'on puisse faire ces études d'anatomie comparée sur une même espèce ; et quelques détails de leur organisation restent encore forcément dans le doute.

Le vagin est très-long ; il a presque le double de la longueur du corps de l'utérus. Il est sillonné de plis longitudinaux, limitant de légères saillies, dont deux prennent un développement assez marqué : c'est la colonne antérieure et la colonne postérieure du vagin.

Dans l'épaisseur des parois vaginales, à droite et à gauche, j'ai trouvé deux glandes volumineuses trop développées pour correspondre aux canaux de Gaertner (4), et qui me paraissent plutôt

(1) Voy. fig. 82.
(2) Voy. fig. 86.
(3) Voy. Cuvier, *Leçons d'anat. comp.*, 2ᵉ édit., t. VIII, p. 260.
(4) Voy. Milne Edwards, *Leçons sur la physiol.*, t. IX, p. 68.

correspondre aux glandes de Duvernoy, c'est-à-dire être l'analogue des glandes de Cowper chez le mâle (1). Elles s'ouvrent dans le vagin, sur les côtés du méat urinaire (2).

Le canal de l'urèthre en effet s'ouvre dans le vagin (3), environ à la réunion du tiers inférieur avec les deux tiers supérieurs. Cette disposition est assez singulière pour mériter d'être signalée ; elle a déjà été mentionnée par Brandt (4). Je ne connais pas de Mammifères normaux qui offrent une disposition semblable, et l'on n'en retrouverait l'analogue que chez ceux où il existe un cloaque plus ou moins complet.

Vers sa partie inférieure, le vagin se rétrécit notablement, et ce rétrécissement est entouré par des parois musculaires épaisses et résistantes, sillonnées de plis profonds, et formant une sorte de sphincter énergique, qui sépare nettement le vagin de la vulve. Cette séparation peut d'ailleurs être marquée par la présence de l'hymen, puisqu'on sait aujourd'hui que cette membrane n'est pas spéciale à l'espèce humaine, et qu'elle peut se rencontrer chez beaucoup d'autres Mammifères (5). Le Daman est de ce nombre. Cuvier (6) a trouvé la membrane hymen chez un jeune Daman ; elle formait un pli circulaire, à peu près également large, très-mince, et resserrant l'entrée du vagin.

La vulve ne présente intérieurement aucune ride, fait assez rare, déjà signalé par Cuvier (7). Le clitoris est allongé transversalement, et composé d'une saillie presque réniforme, bridée en arrière et en bas par le frein, qui se prolonge à droite et à gauche sous forme de plis qui constituent ses racines. En avant, le clitoris est recouvert par un capuchon ou prépuce en forme de demi-lune, qui le cache en partie à l'état de repos. En arrière du clitoris, à droite et à gauche, dans le prolongement des cornes

(1) Voy. Cuvier, *Leçons d'anat. comp.*, t. VIII, p. 181, 256, 259; et Siebold et Stannius, *Manuel d'anat. comp.*, t. II, p. 506.

(2) Voy. fig. 82.

(3) Voy. fig. 82.

(4) *Op. cit.*, p. 72.

(5) Voy. Milne Edwards, *Leçons sur la physiologie*, t. IX, p. 65, 66.

(6) *Leçons d'anat. comp.*, 2ᵉ édit., t. VIII, p. 261.

(7) *Op. cit.*, t. VIII, p. 252.

du prépuce clitoridien, se trouvent des petites lèvres (1). C'est une disposition assez rare chez les Mammifères : cependant on trouve des petites lèvres chez plusieurs Rongeurs; elles sont même très-développées chez le Lapin (2).

Le Daman a six mamelles, quatre inguinales et deux pectorales. Desmarest et Kaulla l'avaient déjà constaté. Brandt (3) l'a confirmé : il en a trouvé deux dans l'aine de chaque côté, une de chaque côté sur la poitrine, près de l'aisselle; aucune trace de mamelles sur les côtés du ventre. J'ai vérifié l'exactitude de ces observations.

II

MŒURS, HABITUDES, CHASSE, CAPTIVITÉ, UTILITÉ.

Le Daman habite la plus grande partie de l'Afrique et une très-petite partie de l'Asie, dans le voisinage de l'Afrique. En Afrique, on le trouve depuis l'ouest de la Sénégambie jusqu'au cap de Bonne-Espérance, et depuis le Cap jusqu'à l'Arabie du nord. En Asie, on le trouve en Syrie, en Palestine et au nord de l'Arabie. Je ne m'arrêterai pas ici sur toutes les localités où on l'a trouvé, parce que j'aurai à y revenir en détail à propos de la discussion des espèces.

Un grand nombre d'espèces (*Hyrax capensis, syriacus, habessinicus*) habitent les montagnes, les trous ou les fentes des rochers, les cavernes, les vieux murs. Ils recherchent surtout les endroits déserts et sauvages. Au Cap, on les trouve même au bord de la mer, un peu au-dessus du niveau de l'eau, et sur le bord des rivières, sous de simples amas de pierres. D'autres espèces (*H. arboreus, sylvestris, dorsalis*) demeurent dans les forêts et habitent des troncs d'arbres creux. On les rencontre exclusivement en Afrique, et surtout sur la côte occidentale. Le Daman des rochers monte quelquefois aux arbres, comme Ehrenberg

(1) Voy. fig. 82.
(2) Cuvier, *op. cit.*, t. VIII, p. 256.
(3) *Op. cit.*, p. 7.

l'avait déjà rapporté pour le Daman du Dongola (1) et comme plusieurs autres voyageurs l'ont observé depuis, ainsi que je le dirai plus loin à propos de la discussion des espèces. Mais le plus ordinairement il habite les montagnes. Plus une paroi rocheuse est ravinée, plus il y est abondant. Si l'on traverse les vallées sans faire de bruit, on voit ces animaux réunis en bandes de quatre à dix individus et même davantage (Bruce (2) en a vu jusqu'à douze ou quinze), assis ou plus souvent couchés au sommet des rochers, se chauffant voluptueusement au soleil. Un mouvement précipité, le moindre bruit les effraye. Tous se lèvent, courent, s'agitent, et en un instant tout a disparu.

En Abyssinie, on les rencontre quelquefois dans le voisinage des villages et jusqu'auprès des habitations. Ils semblent ne rien redouter des indigènes. Mais, à la vue d'un blanc ou de quelqu'un vêtu à l'européenne, ils se réfugient aussitôt dans leurs trous.

Les chiens et les autres animaux leur inspirent une bien plus grande terreur ; même quand ils sont cachés dans leurs retraites, ils font entendre un cri particulier, perçant et tremblotant, qui rappelle beaucoup celui des petits Singes. Quand leur cri retentit dans la nuit, c'est que le Léopard rôde le long des rochers ; car, autrement, on ne les entend jamais à cette heure.

Le Daman a encore un autre ennemi, c'est une espèce d'Aigle (*Aquila vulturina*, Daudin), qui a reçu des colons du Cap le nom d'*Aigle des Damans Klipdaas Vögel*). Aussi le passage d'un oiseau suffit pour les effrayer. Une Pie, une Hirondelle même peuvent les faire fuir jusque dans leurs retranchements.

Brehm (3) rapporte une observation faite par Heuglin et dont il a eu maintes fois l'occasion de vérifier l'exactitude :

« Souvent, dit cet auteur, j'ai vu sur les rochers habités par les Damans, et paraissant avec eux dans les meilleurs termes, une Mangouste (*Herpestes zebra*) et un Lézard (*Stellio cyanogaster*). En approchant d'un de ces rochers, on aperçoit d'abord les gais Damans, seuls ou réunis à plusieurs, se chauffant au

---

(1) *Symbolæ physicæ*, decas I, MAMMIF.

(2) *Travels to the source of the Nile*. Edinburgh, 1790, t. V, p. 139.

(3) MAMMIFÈRES, trad. fr., t. II, p. 736.

soleil ou se grattant la barbe ; au milieu d'eux court une agile Mangouste, et un Lézard de plus d'un pied de long grimpe le long de la paroi rocheuse. Le Daman en sentinelle sur le point le plus élevé, avertit toute la société de l'approche de l'ennemi ; son sifflet perçant retentit, et en un instant tous ont disparu dans les fentes des rochers. Si l'on examine celles-ci, on y trouve les Lézards et les Damans cachés dans les endroits les plus profonds ; les Mangoustes, par contre, se tiennent sur la défensive, et cherchent souvent à mordre les chiens.

» Se cache-t-on dans le voisinage, on ne tarde pas à voir apparaître la tête d'un Lézard : il ne se sent pas encore bien assuré ; il glisse le long du rocher, levant le cou et la tête ; bientôt d'autres le suivent, faisant de temps à autre entendre un petit cri ronflant. On voit enfin la tête d'une Mangouste : l'animal se glisse lentement et prudemment hors de son refuge ; il flaire, se lève sur ses pattes de derrière pour pouvoir mieux inspecter l'horizon. Un Daman le suit, puis un second, mais tous gardent les yeux fixés vers l'endroit suspect, et ce n'est que quand les Lézards ont recommencé à chasser les insectes que toute la bande oublie ses soucis et ses terreurs. »

Les Damans ne quittent leurs rochers qu'à contre-cœur. Lorsqu'ils ont brouté toute l'herbe qui y croît, ils descendent dans les vallées, mais ils ont soin d'établir des sentinelles sur toutes les hauteurs avoisinantes, et, au premier signal, tous prennent la fuite. On choisit ordinairement pour sentinelles de vieux mâles qui donnent le signal d'alarme en poussant un cri aigu (1).

Quant à leur allure, les Damans sont intermédiaires entre les Pachydermes et les Rongeurs. En plaine, leur marche est lourde ; ils ont la démarche calme des Pachydermes, ou plutôt ils glissent sur la terre comme s'ils craignaient d'être aperçus. Le comte Mellin (2) a comparé le Daman à un jeune Ours, qui ne serait pas plus gros qu'un Lapin. Ils font avec une vitesse médiocre de

(1) Ehrenberg et Hemprich, *Symb. phys.*, decas I ; et Hennah, *Notizen von Froriep*, vol. XLV, 1835, n° 978, p. 152.

(2) *Schriften der Berlin. Gesellschaft natur. Freunde*, 3ᵉ vol., 1782, p. 272.

petits pas, en faisant marcher ensemble les deux pieds de devant
et les deux de derrière, comme font les Cochons d'Inde, en traî-
nant plus ou moins par terre leur abdomen épais. Telle est leur
démarche lorsqu'ils sont tranquilles ; mais il en est tout autrement quand ils sont effrayés. On les voit alors faire de petits
bonds qu'on a comparés à ceux des chats, courir à un rocher, et
là montrer toute leur agilité.

« Ils grimpent à merveille, dit Brehm (1). Leurs pieds sont
admirablement conformés dans ce but. La plante en est molle,
mais rugueuse : aussi peuvent-ils progresser avec une sûreté
incroyable ; ils me rappelaient les Geckos. S'ils ne peuvent,
comme ces reptiles, courir à la face inférieure d'une surface
horizontale, ils grimpent au moins avec la même agilité. Ils se
meuvent aussi facilement à leur aise sur une paroi presque verticale ; ils la montent, la descendent la tête la première, et aussi
aisément qu'ils se promènent dans la plaine : on dirait qu'ils
sont réellement collés au rocher. Dans les fentes et les crevasses
surtout ils se trouvent parfaitement. Ils s'y arrêtent, n'importe
où, en appuyant le dos à une paroi, les pieds à une autre. Ils
sont en outre des sauteurs agiles ; on les voit courir comme des
Chats au bord de pentes de 9 à 10 mètres de hauteur ; puis,
après avoir parcouru ainsi les trois quarts du chemin, s'élancer
et retomber sur un autre rocher. Les distances qu'ils franchis-
sent de la sorte sont de 3 à 5 mètres. »

M. Schweinfurt (*loc. cit.*) rapproche aussi, comme on l'a vu
plus haut, le Daman du Gecko pour la façon dont il adhère aux
rochers. Il raconte qu'un jour un Daman qu'il avait blessé de-
meura collé au granit, et que, pour l'en arracher, il lui fallut
déployer une certaine force : ce qu'il attribue aux coussinets
élastiques de la plante du pied agissant comme des ventouses.

Brehm ajoute un peu plus loin :

« Dans tout leur être se révèlent leur douceur et leur timidité.
Ce sont des animaux sociables ; jamais on ne les voit isolés, et
si ce cas se présente, on peut être sûr que les autres viennent

(1) *Op. cit.*, p. 738.

seulement de quitter leur poste. Ils demeurent fidèles à leur habitat. Un bloc de rocher leur suffit; on les y voit tantôt d'un côté, tantôt de l'autre. Par le beau temps ils s'étendent paresseusement à l'endroit qui leur convient, les pattes de devant ramassées, celles de derrière étendues; mais toujours quelques sentinelles montent la garde. »

Brehm, qui a souvent grimpé après eux pour les effrayer, a remarqué que, aussitôt qu'ils avaient escaladé leur rocher, ils n'avaient plus peur: si même ils se cachent dans quelque trou ou derrière les pierres, ils se découvrent bientôt sans penser à leur sûreté, parce que chez eux la curiosité l'emporte encore sur la crainte du danger.

La voix du Daman de Syrie rappelle exactement celle du Cochon, et à cause de cela on a pu lui donner à bon droit le nom de grognement. Ehrenberg (1) ne l'a jamais entendu siffler, comme on le dit de celui du Cap.

Plusieurs voyageurs ont raconté que le Daman fait dans sa demeure une sorte de lit avec des feuilles sèches ou de la mousse; mais cette assertion manque de preuves suffisantes. Quant à l'aptitude du Daman à creuser la terre, elle paraît bien établie. Le comte Mellin, il est vrai, l'a révoquée en doute (2), mais d'après des motifs purement spéculatifs, et seulement à cause de la forme des ongles. Ehrenberg affirme, d'après de nombreux observateurs et d'après le témoignage des indigènes eux-mêmes, que le Daman fouille très-bien la terre. La preuve en est que, lorsqu'on oublie de garnir d'un revêtement en pierre les fosses qu'on a préparées comme piéges à ces animaux, ils savent parfaitement creuser une galerie souterraine par où ils s'échappent (3).

D'après le même auteur, le Daman s'apprivoise très-facilement, et, une fois qu'il est en captivité, il devient omnivore et mange les restes du repas. Mais, à l'état de liberté, il vit uniquement d'herbes. M. Ehrenberg en a retrouvé les brins et les

(1) *Symbola phys.*, decas I.
(2) *Op. cit.*, p. 274.
3) Ehrenberg, *Symb. phys.*

morceaux dans l'estomac et dans le cæcum de ceux qu'il avait tués.

Temminck raconte que le Daman se nourrit surtout de fruits. Je suis porté à croire que cette observation s'applique surtout au Daman des arbres. Si j'en juge par les trois crânes que j'ai eus à ma disposition, et dont deux provenaient d'individus très-âgés, le peu d'usure des dents confirmerait cette assertion.

En tout cas, on est d'accord pour reconnaître que ces animaux sont très-gloutons et mangent démesurément.

D'après Hennah (1), ils mangent de jeunes pousses, des fleurs, des herbes, des feuilles, toutes sortes de verdures, et surtout des plantes aromatiques. Ils paissent à la façon des Ruminants ; ils coupent les herbes avec leurs incisives, et meuvent ensuite leurs mâchoires comme le font les animaux qui ruminent : mouvement très-compatible avec ce qu'il a été dit plus haut de la disposition du condyle. Quelques naturalistes ont même cru qu'ils ruminaient réellement, mais il n'en est rien.

Dans l'estomac de plusieurs individus tués par lui, Hennah (2) a toujours trouvé une grande quantité de matière nutritive à peine mâchée par les dents. Leurs excréments sont rendus, non sous la forme de petites boules, mais en masse ; et sous ce rapport il se rapproche plus des Pachydermes que des Rongeurs (3).

Ils paraissent ne point boire, ou du moins ils boivent très-peu. « Près du village de Mensa, dans le pays des Bogos, dit Brehm (4), il y a deux localités habitées par les Damans, lesquelles sont séparées de tout cours d'eau par des plaines étendues, que jamais ces timides animaux ne se hasardent à franchir. Lorsque je les vis, c'était encore pendant la saison des pluies, et ils trouvaient de quoi boire ; mais les indigènes m'assurèrent que, même pendant la sécheresse, ils ne s'éloignent pas de leurs demeures. Ils n'y trouvent alors d'autre eau que celle que fournit

(1) *Op. cit.*, p. 152.
(2) *Op. cit.*, p. 152.
(3) Brandt, *op. cit.*, p. 77.
(4) *Op. cit.*, p. 738.

la rosée ; eau, d'ailleurs, dont beaucoup d'animaux se contentent. »

La reproduction a lieu dans les mois de juillet et d'août (1). D'après le récit des Arabes, qu'Ehrenberg a questionnés à ce sujet, dans l'accouplement la femelle est couchée sur le dos (2).

Le nombre des petits par chaque portée est encore peu connu. Brehm (3) pense que le Daman n'a qu'un seul petit par portée. Ce nombre est de deux d'après Heanah (4), chez le Daman du Cap ; de trois ou quatre chez celui de Syrie, d'après le Rév. Tristram (5); de deux, d'après Hartmann, de quatre d'après Lefebvre (6), de deux chez une femelle pleine dont j'ai les pièces anatomiques sous les yeux, un dans chaque corne utérine (Daman du Cap).

Les Damans des rochers qu'on trouve dans l'Asie occidentale et sur les côtes est et sud de l'Afrique ne sont pas de véritables animaux nocturnes. Il en est autrement de ceux qui vivent en Guinée sur des arbres.

Les Damans des arbres ont un genre de vie tout spécial, et très-différent de ceux des rochers. Temminck (7) dit que l'*Hyrax sylvestris* de la Guinée (*Ewia* des indigènes) diffère des espèces qui habitent les rochers, en ce qu'il passe sa journée dans de gros troncs d'arbres où il niche. Ce n'est que le soir et au clair de lune qu'il les quitte pour errer pendant toute la nuit dans les grandes forêts, qui sont son séjour exclusif. Il fait entendre un cri perçant, aigu, qu'il répète continuellement, surtout quand il trouve un arbre chargé de fruits qui lui conviennent pour sa nourriture. Ce cri continuel le fait connaître au chasseur.

Smith (8) dit que l'*Hyrax arboreus* de l'Afrique du Sud quitte de temps en temps le creux des arbres et se repose sur un

---

(1) Lefebvre, *Voyage en Abyssinie* (MAMM. et OISEAUX, p. 31).

(2) «*Arabes eum hominum more coire autumant, femina in dorso jacente.*»(*Symb. phys.*)

(3) *Op. cit.*, p. 738.

(4) *Notizen von Froriep*, vol. XLV. 1835. n° 978, p. 153.

(5) *Procced.*, 1866, p. 64.

(6) *Voyage en Abyssinie*, 1845 (MAMM. et OISEAUX, p. 31).

(7) *Esquisses zoologiques sur la côte de Guinée.* Leyde, 1853, p. 184.

(8) *Trans. Linn.*, t. XV, 1826-1827, p. 470.

ARTICLE N° 5.

tronc d'arbre cassé et couché par terre. Il crie vivement à l'approche de la pluie.

Fraser (1) dit que l'*Hyrax dorsalis* de l'île de Fernando-Po (*Naybar* des indigènes) est également un animal nocturne. Il est assez répandu dans le pays. On peut entendre chaque soir ses cris de *ceurr-ceurr-ceurr* après le crépuscule pendant le commencement de la saison des pluies. Les Bobies disent qu'il dort dans les arbres toute la journée, et qu'il en mange les feuilles le soir. Il est assez difficile à prendre.

Toutes ces espèces qui habitent les arbres ne vivent jamais en troupes nombreuses, en raison même de la nature de leur demeure. Car, excepté dans de très-grandes forêts, il n'y a qu'un petit nombre de creux d'arbres et qui ne peuvent jamais guère abriter que peu d'individus à la fois. Aussi ces espèces sont-elles peu ou point sociables. Ce défaut de sociabilité, joint à leur vie nocturne, dénote une modification bien manifeste dans leurs mœurs, et ne permet pas de les mêler avec les espèces qui habitent les rochers. Leur squelette d'ailleurs diffère des espèces des rochers par des caractères tranchés : le crâne surtout est absolument différent, et a permis au docteur Gray, comme on le verra plus loin, d'en faire un groupe à part sous le nom de *Dendrohyrax*.

J'ai pu examiner trois crânes de Damans des arbres, dont deux très-âgés, et chez qui les dents n'offraient aucune espèce d'usure. Il est permis de présumer, d'après ce caractère, que le régime de cet animal doit surtout consister en fruits et en feuilles vertes et tendres.

Verreaux, dans ses voyages au cap de Bonne-Espérance (*Notes manuscrites*), a trouvé dans les grands bois de la Cafrerie un Daman grimpeur (*Hyrax cafer*), qui niche dans les plus grands arbres, où il creuse des trous pour déposer ses petits. Il en a quelquefois jusqu'à sept. Il se nourrit d'insectes de préférence à l'herbe et aux feuillages.

Le chasse du Daman n'est pas difficile, d'après Brehm (2), au

(1) *Proceed.*, 1852, p. 99.
(2) *Mammifères*, t. II, p. 738.

moins dans les endroits où ils ne sont pas encore devenus farouches par l'habitude des poursuites. Le chasseur peut, d'ordinaire, abattre une des sentinelles et recommencer plusieurs fois ; mais, après quelques coups, le troupeau est mis en fuite.

Ces petits animaux ont la vie très-dure. Même quand ils sont grièvement blessés, ils peuvent encore se réfugier dans une fente de rocher et échapper à toute recherche.

Les Abyssiniens ne chassent pas le Daman, ce qui explique la familiarité de ces animaux dans ce pays. Ce n'est que dans l'Arabie et au cap de Bonne-Espérance que l'on prend les Damans vivants. Dans la presqu'île du Sinaï, les Bédouins creusent une fosse, la revêtent de dalles unies (sans quoi l'animal s'échappe facilement en creusant la terre), et la recouvrent d'une trappe. Une branche de tamarix sert d'appât. Dès qu'elle est touchée, la trappe joue, et le malheureux animal tombe dans une fosse dont les parois offrent à ses faibles ongles une résistance invincible. C'est de cette façon qu'Ehrenberg, pendant son séjour dans l'Arabie Pétrée, se procura sept de ces animaux vivants (1). Des piéges placés devant les fentes habitées par les Damans donnent aussi d'excellents résultats.

D'après Kolbe (2), les Cafres prennent les Damans avec les mains. L'hôte de ce naturaliste, M. Oortman, avait un enfant d'esclave, âgé d'environ neuf ans, qui gardait les bestiaux, et qui fréquentait ainsi souvent les montagnes pierreuses voisines. Cet enfant rapportait quelquefois un si grand nombre de Damans, qu'on était surpris qu'à un âge si tendre il pût avoir assez de force pour les charger sur ses épaules, et assez d'adresse pour les prendre. Il est vrai qu'il prit bientôt un auxiliaire, et dressa un chien pour cette chasse.

Le premier Daman observé vivant et captif en Europe fut celui que possédait la ménagerie d'Amsterdam, il y a plus d'un siècle, vers 1766, et qui servit à Pallas pour sa monographie. Sa marche avait quelque chose de rampant ; sa voix était un son

(1) *Symbol. phys.*

(2) *Description des animaux du cap de Bonne-Espérance*, édit. allem., p. 159 ; édit. belge, t. I, p. 189.

aigu, répété plusieurs fois ; il se nourrissait de pain et de végétaux même desséchés, car il mangeait jusqu'à la paille qui lui servait de litière (1).

Quelques années plus tard, le comte Mellin fit les premières observations bien complètes des mœurs de cet animal sur un individu envoyé à son beau-frère, le comte Borcke, par M. Chemnitz, prêtre à Copenhague. C'était une femelle adulte, provenant du cap de Bonne-Espérance. Pour ces observations, le comte Mellin (2) avoue qu'il doit beaucoup à sa sœur, qui laissait l'animal en liberté dans sa chambre, et l'étudiait avec une grande attention.

Depuis, bien d'autres observations ont été faites sur des individus appartenant, soit à des particuliers, soit à des ménageries. Rappelons celles qui ont été faites par Hennah (3) sur deux jeunes animaux appartenant à l'un de ses amis, et devenus très-apprivoisés ; par Frédéric Cuvier (4), vers 1840, sur trois Damans appartenant à la ménagerie du Muséum, et rapportés par l'un de ses naturalistes voyageurs, Botta ; les observations faites au jardin zoologique de Londres (5) et à celui de Hambourg (6), etc.

Les deux jeunes individus observés par Hennah étaient très-familiers : on les laissait aller et venir dans la maison ; ils cherchaient leur maître et savaient le trouver. Quand il était sur un canapé ou au lit, ils y grimpaient et se cachaient sous son paletot ou dans le lit, sous la couverture, pour jouir de la chaleur. Quand ils marchaient ainsi, ils étaient actifs, sans repos, curieux, se cachaient à chaque bruit ; mis en cage, ils devenaient sauvages, et, si l'on s'approchait de la cage, ils poussaient des grognements et essayaient de mordre.

Mais ce sont là des menaces sans effet. Bruce (7) a constaté que, mis en cage, le Daman ne blesse pas les Oiseaux qu'on y introduit,

(1) Pallas, *Spicilegia*, p. 20.

(2) *Schriften der Berlinischen Gesellschaft naturforschender Freunde*. 3ᵉ vol., Berlin, 1782, p. 271-284.

(3) *Notizen von Froriep*, 1835, vol. XLV, nᵒ 978, p. 152-153.

(4) *Hist. nat. des Mammifères*, t. III.

(5) *Der zoologische Garten von Bruch*, Jahrg. V, 1864, p. 228.

(6) *Der zoologische Garten von Noll*, Jahrgang VIII, 1867, p. 462.

(7) *Travels to the source of the Nile*, t. V, p. 142.

et qui finissent par vivre avec lui et se percher sur son dos. Le comte Mellin rapporte qu'un jour son Daman se trouva aux prises avec un petit Chien bichon : tous deux firent beaucoup de bruit en se dressant sur leurs pieds de derrière pour se mordre, mais il n'en résulta aucun mal. Le même auteur ajoute que le Daman, quoique inoffensif, est cependant enclin à la colère; et le sien l'aurait été plus encore, si on ne l'avait pas dompté par des menaces aussitôt qu'il commençait à grogner. Il se retourne très-vivement contre celui qui excite sa colère; mais la morsure qu'il peut faire dans un moment de vivacité est toujours assez légère, et ne lui permettrait pas de se défendre contre ses ennemis naturels, Mammifères ou Oiseaux de proie, même de la plus petite taille.

Aussi redoute-t-il beaucoup, désarmé comme il l'est, tout ce qui lui rappelle ces ennemis. En souvenir du Léopard et du Chacal, il craint les Chiens; en souvenir de l'Aigle africain, auquel il sert de pâture favorite, il craint tous les Oiseaux. Lorsqu'il se trouve sur une fenêtre, et c'est son poste de prédilection, il saute en bas aussitôt qu'il aperçoit un Corbeau qui passe, et il court se réfugier avec une grande vitesse dans sa boîte, où il reste jusqu'à ce qu'il juge le danger passé; il retourne alors à la place qu'il avait quittée.

Il garde d'ailleurs en captivité les habitudes de sa vie libre : grimper et se mettre dans des trous entre les pierres. Le comte Mellin (1) prétend qu'il perd la faculté de grimper; mais d'autres observations contredisent celle-là. Un des individus donnés au Muséum, vers 1840, par Botta, mourut victime de cette habitude, car il se tua en tombant du haut de sa cage où il était monté (2). Plus récemment, au jardin zoologique de Hambourg, on a été obligé d'élever de plus en plus le grillage de fer qui entourait un Daman pour l'empêcher de monter par-dessus (3).

Le comte Mellin (4) a remarqué que son Daman, placé dans

(1) *Op. cit.*, p. 278.
(2) De Blainville, *Ostéogr.*, t. III, DAMAN, p. 13.
(3) *Der zoologische Garten von Noll*, VIII Jahrg., 1867, p. 462.
(4) *Op. cit.*, p. 278.

une cour entourée de bâtiments, cherchait tout de suite, dans quelque recoin, un trou entre les pierres pour s'y glisser. Frédéric Cuvier (1) raconte également que le Daman captif cherche à se glisser dans les plus petites ouvertures, et à pénétrer dans les plus étroits passages où il aime à se tenir caché.

Le Daman du comte Mellin avait été apporté dans une boîte de bois, à laquelle il était attaché par une bande de toile. Il n'essaya jamais de se défaire de cette bande ; il n'essaya pas non plus de ronger avec ses dents les planches de cette boîte. Il dormait volontiers quand il était dans cette boîte, mais plutôt par désœuvrement que par besoin de sommeil, car aussitôt qu'on ouvrait la porte de sa cage, il s'empressait de sortir et de témoigner de sa joie d'être libre. Cet animal était même arrivé, au moyen de son museau, à ouvrir très-adroitement la planche qui lui servait de porte. « Il le fit notamment une nuit, *où il trouvait sans doute la nuit longue*, dit le comte Mellin (2) ; une fois sorti, il sauta sur une commode couverte de porcelaines, et il dérangea toutes les tasses sans en casser une seule. Depuis lors, on le renferma plus soigneusement. Il lui arriva plusieurs fois de sauter sur la table avec la même agilité qu'un Chat, et de s'y promener avec la même adresse sans renverser rien et sans rien casser. »

Le Daman captif mange des végétaux de toute espèce, des herbes, des pommes, des poires, des fruits de toute sorte, du pain, et surtout des pommes de terre crues ou cuites. Seulement il faut varier ses aliments, parce qu'il se lasse bien vite d'une nourriture uniforme (3). Hennah dit qu'il mange le sel avec avidité ; le comte Mellin avait vu son Daman manger des viandes salées, dont il avait contracté l'habitude dans sa traversée en mer. Il aime aussi les noisettes, mais il faut qu'on les lui casse ; il aime également les amandes, mais elles ne paraissent pas lui convenir, car cette nourriture le rend malade. Le comte Mellin, qui rapporte cette singularité, ne dit pas si c'étaient des amandes

(1) *Op. cit.*, t. III.
(2) *Op. cit.*, p. 279.
(3) Mellin, *op. cit.*, p. 279 ; et Hennah, *op. cit.*, p. 153.

amères, qui sont un poison pour tous les animaux. Quand on ne lui offre pas une nourriture à son goût, il reste parfois un jour entier sans manger; mais le lendemain, il se contente de ce qu'on lui donne.

Il boit très-peu, presque pas, au moins quand il a des herbes vertes, des fruits et d'autres aliments analogues contenant de l'eau. Pendant tout l'été où le comte Mellin a eu le sien, il l'a nourri avec toute espèce de verdures et de fruits frais, et l'animal n'a voulu boire ni eau, ni lait. De retour au château du comte de Borcke, à Stargard, dans la Poméranie postérieure, il se mit à boire, mais seulement de l'eau, et en très-petite quantité. Quand il boit, il trempe le nez et suce le liquide, en faisant descendre sa langue de haut en bas, comme le Cochon d'Inde, au lieu de lapper comme les Chiens et les Chats en faisant mouvoir sa langue de bas en haut. C'était pendant sa traversée que celui du comte Mellin s'était décidé à boire, et il avait gardé l'habitude de boire de l'eau salée, qu'il préférait à l'eau douce.

Le Daman captif, gardant l'habitude de manger beaucoup comme en liberté, devient facilement obèse, à cause de son défaut d'exercice. Celui que Vosmaer observa à Amsterdam, et qui fut disséqué par Pallas, était mort par excès de gloutonnerie (1). Lorsqu'au lieu de tenir l'animal à l'attache, forcé de rester dans un espace étroit, et passant une partie de son temps à dormir, on lui laisse la liberté de courir dans la chambre, il perd cet embonpoint par suite de son exercice musculaire. C'est en effet un animal très-gai, qui remue toute la journée, saute d'un endroit à l'autre, n'est presque jamais en repos, et choisit de préférence les endroits élevés pour s'y poster (2).

C'est un animal très-propre; soit en liberté, soit en cage, il dépose toujours ses ordures dans le même endroit (3), comme le Chat et le Blaireau, et il les recouvre soigneusement soit avec du sable, soit avec de la terre.

Quand le Daman rend ses excréments, il faut qu'il se tienne

(1) Vosmaer, *Monogr.*, p. 6.
(2) Mellin, *op. cit.*, p. 282.
(3) Mellin, *op. cit.*, p. 281. — Hennah, *op. cit.*, p. 153.

tout droit, le pied postérieur appuyé sur un mur ou à un tronc d'arbre, et le pied de devant sur un morceau de bois ou sur quelque autre objet élevé et commode. Dans les efforts qu'il fait, il sort sa langue de sa bouche et se lèche les lèvres : ce qui a fait présumer au comte Mellin (1) que la sortie des matières est accompagnée de quelque difficulté.

Pour se défendre contre la vermine, il faut qu'on lui donne du sable, dans lequel il se baigne et se roule à la façon des Poules et des Faisans. Il emploie aussi, pour se débarrasser de la vermine, l'ongle tranchant du premier orteil, qui lui sert à gratter et à lustrer son pelage (2).

Quand il dort, il pousse souvent de faibles cris, ce qui pourrait faire supposer qu'il a parfois des rêves pendant son sommeil (3).

D'après le comte Mellin (4), le Daman a l'oreille très-délicate. Il reconnaît la voix des personnes, et surtout de celle qu'il aime le mieux. Quand il l'entend dans une chambre voisine, il approche de la porte qui le sépare, et y applique l'oreille d'autant plus étroitement qu'il aime plus la personne. Si cette personne part sans entrer, il s'éloigne de la porte en témoignant son désappointement. Il est en effet très-familier, et, quand on l'appelle par son nom, il répond par une espèce de sifflement qui n'est pas désagréable. Il en fait autant quand on l'invite à s'approcher, surtout quand on le prend dans son giron, ce qu'il aime beaucoup.

L'affection peut être pour quelque chose dans cette préférence, mais l'amour de la chaleur n'y est sans doute pas étranger : c'est là un trait de caractère sur lequel tous les zoologistes ont insisté. Comme tous les animaux des pays chauds, le Daman reste frileux dans nos climats. Frédéric Cuvier (5) l'avait bien constaté : « La chaleur paraît lui être fort agréable ; il s'étend et expose

---

(1) *Op. cit.*, p. 281.

(2) Mellin, *op. cit.*, p. 274. — Fréd. Cuvier, *His. nat. des Mamm.*, t. III.

(3) Hennah, *op. cit.*, p. 153.

(4) *Op. cit.*, p. 283.

(5) *Hist. nat. des Mamm.*, t. III.

alternativement toutes les parties de son corps au soleil le plus
ardent ; et, lorsque le temps est froid ou humide, il s'enveloppe
et se cache dans le foin qui lui sert de litière. » Déjà Hennah (1)
avait remarqué qu'il est très-sensible au froid, et réjoui du
moindre rayon de chaleur. Read (2) avait même observé que,
lorsqu'on met une chandelle près des barreaux de sa cage, il
sent le peu de chaleur qui en vient, et tourne son côté pour la
recevoir.

Enfin, dès la fin du dernier siècle, le comte Mellin (3) avait
déjà remarqué que son Daman aimait beaucoup la chaleur, et
recherchait toujours les endroits les plus chauds. Bien souvent il
montait tout à fait au sommet des poêles élevés employés en
Allemagne, et il y restait pendant des heures entières. «Quand on
allume le poêle, dit le même auteur, il saute dessus, et, quand
la porte est ouverte, il entre dans l'intérieur et se met tout près
des charbons ardents. » « Il y a quelque temps, ajoute-t–il,
pendant que la femme chargée d'allumer le poêle avait le dos
tourné, il entra dedans ; elle ne le vit pas, plaça le bois nécessaire, y mit le feu, et ferma la porte de fer creusée d'un petit
volet. Heureusement, elle resta à côté pour voir si le bois s'en-
flammait. Elle fut très-étonnée, quand le feu était bien allumé,
de voir passer par le trou de la porte le bout du nez de ce petit
animal. Par bonheur, il n'eut qu'un côté du nez de brûlé. Cela
ne l'a pas guéri, et il s'approche toujours du feu. »

Je dirai quelques mots d'un point encore peu connu, plutôt
pour ouvrir la voie que pour donner des résultats bien nombreux : je veux dire la pathologie du Daman.

M. Hyrtl (4) a observé chez un *Hyrax capensis* une luxation
de la tête du fémur, qui était transportée sur la branche horizontale du pubis.

Sur le crâne d'un Daman d'Abyssinie, rapporté en 1840 par

(1) *Op. cit.*, p. 153.
(2) *Procced.*, 1835, p. 13.
(3) *Op. cit.*, p. 283.
(4) *Denkschriften der Kaiserl. Akademie der Wissenschaften, mathem. naturw.
Classe*, t. XXII, 1864, p. 141.

MM. Petit et Dillon, deux voyageurs du Muséum de Paris morts en Abyssinie, et conservé dans les galeries d'anatomie du Muséum sous le n° 1, 1844, j'ai constaté l'enfoncement de la quatrième molaire gauche, avec saillie de la dent correspondante supérieure, et déformation sensible des deux maxillaires. Cette lésion est sans doute consécutive à une carie localisée et passagère du maxillaire inférieur.

M. Owen (1) a signalé chez le Daman qu'il a disséqué un grand nombre d'excroissances verruqueuses, suites de maladies, qui soulevaient l'épithélium le long de la grande courbure de l'estomac.

Il a également constaté une dilatation pathologique du canal hépatique, qui présentait trois renflements globulaires successifs, de 6 millimètres 1/2 de diamètre. Dans chacune de ces dilatations existaient de petites concrétions biliaires pulvérulentes, d'un jaune brillant, qui semblaient témoigner d'une lithiase biliaire.

De plus, dans la plus large de ces dilatations, M. Owen a encore trouvé un Distome, probablement de la même espèce que celui qu'on rencontre dans le foie du Mouton.

Pallas (2) a trouvé, parmi les brins d'herbe hachés contenus dans le gros intestin, les fragments d'un *Tænia*, long d'environ dix-huit pouces (50 centimètres), qu'il a figuré, et qu'il rapporte au *Tænia vulgaris* de Linné.

En outre, sur un jeune Daman conservé dans la liqueur au musée de l'Académie de Leyde, il a trouvé une très-grande quantité de Poux (dont il a figuré un individu), réunis en groupes, fixés à la peau, surtout autour de la tête et du cou, d'une grandeur variable, d'une couleur grisâtre, quelques-uns presque blancs. Sur un autre spécimen un peu plus âgé, également conservé dans la liqueur, et sur un animal vivant, également adulte, il n'a pu découvrir un seul Pou. « Est-ce que par hasard, dit-il en terminant, ces parasites n'infesteraient que les petits? »

M. Ehrenberg a trouvé dans l'*Hyrax syriacus* des Épizoaires

(1) *Proceed.*, 1832, p. 205.
(2) *Miscell.*, p. 46.

et des Entozoaires très-différents de ceux que Pallas a trouvés dans l'*Hyrax capensis*. Voici la liste qu'il en donne (1) :

Deux formes d'Épizoaires appartenant aux Orthoptères aptères :

1. *Trichodectes diacanthus* (espèce nouvelle). Mâle et femelle.

2. *Leptothirium longicorne* (genre nouveau). Un seul exemplaire.

Une forme d'Épizoaires appartenant aux Hémiptères aptères :

3. *Pediculus leptocephalus* (espèce nouvelle). Très-ressemblant à celui que Pallas a décrit et figuré dans l'*Hyrax capensis*.

M. Ehrenberg n'a pas trouvé dans l'*Hyrax syriacus* le *Tænia* que Pallas a signalé dans l'*H. capensis*. En revanche, il a observé cinq espèces différentes d'Entozoaires appartenant tous aux *Nématoïdes :*

1. *Crossophorus collaris*, genre nouveau, admis par Dujardin (2).

2. *Crossophorus tentaculatus.*

Ces deux espèces, dont la longueur est de deux à trois pouces, logent dans le cæcum. Chez le premier, les mâles sont remarquables par leur queue recourbée, et dans un seul *Hyrax* on en a trouvé jusqu'à cinquante individus. Le second est plus rare. On les rencontre en égale quantité chez les Damans mâles et chez les femelles.

3. *Oxyurus flagellum*, espèce nouvelle, comprenant deux variétés : a. *obtusa*, b. *acuta*. Longueur d'un pouce. Des deux variétés, on n'a trouvé que des femelles. Elles habitent le cæcum, où elles ne sont pas rares.

4. *Oxyurus pugio*, espèce nouvelle. Assez rare ; habite le gros intestin.

5. *Physaloptera spirula*, espèce nouvelle. Femelle inconnue. Habite le gros intestin, où il est assez fréquent.

L'utilité et les produits du Daman sont assez restreints ; je les rappellerai brièvement.

En Abyssinie, par suite sans doute du souvenir des prescriptions

(1) *Symbolæ physicæ*, decas I, Mammal.

(2) *Collection des Suites à Buffon*, Helminthes. Paris, 1845, collection Roret, p. 292.

ARTICLE N° 5.

de Moïse, transmises par la tradition, les mahométans, comme les chrétiens, s'abstiennent de manger la chair du Daman, qu'ils regardent comme impure. Mais les mahométans et les chrétiens du Sinaï et du Liban, et en particulier les Bédouins de l'Arabie Pétrée, sont très-friands de la chair du Daman (1). Déjà Kolbe (2) avait dit que leur chair est fort bonne à manger, et que, étuvée et épicée, c'est une nourriture aussi appétissante que saine. Il ajoutait qu'il avait souvent mangé de la chair de ces animaux, qu'il pouvait affirmer que le goût en était excellent, et qu'il ne s'en était jamais trouvé incommodé. C'est ce que dit également Prosper Alpin (3). Sparmann (4) apporte le même témoignage.

John Kirk (5) a constaté les mêmes qualités alimentaires à la chair du Daman des arbres.

Hennah (6) dit que, lorsqu'on veut réserver les Damans pour la table, il est bon, sitôt qu'on les a tués, d'enlever immédiatement les intestins et de les remplacer par des herbes aromatiques. C'est ce que font les Bédouins de l'Arabie Pétrée ; ils dépècent ces animaux sur place, et leur remplissent le corps de plantes aromatiques pour parfumer la viande et pour la préserver de la décomposition.

Parmi ces plantes aromatiques, Read (7) cite en particulier le *Cyclopia genistoides*, employé par les indigènes pour faire une sorte de thé qu'ils sucrent avec du miel. Cette herbe s'emploie aussi comme assaisonnement pour la cuisson de l'animal.

Au dire de Hennah (8), la chair du Daman a un peu le goût de celle du Cochon d'Inde. Bruce (9) lui trouvait le goût de celle du Poulet.

Dans les endroits où vivent les Damans, on trouve de petites

(1) Bruce, *Travels to the source of the Nile*, t. V, p. 145. — Ehrenberg, *Symb. phys.*

(2) *Op. cit.*, p. 159.

(3) *Hist. nat. Egypti*, lib. IV, chap. IX, p. 232.

(4) *Reise*, p. 279.

(5) *Mammals of Zambesia* (*Proceed.*, 1864, p. 656).

(6) *Notizen von Froriep*, vol. XLV, 1835, n° 978, p. 152.

(7) *Proceed.*, 1835, p. 13.

(8) *Op. cit.*, p. 152.

(9) *Op. cit.*, p. 145.

masses noirâtres, dures, ayant assez bien l'aspect du sang desséché, à cassure vitreuse, se ramollissant entre les doigts ; cette substance, que Thunberg avait prise pour de l'asphalte, à cause de ces divers caractères (1), a reçu plus tard, à cause de sa provenance, le nom d'*hyraceum*. Elle a une forte odeur de *castoreum* : elle est amère, astringente, soluble dans l'eau chaude, qu'elle colore en jaune, peu soluble dans l'alcool et dans l'éther. Elle possède des propriétés excitantes, qui l'ont fait employer, surtout en Angleterre et en Allemagne, comme succédané du castoréum. Hopp est le premier qui en ait parlé et qui l'ait apportée en Europe (2). Elle est peu employée aujourd'hui, et ne mérite pas de l'être.

Pendant longtemps, on ignorait la véritable nature de cette substance. On avait cru d'abord que c'était le produit sécrétoire de glandes particulières analogues à celles du Castor. Mais aucun naturaliste n'a pu trouver ces glandes. Hyrtl (3) et Brandt (4) les ont cherchées en vain : je n'ai pu les trouver non plus. Sparmann (5) croit que l'*hyraceum* est le produit d'une sécrétion périodique de la femelle privée du mâle. Aujourd'hui on admet que cette substance est un mélange d'excréments et d'urines de ces animaux. Les habitants du Cap le savent bien, et ils lui donnent le nom de *Dassenpiss* (*pissat de Blaireau*), parce qu'ils supposent que c'est de l'urine desséchée, après avoir été toujours déposée à la même place par les Damans (6). Son odeur rappelle en effet celle de l'urine ; mais elle est mélangée d'excréments solides. « Sur tous les rochers du pays de Bogos, dit Brehm (7), on pourrait en ramasser autant que l'on voudrait. Grâce à leur gloutonnerie, les Damans fournissent des quantités vraiment surprenantes d'excréments. On en voit des tas assez élevés sur toutes

(1) Ehrenberg, *Symbola physica*, decas I.
(2) Ehrenberg, *op. cit.*
(3) *Sitzungsb. der Akademie der Wissensch.* Vienne, 1852, vol. VIII, p. 465.
(4) *Op. cit.*, p. 83.
(5) *Reise*, p. 279.
(6) Ehrenberg, *Symbola physica*, decas I.
(7) *Mamm.*, t. II, p. 739
ARTICLE N° 5.

les pierres où se tiennent ces animaux; et dans les crevasses des rochers, on en rencontre à remuer à la pelle. »

C'est là le produit que les habitants du Cap nous envoient comme médicament. L'analyse a d'ailleurs bien démontré la nature de l'*hyraceum*. Hyrtl (1), qui n'a trouvé aucune poche préputiale ou anale ni chez l'*Hyrax syriacus*, ni chez le *capensis*, ni chez l'*habessinicus*, a étudié un morceau d'*hyraceum* qu'il avait rapporté d'Angleterre; et, à l'examen microscopique, il a trouvé des restes abondants de matière colorante biliaire, de végétaux, de faisceaux de matière ligneuse, de portions d'écorces, des cristaux d'acide urique, et des particules résineuses solubles dans l'essence de térébenthine.

Le même auteur a trouvé, chez deux *Hyrax* venus du Liban, une masse tout à fait pareille à l'*hyraceum*, mais plus molle, dans le rectum. Aussi conclut-il que ce médicament n'est autre chose que de la matière fécale desséchée et durcie par le soleil; c'est le *caput mortuum* de la digestion; c'est, dit-il en propres termes, « *Darmkoth* ».

Tous les chimistes, tant en France qu'à l'étranger, ont fait des analyses qui confirment celle-là. Il suffira de consulter pour de plus amples renseignements l'ouvrage de Soubeiran (2).

Mentionnons enfin en terminant un emploi qu'on pourrait faire du Daman vivant, si le fait est vrai. D'après Ehrenberg (3), le Daman apprivoisé qui se promène dans les maisons suffit pour mettre les Rats en fuite. On prétend même qu'il les tue, mais on ne sait pas s'il les mange.

III

AFFINITÉS DU GENRE HYRAX.

Il me reste, pour terminer ce travail et pour le justifier en quelque sorte, à rechercher quelle place l'étude anatomique

(1) *Op. cit.*, p. 465-466.
(2) *Éléments de matière médicale*, t. II, p. 2276.
(3) *Symbol. phys.*

complète du Daman permet de lui assigner dans le groupe des Mammifères.

Il n'y a certainement pas la moindre exagération à dire qu'aucun animal n'a offert, pour sa classification, plus de difficultés que celui-là. Ballotté sans cesse d'un ordre à un autre, il n'est resté dans aucun d'eux à la satisfaction de tous, comme on va le voir par l'histoire résumée de ces vicissitudes.

Si nous remontons jusqu'à Moïse, nous voyons qu'il place le Saphan parmi les Ruminants à pied fourchu. Mais les connaissances anatomiques de cette époque étaient trop peu avancées pour qu'il faille chercher querelle au législateur des Hébreux pour cette détermination inexacte.

A l'époque où le Daman apparait dans la science, il est pour les colons du cap de Bonne-Espérance un Blaireau. Kolbe trouve le nom impropre, et en fait une Marmotte. Vosmaer garde le même nom. Pallas change encore le nom, et choisit celui de *Cavia capensis*.

Voilà donc le Daman placé parmi les Rongeurs ; et il est certain qu'il leur ressemble beaucoup par ses formes extérieures, et même, comme je le dirai plus loin, par certains détails de son organisation.

Tous les zoologistes de cette époque, jusqu'aux recherches de Cuvier sur le squelette du Daman, se rangèrent à l'opinion de Pallas. Qu'il nous suffise de citer Linné, Pennant, Erxleben, Boddaert, Buffon, Gmelin, Blumenbach, etc.

Cuvier lui-même, dans le mémoire qu'il publia avec Geoffroy Saint-Hilaire, en 1795, sur la *Méthode mammalogique*, plaçait le genre *Hyrax* à la fin des Rongeurs. C'est l'étude des os qui devait modifier son opinion.

C'est en 1800 que Cuvier (1) établit le premier que le Daman devait être rapporté à l'ordre des Pachydermes ; et, dans les tableaux de classification joints au premier volume, il plaça le Daman entre l'Hippopotame et le Rhinocéros. C'est en 1804 (2)

----

(1) *Leçons d'anat. comp.*, ventôse an VIII, t. II, p. 66.

(2) *Description ostéologique et comparée du squelette du Daman* (*Annales du Muséum*, 1804, t. III, p. 171 et suiv.).

qu'il en donna les preuves dans un mémoire spécial, où il s'attacha à faire ressortir toutes les analogies existant entre le squelette du Daman et celui du Rhinocéros, à savoir, le nombre des côtes, le troisième trochanter du fémur, et surtout la forme des mâchoires et la dentition. On sait que le caractère regardé comme le plus important par Cuvier pour la classification des Mammifères était, dans chaque animal, le squelette; dans le squelette, la tête; et dans la tête, les dents. Aujourd'hui encore, les dents seules permettent, d'après ce principe, de caractériser un animal fossile. Or, la dentition du Daman ressemble tellement à celle du Rhinocéros, qu'il fallait bien classer le premier à côté du second. L'opinion de Cuvier fut donc adoptée dès ce moment, et l'on peut dire que depuis lors elle a régné dans la science à peu près sans partage.

Aussi presque tous les zoologistes, depuis Cuvier, ont placé le Daman parmi les Pachydermes. La liste de leurs noms serait trop longue à énumérer : Wiedemann, Ehrenberg, Rudolphi, Desmarest, Ranzani, Goldfuss, Frédéric Cuvier, Desmoulins, Gray, Latreille, Temminck, Lesson, Blainville, Wiegmann, Smuts, Fleming, Swainson, Waterhouse, Perty, Kaup, Schinz, Bonaparte, Duvernoy, Gloger, van der Hoeven, Bronn, Schmidt, Chenu, Giebel, Owen, Todd, Sclater, Turner, Brandt, etc.

Cependant, si cette classification ralliait de nombreux adhérents, elle n'a pas satisfait tous les zoologistes. Les uns, comme Willbrand (1) et Claus (2), continuèrent à placer le Daman parmi les Rongeurs ; d'autres, comme Oken (3), s'appuyant sur le grand nombre des vertèbres et sur l'ongle de l'orteil interne, en ont fait un Paresseux, et plus tard, à cause de l'aspect extérieur et des dents, un Didelphe placé entre le *Phascolomys* et le *Phascolarctus* (4) ; d'autres enfin avaient proposé d'en former une petite famille distincte : c'est ce que fit Illiger (5) au commencement

(1) *Handbuch der Naturgesch.* Giessen, 1829, p. 103.
(2) *Grundzüge d. Zoologie*, 1868, p. 785.
(3) *Lehrbuch d. Zool.* Iéna, 1816, t. II, p. 1087.
(4) Oken, *Allgemeinen Naturgeschichte*, VII, 2 (*Thierreich*, IV, 2, 1838, p. 885).
(5) *Annales Prodromus*, p. 95).

de ce siècle. Mais, comme ce naturaliste formait une famille de presque tous les genres, on ne prêta pas grande attention à son opinion, d'autant plus qu'elle ne s'appuyait sur aucune raison sérieuse. Illiger créa pour cette famille à part le nom de *Lamnungia*, que nous verrons reprendre plus tard par d'autres naturalistes.

Autrefois les zoologistes se contentaient, pour le classement méthodique des animaux, des caractères purement extérieurs. Avec les progrès de l'anatomie comparée, dont le représentant le plus éminent, et l'on pourrait presque dire le fondateur, fut Georges Cuvier, c'est d'après la structure intérieure de l'animal adulte que l'on établit les classifications. Mais cela ne suffisait pas encore ; il y avait un pas de plus à faire, et l'étude de l'embryologie des animaux devait révéler des affinités et des différences qu'il eût été impossible de soupçonner sans ce mode d'investigation. Je n'ai pas à m'occuper des recherches faites dans ce sens sur les animaux inférieurs ; je rappellerai seulement ce qui concerne les Vertébrés.

« Dans les premiers temps de son existence, l'embryon présente les mêmes caractères chez les Vertébrés ; mais bientôt cette identité apparente cesse, et des différences importantes se manifestent suivant les animaux dont ces embryons proviennent. Tantôt la totalité du feuillet externe du blastoderme entre comme élément constituant dans la formation de l'embryon, et celui-ci demeure à nu dans la tunique vitelline ; d'autres fois, au contraire, ce même feuillet du blastoderme acquiert un développement beaucoup plus considérable ; sa portion centrale seulement entre dans la constitution de l'embryon, et sa portion périphérique est employée à la formation de tuniques qui s'interposent entre le corps du jeune animal et son enveloppe vitelline : le sac amniotique se produit de la sorte ; et, par suite de cette espèce d'exubérance génésique, il se développe aussi en dehors de l'embryon un autre organe, dont le rôle est également transitoire dans l'économie, l'allantoïde (1). »

(1) Milne Edwards, *Considérations sur la classification naturelle des animaux* (*Ann. des sc. nat.*, 3e série, 1844, t. I, p. 87).

ARTICLE Nº 5.

Cette remarque a permis de diviser les Vertébrés en deux premiers groupes bien distincts : les uns, qui ont une vésicule allantoïde, et qui se développent dans l'intérieur d'un sac constitué par l'amnios ; les autres, qui manquent à la fois d'allantoïde et de tunique amniotique.

Cette classification, proposée d'abord par de Blainville, et soutenue, dès 1844, par M. Milne Edwards, qui n'a cessé de la développer et de la compléter dans ses leçons et dans ses livres, a permis de séparer les Batraciens des Reptiles, avec lesquels ils étaient confondus dans la classification de Cuvier. A ce caractère embryologique correspondent des différences anatomiques très-importantes : les Vertébrés allantoïdiens (Mammifères, Oiseaux, Reptiles) n'ont jamais de branchies, et respirent toujours par des poumons ; les Vertébrés anallantoïdiens (Batraciens, Poissons) respirent par des branchies, soit dans leur jeune âge, soit pendant toute leur vie.

Si nous reprenons les Vertébrés allantoïdiens, nous voyons que, chez les uns, la membrane vitelline tend à disparaître dès que le blastoderme a donné naissance à des tuniques nouvelles, tandis que chez les autres elle s'unit à une portion de ces tuniques propres pour constituer le chorion, dont la surface se couvre bientôt de nombreuses végétations organiques, tandis que chez les premiers la superficie de l'œuf n'offre rien d'analogue. A ces dispositions différentes correspondent encore des différences considérables de structure et de fonctions : le premier groupe comprend les Oiseaux et les Reptiles, qui sont ovipares ; le second, les Mammifères, qui sont vivipares, et ont une chambre incubatrice et des mamelles.

Enfin M. Owen a montré que, chez les Mammifères didelphiens, les connexions entre l'embryon et l'utérus ne s'établissent qu'à l'aide des villosités du chorion et des vaisseaux vitellins, sans intervention directe de l'allantoïde ; tandis que chez les Mammifères monodelphes les connexions entre la mère et l'embryon, établies primitivement à l'aide du chorion et de la vésicule ombilicale seulement, ne tardent pas à se compléter par le développement des vaisseaux allantoïdiens, et la production des

appendices placentaires qui en est la conséquence. A ces différences embryologiques correspondent des différences notables
dans les organes permanents : chez les Mammifères ordinaires,
les hémisphères cérébraux sont réunis par un corps calleux,
tandis que cette commissure manque chez les Didelphes qui sont
dépourvus de placenta.

On peut juger par ces exemples de l'importance qu'il est permis d'attribuer aux différences embryologiques. Convaincu de
cette vérité, M. Milne Edwards (1) a cherché, dès 1844, les
éléments d'une nouvelle classification des Mammifères dans la
disposition du placenta. Je me bornerai à en indiquer les traits
principaux.

Dans le premier groupe, l'allantoïde s'étale circulairement sur
un point de la surface interne du chorion, et y donne naissance
à un *placenta discoïde* (Bimanes, Quadrumanes, Chiroptères,
Insectivores, Rongeurs).

Dans le second groupe, l'allantoïde s'enroule autour de l'embryon, et tapisse ainsi le chorion sans atteindre aux deux pôles
de l'œuf, en formant autour de lui une sorte de ceinture : c'est
le *placenta zonaire* (Carnivores et Pinnés ou Amphibies).

Dans le troisième groupe, la totalité de la surface interne du
chorion est envahie par l'allantoïde, qui envoie d'espace en
espace des rameaux vasculaires dans la substance de la tunique
externe de l'œuf, et y donne naissance à de simples villosités ou
à des cotylédons disséminés dans toute son étendue : c'est le *placenta diffus* (Pachydermes et Ruminants).

Dans les deux premiers groupes existe une membrane caduque
utérine (*decidua*), qui fait que la parturition est accompagnée
d'hémorrhagie ; il n'y a pas de caduque dans le troisième groupe.

Enfin, il faut ajouter à ces trois types principaux un quatrième
type (les Lémuriens), dans lequel le placenta, accompagné d'une
caduque, affecte l'apparence d'un grand sac qui encapuchonne
presque complétement l'amnios. Ce placenta a été nommé *placenta en cloche* par M. Alphonse Milne Edwards, qui le premier

______

(1) *Op. cit.*; et *Recherches pour servir à l'histoire naturelle des Mammifères*. Paris,
1868.

l'a signalé à l'attention des zoologistes (1). Ce caractère embryologique, corroboré par ceux que fournissent le cerveau, le crâne, le système dentaire et les mains, permet d'établir entre les Singes et les Lémuriens une distinction profonde.

Or le placenta du Daman ne peut trouver place avec aucun de ceux-là. Il a la forme zonaire, comme celui des Carnassiers; mais il est dépourvu de caduque, comme celui des Ruminants. Voici l'observation qu'a faite M. Milne Edwards, après avoir ouvert un utérus d'*Hyrax capensis* en état de gestation :

« Le placenta n'adhère que très-faiblement aux parois de la chambre incubatrice. Tout en étant concentré et de forme zonaire, comme celui d'un Chat ou d'un Chien, cet organe en diffère beaucoup par la conformation de ses appendices vasculaires. La plupart de ceux-ci sont de simples villosités fort analogues à celles du placenta d'un Pachyderme ordinaire; au milieu de la ceinture formée par cet organe, il existait, il est vrai, des végétations vasculaires engagées dans des cavités correspondantes de la paroi utérine, mais elles n'y adhéraient pas plus que les prolongements analogues des cotylédons placentaires de la Vache ou de tout autre Ruminant n'adhèrent à la muqueuse utérine, dans les cryptes de laquelle ils s'enfoncent; elles s'en détachaient avec la même facilité, sans rien déchirer et sans emporter aucune portion du tissu de l'utérus. Il n'y avait donc là rien qui indiquât l'existence d'une caduque, et j'ajouterai que l'allantoïde ne dépassait pas les limites de la zone transversale occupée par le placenta (2). »

Voici ce que dit M. Huxley à ce sujet :

« Dans le fœtus, le sac vitellin et le canal vitello-intestinal disparaissent de bonne heure. L'amnios n'est pas vasculaire. L'allantoïde recouvre l'intérieur du chorion, et donne naissance à un large placenta, en forme de zone, composé de substance maternelle et de substance fœtale. Les vaisseaux maternels traversent l'épaisseur du placenta jusqu'à sa surface fœtale, où ils s'anastomosent, et forment un réseau, à travers lequel les vais-

(1) *Ann. des sc. nat.*, 5ᵉ série, 1872, t. XV, art. 6, p. 1-7.

(2) *Recherches pour servir à l'Histoire des Mammifères*, Introduction, p. 32-33.

seaux du fœtus passent à la surface utérine du placenta (1). »
M. Huxley admet en outre une caduque chez le Daman. Il m'a
été impossible de contrôler cette opinion, que je signale sans pouvoir la discuter.

Cette forme zonaire du placenta, déjà signalée par Éverard
Home (2), sembla suffisante à M. Milne Edwards pour faire du
Daman un groupe à part parmi les Mammifères (3). De Blainville, en 1845, se rattacha à la même opinion (4). Huxley admit
également la valeur de la classification placentaire (5), et la séparation du Daman d'avec les autres groupes. Owen au contraire
combattit cette manière de voir (6). En revanche, il proposa de
classer les Mammifères d'après la forme du cerveau (7). Pour
ce qui concerne le Daman, je crois que ce naturaliste éminent
serait obligé d'arriver à des conclusions conformes à celles de la
classification placentaire ; car mes recherches m'ont conduit à ce
résultat que le Daman, qui se rapproche des Carnassiers par la
disposition zonaire du placenta, s'en rapproche encore beaucoup
plus par la disposition des circonvolutions cérébrales.

En 1868, Carus (8) s'est rallié à l'opinion de MM. Huxley et
Milne Edwards, et il a proposé de faire du Daman une famille à
part, pour laquelle il a repris le nom de *Lamnungia* proposé par
Illiger. Van der Hoeven (9), tout en laissant le Daman avec les
Pachydermes, l'a placé également dans une famille séparée,
celle des *Lamnungia*.

Brandt (10) refuse d'admettre le caractère tiré du placenta,

(1) Huxley, *Manual of the Anatomy of Vertebrated Animals*. London, 1871, p. 434.

(2) *Lectures on Comp. Anat.*, vol. VI, 1828, pl. 61 et 62.

(3) *Ann. des sc. nat.*, 3ᵉ série, 1844, t. I, p. 97.

(4) *Ostéographie*, t. III, genre DAMAN. p. 45.

(5) *Lectures of the Elements of Comparative Anatomy*, 1864, p. 111, et 1865, p. 87
et suiv.

(6) *On the Characters, Principles of Division and Primary Groups of the Class Mammalia* (*Journal of the Proceedings of the Linnean Society of London*, 1857, vol. II,
p. 1).

(7) *Anatomy of Vertebrates*, 1866, vol. II, p. 296.

(8) *Handb. d. Zool.* Leipzig, 1868, t. VIII, p. 135.

(9) *Handbook of Zoology*, 2ᵉ édit., trad. angl. de Will. Clark, 1858, t. II, p. 636.

(10) *Op. cit.*, p. 88.

parce que, étant embryologique, il est transitoire. et il fait du Daman un Pachyderme à forme de Rongeur. Mais un caractère qui repose sur le même principe que celui qui a permis de séparer les Batraciens des Reptiles ne me paraît pas devoir être rejeté si légèrement. C'est aussi ce que M. Huxley a pensé, et dans son *Manuel d'anatomie des Animaux vertébrés*, il se rallie à l'opinion de M. Milne Edwards, et admet la classification placentaire. Dans les Mammifères, il distingue ceux à placenta discoïde et ceux à placenta zonaire, parmi lesquels il admet trois groupes de même valeur : les *Carnivores*, les *Proboscidiens* et les *Hyracoïdes* (1).

D'ailleurs, beaucoup de motifs encore viennent démontrer que le Daman doit former aujourd'hui un groupe à part. Il ne peut plus en effet rester, soit dans le groupe des Pachydermes, soit dans celui des Rongeurs, parce que, s'il se rattache à tous les deux par de nombreux caractères, il s'en éloigne par les caractères opposés. J'en vais présenter le tableau succinct.

Il se rapproche des Pachydermes par sa dentition, par quelques pièces du squelette ; par la dilatation de ses trompes d'Eustache en forme de poches aériennes (comme chez le Cheval) ; par beaucoup de muscles analogues à ceux du Cheval et du Cochon ; par ses testicules cachés dans l'abdomen (comme chez l'Éléphant), par ses cornes utérines plus petites que le corps ; par la forme du condyle de la mâchoire, par le nombre de ses vertèbres dorsales : mais il s'éloigne du Rhinocéros par le nombre des vertèbres lombaires, sacrées et caudales.

Il se rapproche des Rongeurs par l'aspect général du corps, par la fourrure ; par le commencement de division de sa lèvre supérieure ; par son estomac bilobé, par la disposition de sa crosse aortique ; par beaucoup de muscles analogues à ceux du Cochon d'Inde ; par la languette qui surmonte sa langue au milieu, par la papille foliacée qui borde sa langue en arrière (comme chez le Rat et le Lapin) ; par l'existence d'une seule papille rénale ; par la hauteur du niveau où les uretères pénètrent dans la vessie, par sa verge recourbée en arrière, par la division

---

(1) *A Manual of the Anatomy of Vertebrated Animals*. London, 1871. p. 411 et 432-434.

de son bulbe uréthral, par les petites lèvres de la vulve, et par la forme des premières apophyses épineuses dorsales.

Brandt (1) a cité, comme un argument qui rapproche le Daman des Pachydermes, la forme de leurs excréments, qui sont rendus sous forme de masse et non pas sous forme de grains. A cet argument, on peut en opposer un de la même valeur : le Daman ne boit pas plus que le Lapin, et se rattache par là aux Rongeurs.

Le Daman a encore d'autres affinités : il ressemble aux Carnassiers par la forme de son placenta et de son cerveau; aux Édentés, par la forme ramassée du corps, le grand nombre de côtes, le cæcum double, la phalange bifide de l'orteil interne (2); aux Monotrèmes, par l'issue des glandes sudoripares s'ouvrant au sommet des papilles et non dans leur intervalle.

Enfin, il a des caractères qui lui sont absolument propres, comme ses deux cæcums, l'un simple et l'autre double, la forme de l'os hyoïde, l'ouverture de l'urèthre dans le vagin.

Tous ces caractères contradictoires, qui excluent le Daman de tous les groupes où l'on voudrait le faire entrer, me paraissent prouver suffisamment que sa seule place naturelle, dans l'état actuel de la science, est une place absolument séparée. On objecterait à tort qu'il faut hésiter à former une famille spéciale pour un seul genre; il est déjà permis d'admettre plusieurs genres de Damans, comme on le verra dans le chapitre suivant.

Je me range donc à l'opinion de M. Milne Edwards, et j'admets avec lui, dans un groupe à part, la phalange des Hyraciens (3).

DES ESPÈCES DU GENRE DAMAN.

Il est probablement peu d'animaux dont la synonymie soit aussi compliquée que celle du Daman. En Syrie, il a reçu des Hébreux le nom de *Saphan;* des moines grecs du Sinaï, le nom

(1) *Op. cit.*, p. 77.

(2) Owen, *Proceed.*, 1832, p. 203.

(3) *Recherches pour servir à l'histoire naturelle des Mammifères*, 1868, Introduction, p. 22-25.

de *Chœrogryllon* (Brehm); des colons anglais, le nom de *Coney*
(Tristram); des Arabes, les noms de *Gannim Israël* (Prosper
Alpin, Shaw, Bruce), *Akbar* (Bruce), *Webra*, *Weber*, *Vabr* ou
Vobr au Sinaï (Ehrenberg, Tristram, Forskal, Bruce, Burkhardt),
de *Thofun* ou *Tubsoon* dans l'Arabie du sud (Tristram); de
Keeka et *Kleidom* dans le Dongolah (Ehrenberg; d'*Ashkoko* en
Abyssinie (Bruce), de *Gihe* dans le même pays (Salt). Le Daman
des arbres est appelé *Ewia* en Guinée (Temminck), *Naylur* à
l'île de Fernando-Po (Fraser), *Boom-daas* (Blaireau des arbres)
au cap de Bonne-Espérance (A. Smith), *Mbira* à Mozambique
(Peters). Enfin les noms acceptés dans la science ont été tour à
tour ceux de *Klipdas* (Blaireau des rochers), d'après les colons
hollandais du Cap (Mellin), *Marmotte du Cap* (Kolbe et Vosmaer), *Cavia capensis* (Pallas), *Daman-Israël* (Shaw et Buffon),
jusqu'au jour où Hermann lui donna définitivement celui de
Hyrax.

Il restait à distinguer les espèces contenues dans ce genre.
Buffon l'avait déjà essayé, en admettant une espèce de Syrie et
une espèce du Cap. « Le Daman du Cap, dit-il, diffère du Daman-Israël par plus de rondeur dans la taille, et aussi parce qu'il
n'a pas autant de poils saillants ni aussi longs que ceux du Daman-
Israël. Il a de plus un grand ongle courbe et creusé en gouttière
au doigt intérieur du pied de derrière, ce qui ne se trouve pas
dans les pieds du Daman-Israël. » Cette distinction reposait sur
des remarques erronées, et Cuvier la repoussa avec raison (1).
Ces deux espèces furent cependant acceptées par Schreber (2).
Ce naturaliste proposa aussi une nouvelle espèce, *Hyrax Hudso-
nius*, de l'authenticité de laquelle Cuvier doutait beaucoup (3),
et à juste titre, car c'était une Marmotte, nommée depuis par
Richardson (4) *Arctomys Franklinii*.

Cuvier trouva bien quelques différences entre la forme du
crâne chez le Daman du Cap et chez celui de Syrie ; mais ces

(1) *Ossem. foss.*, 4ᵉ édit., t. III, p. 250.
(2) *Säugethiere*, IVᵉ p., 920, nᵒ 31.
(3) *Règne animal*, 2ᵉ édit., t. I, p. 249.
(4) *Amer. lour. Monm.*, p. 168.

différences lui parurent insuffisantes pour établir une distinction d'espèces. Il jugea qu'il fallait, pour cette détermination,
posséder des individus de Syrie aussi nombreux et aussi complets
que ceux du Cap (1).

C'est à ce vœu que répondit M. Ehrenberg dans son voyage en
Syrie. Il rapporta d'Abyssinie cinq Damans, qu'avec Hemprich il
tua à la chasse auprès d'Arkiko et Eilet, dans les montagnes
d'Abyssinie appelées Gedam et Taranta. Les Damans de Syrie,
au nombre de sept, ont été pris vivants, avec l'aide des Arabes,
près du bourg de Thor, dans le voisinage du mont Sinaï. Dans le
Dongolah, Hemprich tua à la chasse six Damans à tête rousse dans
les rochers voisins d'un cours d'eau nommé Simrie, dans le dé-
sert, entre Dongolah et Sennaar. En comparant ces différents
individus entre eux et avec ceux du Cap, Hemprich et Ehrenberg
arrivèrent à la classification suivante, que je traduis aussi exactement que possible (2) :

1. HYRAX CAPENSIS. — Poils mous, roux ; brun cendré en
dessus, avec une bande dorsale plus foncée, et une tache plus
noire encore au milieu ; dessous du corps blanchâtre. Tête large,
à mandibule élevée ; 48 ou 50 vertèbres, dont 21 ou 22 portant
des côtes ; barre petite, quand les sept molaires existent ; os interpariétal grand, triangulaire. Avant-bras, pattes postérieures et
scapulum assez petits.

2. HYRAX RUFICEPS (dongolanus). — Poils roides ; brun fauve
en dessus ; point de bande dorsale ; vertex d'un roux vif dans
les adultes ; tache dorsale jaune ; dessous du corps blanchâtre.
Tête grêle ; mandibule plus étroite, et barre plus étendue que dans
le précédent ; os interpariétal plus grand, presque quadrangulaire ; occiput large. Avant-bras et pattes postérieures un peu
plus allongés.

3. HYRAX SYRIACUS (Sinaiticus). — Poils roides ; jaune roux
en dessus ; point de bande dorsale ; tache médiane blanc jaunâtre ; dessous du corps blanchâtre. Tête grêle ; mandibule
étroite : 46 ou 47 vertèbres, dont 21 ou 22 portant des côtes ;

(1) *Ossem. foss.*, 4e édit., t. III, p. 250-251.
(2) Hemprich et Ehrenberg, *Symbolæ physicæ*, decas I, MAMMALIA, pl. 2.
ARTICLE N° 5.

barre étroite ; os pariétal petit, pentagonal ; occiput étroit. Avant-bras, pattes et omoplates un peu allongés.

4. HYRAX HABESSINICUS. — Poils roides, gris roux en dessus, varié de noir ; tache médio-dorsale noire ; dessous du corps blanchâtre. Tête grêle très-comprimée ; mandibule étroite ; barre plus longue ; os interpariétal grand, semi-orbiculaire. Jambes et pattes plus allongées.

De ces quatre espèces, il faut probablement en retrancher une, la seconde, qui est, non pas un *H. habessinicus* en bas âge, comme le veut le docteur Gray (1), mais plutôt un *syriacus*, comme l'admet M. Peters dans une note adressée au docteur Gray (2). C'était déjà l'opinion de Temminck, qui voyait dans le *ruficeps* un Daman-Israël, avec un pelage différent suivant la saison (3). Il suffit, pour s'en assurer, de comparer les figures qui accompagnent la description (4). Le *syriacus* et le *ruficeps* n'offrent aucune différence sensible. M. Ehrenberg sentait si bien cette analogie, qu'il hésita longtemps à séparer ces deux espèces. La couleur rousse du vertex est le seul caractère distinctif, et il est assurément insuffisant pour autoriser la création d'une espèce nouvelle.

La classification de M. Ehrenberg fut longtemps acceptée dans la science, comme la plus exacte et la plus complète. Vers 1844, de Blainville revisa cette classification, dont il faut assurément retrancher l'*Hyrax ruficeps*. C'est à tort, suivant mon avis, que de Blainville rattacha cette espèce à l'*habessinicus* (5), et y vit l'*Ashkoko* de Bruce (6) ; il y faut voir bien plutôt une variété du *syriacus*, comme le prouvent les dessins de M. Ehrenberg. Il ne restait donc que les trois espèces *H. capensis, syriacus, habessinicus*. De Blainville y ajouta une espèce nouvelle, très-distincte de toutes celles que l'on connaissait jusqu'alors, le *H. arboreus*, découvert par André Smith aux environs du cap de Bonne-Espé-

(1) *Ann. and Mag. of nat. History*, 4ᵉ série, vol. I, 1868 ; I, p. 36.
(2) *Ibid.*, p. 45.
(3) *Esquisses zoologiques sur la côte de Guinée*. Leyde. 1853, p. 181.
(4) *Symbolæ physicæ*, decas I, pl. 2.
(5) *Ostéographie*, t. III, DAMAN, p. 45.
(6) *Ibid.*, p. 10.

rance (1). La couleur de la fourrure était mélangée de brun rougeâtre et de noir en dessus, blanche en dessous; la fourrure, très-rude, et rappelant les soies du Cochon, portait une tache blanche dorsale près du milieu des reins. Smith reconnut très-bien le caractère des dents et du crâne, que j'ai décrits sous le nom de *H. dorsalis* dans l'étude du squelette, et qui diffèrent si complétement de l'*Hyrax capensis* et des espèces voisines.

Ce fut le commencement de la découverte du *Daman des arbres*, espèce tellement distincte des autres, surtout par les caractères crâniens, qu'il y a lieu d'en faire un genre nouveau. Il faut rattacher à ce nouveau groupe deux autres espèces découvertes et bien décrites vingt-cinq ans après celle de Smith, par Fraser en 1852, par Temminck en 1853. Je commencerai par le récit de Temminck, parce qu'il décrit tout à la fois l'espèce de Smith et la sienne.

L'espèce décrite par Temminck (2) fut découverte sur les côtes de la Guinée par un naturaliste voyageur, Pel, qui l'adressa à Leyde sous le nom d'*Hyrax arboreus*. Temminck y vit une espèce nouvelle, et voici les raisons sur lesquelles il s'appuie; je lui laisse la parole :

« Quoique cette espèce nouvelle présente par ses forme sextérieures tous les caractères reconnus à ce genre d'animaux, que même sa manière de vivre, ainsi que toutes ses habitudes, soient exactement les mêmes que dans *Hyrax arboreus* du Cap, quelques formes organiques marquantes lui sont particulières; celles-ci pourraient même servir à isoler notre espèce comme représentant d'un genre nouveau, si, en effet, la science pouvait y gagner quelque chose, en augmentant l'échafaudage méthodique d'un nom générique de plus. Nous nous bornons à placer ce Daman nouveau comme espèce voisine du Daman des arbres, auquel nous allons le comparer.

(1) *Descriptions of two Quadrupedes, etc.* (*Linn. Transact.*, 1826-1827, vol. XV, p. 461 et 468-470).

(2) *Esquisses zoologiques sur la côte de Guinée.* Leyden, 1853, p. 181-185.

DAMAN DES FORÊTS. — *Hyrax sylvestris.*

» Le crâne de ce Daman à l'état parfait d'adulte, comparé au crâne d'un *Hyrax arboreus* du Cap, de même âge et égal de taille, offre ces différences que celui de *Hyrax sylvestris* est plus court, tandis qu'il présente plus de largeur aux arcades ; le nombre des molaires aux deux mâchoires est de six dans *sylvestris*; dans *arboreus*, ainsi que chez les autres espèces, l'état normal est de sept partout. La même disparité se retrouve aussi chez les jeunes, lorsqu'ils sont munis de leurs dents de lait ; *sylvestris*, dans cet état, a trois molaires seulement, tandis que dans *arboreus* on en trouve quatre. Les pieds, dans *sylvestris*, sont plus robustes ; les doigts plus longs et plus gros que chez *arboreus*; celui-ci a le doigt externe des pieds de devant rudimentaire ; ce doigt est distinct et plus long dans *sylvestris*.

» A ces caractères s'en joignent quelques autres purement zoologiques. *Hyrax sylvestris* a le museau, le menton et la région qui entoure les yeux, nus ; ces parties sont couvertes de poils dans *Hyrax arboreus*. Le premier a la partie intérieure des oreilles parfaitement nue ; chez le second, les oreilles sont totalement poilues, même garnies de longues touffes blanches. La longue touffe de poils blancs qui recouvre la nudité glanduleuse du dos, et qui est propre aux deux espèces, forme une bande étroite dans *arboreus*; chez *sylvestris*, elle est plus étendue ; les poils très-longs sont de deux couleurs, et la nudité glanduleuse occupe un espace plus considérable.

» Pelage rude, long, mais peu garni de feutre. Les poils soyeux sont d'un brun noirâtre à leur base, et de là jusqu'à la pointe, ils sont noirs, annelés de roux foncé ; la face extérieure du lobe des oreilles est abondamment garnie de poils de la même couleur, mais la face intérieure est complétement nue. Vers la région des vertèbres lombaires existe une grande tache, dont les poils très-longs sont d'un blanc pur à la pointe et noirs à la base ; ils couvrent une partie de la croupe ; un large cercle autour de l'orbite des yeux ; tout le museau et le menton manquent de poils, si ce n'est les longues moustaches noires dont les lèvres sont garnies ; des crins longs et noirs naissent au-dessus des yeux. La gorge est brun noirâtre ; le reste des parties inférieures du corps est d'un brun clair. Quelques longues soies noires se trouvent réparties çà et là sur ce pelage d'une teinte très-sombre.

» Les jeunes de l'année ont le même pelage que dans l'adulte ; il est seulement moins foncé, à teinte grisâtre ; la tache du dos est plus petite, entourée de poils noirs ; ceux-ci couvrent aussi toute l'épine dorsale, ainsi que le sommet de la tête.

» Longueur totale, 15 pouces ; du bord antérieur des yeux à la pointe du nez, 1 pouce 7 lignes ; de toute la tête, 4 pouces 6 lignes ; longueur de la plante des pieds de devant, depuis le talon au bout de l'ongle du plus grand des doigts, 1 pouce 10 lignes ; des pieds postérieurs, 2 pouces 5 lignes. Les dimensions de la plante nue des pieds, prises sur un *Hyrax arboreus* de la même taille, donnent, pour les pieds de devant, 1 pouce 7 lignes ; pour les postérieurs. 2 pouces 4 lignes.

» *Eivia* est le nom nègre de ce Daman. Les indigènes le désignent ainsi par imitation du cri assidu et perçant dont pendant la nuit retentissent les forêts: il le répète incessamment, surtout lorsqu'il escalade le tronc des arbres chargés des fruits dont il se nourrit, et qu'il va chercher jusqu'au faîte ; aussi ne le trouve-t-on que dans les grandes forêts. De jour, il s'abrite dans les trous vermoulus des arbres les plus gros ; ceux-ci servent de demeure à sa progéniture ; il ne sort de cette cachette qu'à la chute du jour : au clair de lune, les sons aigus qu'il répète sans cesse, décèlent sa présence et le trahissent aux chasseurs.

» PATRIE. — Cette espèce est fort abondante depuis la côte jusque dans le pays des Aschantees ; on la trouve partout où le pays est couvert de forêts. »

A ces deux espèces de Damans des arbres, il faut ajouter celle de Fraser, qu'il a appelée *Hyrax dorsalis*, et dont il donne la description suivante (1) :

« Mâle adulte. Couleur générale d'un blanc grisonné, se fon-

---

(1) *Description of a new Species of Hyrax from Fernando-Po*, by Louis Fraser, H. M. Consul at Whidah (*Proceed. Zool. Soc.*, 1852, p. 99).

gent vers le dos, où le poil est annelé de noir. Une ligne d'un blanc jaunâtre, ayant environ 4 pouces de long, commence sur les fausses côtes pour se diriger en arrière. Museau nu, de couleur brune. Yeux noisette clair. Longueur de la tête, 4 pouces 1/2 ; longueur du cou et du corps, environ 18 pouces ; longueur des pattes postérieures depuis le talon jusqu'à l'extrémité du doigt, 3 pouces. Il habite l'île de Fernando-Po, sur la côte de Guinée. »

L'auteur ajoute que M. Waterhouse, dans une lettre à M. Cuming, s'exprime ainsi :

« Cet *Hyrax* est certainement distinct des deux espèces que je connais, le *H. capensis* et le *H. syriacus* ; et, en comparant sa peau avec la description de *H. arboreus*, la seule espèce décrite, j'ai trouvé plusieurs différences qui m'amènent à croire qu'il en est distinct, je veux dire surtout la texture de sa fourrure. Dans l'espèce de Fernando-Po de M. Fraser, la fourrure est grossière, tandis que dans le *H. arboreus* on dit qu'elle est molle et délicate. En outre, ce dernier animal offre vers le milieu de la mâchoire inférieure une bande noire transversale qui n'existe pas dans l'espèce de M. Fraser. »

Pour compléter l'histoire du Daman des arbres, j'ajouterai encore ici quelques renseignements. Vers 1832, Verreaux (1) trouvait au Cap une nouvelle espèce de Daman des arbres, qu'il appelle *Hyrax niger*, et qui a le dessus de la tête et le dos gris mêlé de noir, les oreilles blanches, une grande tache dorsale blanche à longs poils ; le dehors des pattes d'un gris cendré ; la mâchoire inférieure, le dessous du cou, le ventre et le dedans des pattes, d'un beau blanc ; de la même grosseur que l'*Hyrax capensis*, mais à poils beaucoup plus longs. Vers 1840, Lefebvre (2) tuait au Chiré une espèce de Daman grimpeur trèscommun dans le Tarenta (*Kosguouam*), et dans toute l'Abyssinie, sur les rochers et les montagnes de 600 à 800 pieds d'élévation. Dans le Chiré, il l'a trouvé à Scheullada, à Maibérasio, dans le Choa. Il l'a vu sur des arbres comme nos Rats, sur de grosses branches horizontales. Il le rapporte à tort à

<hr>

(1) *Notes manuscrites.*
(2) *Voyage en Abyssinie* (MAMM. et OISEAUX), p. 30-31.

l'*Hyrax habessinicus* de Hemprich et Ehrenberg. Speke (1), signalant un Rat curieux (*Pectinator Spekii*) qui habite le creux des rochers de l'Afrique orientale, dit que ses habitudes sont très-différentes de celles de l'*Hyrax* (*H. habessinicus*, qu'on trouve aussi en grand nombre dans les environs de ces montagnes. L'*Hyrax* grimpe et se couche dans les branches des buissons ou petits arbres, mais ordinairement il habite les crêtes et les excavations des rochers. Speke l'a trouvé jusqu'à 5 degrés de latitude au sud. Kirk (2) a trouvé l'*Hyrax arboreus* commun sur les côtés des montagnes rocheuses, dans les collines de Manganja, Kebrabassa. Ces animaux vivent en colonies; les indigènes les prennent dans des trappes à ressorts; leur chair est bonne à manger. Le docteur Welwitsch a rencontré dans l'Angola un Daman qui fut tué grimpant sur un arbre, et qui a été rapporté à l'*H. arboreus* par Peters (3). Le docteur Welwitsch dit que cette espèce est commune, dans les cavités rocheuses, sur les bords de la rivière Maïomba, dans le district des Mossamedes, et qu'elle diffère constamment, par sa taille plus grande, d'une seconde espèce, qui a pour patrie l'intérieur de l'Angola.

De nouvelles observations sur l'*Hyrax syriacus* ont été faites par Tristram (4), qui dit qu'il n'est pas rare sur les côtes de la mer Morte, dans les gorges des rochers, mais qu'il est rare dans les autres parties du pays. On le rencontre de temps en temps sur les crêtes des montagnes, au nord de la plaine d'Acre. Il n'est pas commun au mont Hermon, ni au Liban, mais il est très-abondant dans la péninsule du Sinaï. Il donne naissance à trois ou quatre petits à la fois.

De nouveaux individus vinrent ainsi peu à peu enrichir les

<hr>

(1) *Notes on the habits of two Mammals observed in the Somali country, Eastern Africa*, by captain J. H. Speke (*Proceed. Zool. Soc.*, 1859, p. 234, et *Journal of Asiatic Society of Bengal*, t. XXIV, p. 296).

(2) *List of Mammalia met with in Zambesia, East. Tropical Africa*, by John Kirk (*Proceed. Zool. Soc.*, 1864, p. 656).

(3) *Note on the Mammalia observed by Dr Welwitsch in Angola*, by Dr W. Peters (*Proceed.*, 1865, p. 401).

(4) *Report on the Mammals of Palestine*, by the Rev. H. B. Tristram (*Proceed.*, 1866, p. 84).

ARTICLE N° 5.

collections. C'est ce qui a permis au docteur Gray d'entreprendre, il y a quelques années (1), la révision des espèces du genre *Hyrax*, d'après l'examen des exemplaires du British Museum. Il a pu établir ses divisions sur l'examen du squelette, essai déjà tenté par de Blainville (2), et aussi sur une étude très-attentive du pelage.

Le docteur Gray a trouvé dans les différentes espèces qu'il a eu à étudier des caractères assez tranchés pour pouvoir en tirer des distinctions génériques. Il a commencé par séparer le Daman des rochers du Daman des arbres, et l'on a pu voir, à la description que j'ai donnée des deux crânes, combien cette séparation s'impose impérieusement à l'esprit. Il a fait du premier le genre *Hyrax*, et du second le genre *Dendrohyrax*. Dans ces deux genres le scapulum, comme le crâne, offre aussi de notables différences, d'après le docteur Gray. Dans l'*Hyrax*, il est allongé, deux fois plus long que large, avec une apophyse courte et élargie au côté inférieur du condyle. Dans le *Dendrohyrax*, le scapulum est large et régulier, 4/5ᵉ aussi large que long, avec une apophyse allongée et comprimée au côté inférieur du condyle. Le bord inférieur de l'os, dans l'*Hyrax*, est incliné dans la moitié de sa longueur, et presque rectiligne; dans le *Dendrohyrax*, ce bord est arqué depuis le condyle jusqu'à l'extrémité, la partie la plus large étant près du bord inférieur.

La couleur de la tache dorsale, prise aussi comme caractère distinctif, a une valeur réelle. Les animaux à tache dorsale blanche ont un crâne très-différent de ceux qui ont une tache noire ou jaune (3). La tache dorsale est accompagnée d'une bande dorsale étroite et linéaire chez les individus à tache jaune ou blanche, large et diffuse chez ceux à tache noire.

Le docteur Gray, à ces deux genres, en a ajouté un troisième qui se rapproche beaucoup plus des *Hyrax* que des *Dendrohyrax*. Il l'appelle *Euhyrax*; on en verra plus loin les caractères.

____

(1) *Revision of the Species of Hyrax, founded on the Specimens in the British Museum*, by Dʳ J. E. Gray (*Ann. and Mag. of Nat. Hist.*, 1868, t. I, p. 35-51).

(2) *Ostéographie des Mammifères*, t. III, genre DAMAN, p. 33, 45.

(3) Gray, *op. cit*, p. 37.

Enfin, chaque poil du pelage, pris en particulier, présente encore des différences d'une espèce à l'autre. Tantôt le poil a une couleur uniforme; tantôt il présente un peu au-dessous de son sommet une bande (*anneau subapical*), de couleur différente : cet anneau peut être noir sur un poil jaune, ou jaune sur un poil noir, et il a la même valeur spécifique que la couleur du plumage chez les Oiseaux.

Voici maintenant le tableau proposé par le docteur Gray (1).

Famille des HYRACIDÉS.

Museau obtus, sans corne. Corps couvert de poils avec des soies plus allongées, éparses. Orteils un peu allongés, obtus; ongles aplatis. Queue courte ou cachée sous la peau. Dents, 34 : incis. $\frac{1}{2}\frac{1}{2}$; can. $\frac{0-0}{0-0}$; prémol. $\frac{4}{4}\frac{4}{4}$; mol. $\frac{3-3}{3-3}$.

HYRAX, Hermann; LIPURA, Illiger; HYRACIDÆ, Schinz, *Syst. mamm.*, 338.

Les espèces sont ainsi rangées :

1. HYRAX.
    a. Tache dorsale noire... 1. *Hyrax capensis* (sud de l'Afrique).
    b. Tache dorsale jaune.
      * Fourrure rude ...... 2. *H. Burtonii* (nord et ouest de l'Afrique).
                        3. *H. Welwitschii* (Angola).
      ** Fourrure molle ...... 4. *H. Brucei* (Abyssinie).
                        5. *H. Alpini* (Abyssinie?).
                        6. *H. sinailicus* (Sinaï).
2. EUHYRAX............. 1. *E. abyssinicus* (Abyssinie).
3. DENDROHYRAX....... 1. *D. dorsalis* (ouest de l'Afrique).
                        2. *D. arboreus* (sud de l'Afrique, tête).
                        3. *D. Blainvillei* (crâne seulement).

Les trois groupes primordiaux ou genres se distinguent les uns des autres par leur crâne et par leurs dents.

Genre HYRAX.

Crâne avec une crête sagittale étroite, distincte, à la partie postérieure du vertex, à l'état adulte. Occipital non dilaté en dessus. Nez court. Diastema (espace vide entre la canine supé-

(1) *Op. cit.*, p. 39.

rieure et la première prémolaire) court, n'égalant pas la longueur du côté externe des trois premières prémolaires. Molaires disposées suivant une ligne courbe. Molaires larges, grandes, carrées, beaucoup plus grosses et plus larges que les prémolaires, qui sont comprimées (la première est très-comprimée). Orbite incomplète en arrière. Mâchoire inférieure très-large en arrière. Scapulum triangulaire et allongé. Vingt et une paires de côtes, sept os sternaux.

Genre EUHYRAX.

Crâne avec une crête sagittale étroite et distincte, qui règne dans toute la longueur du sommet de la tête de l'adulte. Occipital non dilaté en dessus. Nez allongé. Diastema allongé, plus long que la longueur du côté externe des trois premières prémolaires. Molaires disposées suivant une ligne presque droite. Molaires carrées, plus larges que les prémolaires, qui sont comprimées. Orbite incomplète en arrière. Scapulum triangulaire et allongé. D'après Gerrard, vingt-deux paires de côtes, dont la première est attachée à la dernière vertèbre cervicale, cinq os sternaux.

Genre DENDROHYRAX.

Crâne un peu allongé, avec le vertex large et aplati, séparant toute la longueur des muscles temporaux dans l'animal adulte. Nez allongé. Diastema long, plus long que la longueur du côté externe des trois premières prémolaires. Molaires et prémolaires disposées suivant une ligne presque droite, et ayant toutes à peu près la même forme, les prémolaires antérieures étant seulement un peu plus petites que les autres. Orbites complètes (ou bien incomplètes, même dans un crâne adulte).

Le bord supérieur de l'occipital est épais, large, et forme une partie du sommet de la tête. Le crâne peut être distingué dès l'enfance de celui d'*Hyrax capensis* et de *Euhyrax*, par la grandeur de l'os interpariétal, demi-oblong, à peu près deux fois aussi large que long. Dans un crâne presque adulte, il occupe out l'espace de la partie postérieure du sommet du crâne.

Espèces du genre HYRAX.

Tache dorsale noire bien marquée.

1. HYRAX CAPENSIS (le *Klipdas*).

Fourrure noire, finement pointillée de blanc; bande dorsale noire.

Hyrax capensis, Schreb., *Säugeth.*, 920, t. 240; Cuvier, *Ossem. foss.*; Gray, *List Mamm. Brit. Mus.*, 187; Gerrard, *Cat. Bones Brit. Mus.*, 283; Blainville, *Ostéogr.*; Read, *Proceed. Zool. Soc.*, 1835, p. 13.

Cavia capensis. Pallas.

Marmotte du Cap, Buffon.

HAB. — Sud de l'Afrique, cap de Bonne-Espérance.

Var. Bande dorsale peu distincte. Cap de Bonne-Espérance docteur Krauss).

Bande dorsale linéaire jaune.

a. Fourrure rude.

2. HYRAX BURTONII.

Fourrure un peu rude, d'un gris jaunâtre pâle, très-légèrement ponctué de noir. Ligne dorsale petite, jaune. Poils du dos un peu rigides, d'une couleur noire ou brun foncé dans presque toute leur longueur, avec le bout d'un jaune peu marqué. Le dessous du corps est jaune pâle. L'os interpariétal est demi-ovalaire, aussi long que large.

Hyrax syriacus, Gray, *List Mamm. Brit. Mus.*

H. abyssinicus, Burton, Ms. B. M.; Gerrard, *Cat. Bones Brit. Mus.*, 284.

HAB. — Nord de l'Afrique, Égypte (James Burton).

3. HYRAX WELWITSCHII.

Poils courts, un peu rudes, d'un gris de fer. Poils de la partie supérieure du dos noirs, avec un anneau subapical blanc et large. Ceux des côtés sont d'un brun sale avec un anneau blanc. Ligne dorsale d'un jaune peu prononcé. Interpariétal très-petit et presque triangulaire.

Hyrax arboreus. Peters, *Proceed. Zool. Soc.*, 1865, p. 401 (non Smith).

Hab. — Endroits rocheux des côtes de la rivière Maïomba, district des Mossamedes.

b. Fourrure douce et serrée.

4. Hyrax Brucei.

Fourrure douce et serrée, brune, tirant sur le gris jaunâtre, finement ponctuée de noir. Le dessous du corps blanc. Ligne dorsale distincte, d'une teinte jaune rougeâtre foncée. Poils du dos doux, d'un brun grisâtre foncé, chaque poil ayant une bande noire subterminale étroite et une extrémité jaune. Os interpariétal oblong, plus long que large.

Ashkoko, Bruce.

Daman d'Israel, Buffon.

Hyrax syriacus, Schreb., Blainville.

Hyrax abyssinicus, Rüppel, Gerrard, Burton.

Hyrax ruficeps vel *dongolanus*, Ehrenberg (non Blainville).

Hab. — Afrique, Abyssinie.

5. Hyrax Alpini.

Tache dorsale petite, d'un jaune rougeâtre. Fourrure d'un brun jaunâtre légèrement lavé de noirâtre. Poils jaunes à leur extrémité. Le poil de la base externe des oreilles est d'un blanc jaunâtre.

Hab. — Nord de l'Afrique, Abyssinie (Leadbeater).

(Il n'existe au British Museum qu'un seul individu de cette espèce, représenté par une peau achetée en 1843 à M. Leadbeater).

6. Hyrax sinaiticus.

Fourrure un peu longue, douce, d'un brun jaunâtre pâle; bande dorsale d'un jaune vif. Tête et front légèrement pointillés de blanchâtre. Interpariétal petit, pentagonal (Ehr.).

Hyrax syriacus vel *sinaiticus*, Hempr. et Ehr. (non Schreb.).

Coney (*H. syriacus*), Tristram.

Uabr, Forsk., *Fauna*, p. 5.

Hab. — Asie, Palestine, Arabie, mont Sinaï.

Espèces du genre EUHYRAX.

EUHYRAX ABYSSINICUS.

Fourrure noirâtre, finement ponctuée de blanc; tache dorsale noire.

Le crâne ressemble à celui d'*Hyrax capensis*, *Burtoni* et *Brucei* par sa forme générale; mais il est plus volumineux que chez aucune espèce d'*Hyrax*; il est presque aussi grand que celui du *Dendrohyrax dorsalis*. Il est étroit, et l'espace lisse qui occupe le sommet de la tête est linéaire, et a la même largeur à peu près partout. Le crâne est en somme intermédiaire à ceux d'*Hyrax* et de *Dendrohyrax*, mais cependant il se rapproche plus de l'*Hyrax*.

Un caractère qui le distingue aussi des *Hyrax*, c'est la longueur du diastema, qui égale le côté externe des trois premières prémolaires et la moitié de la quatrième, tandis que dans l'*Hyrax capensis* il égale seulement le côté externe des deux premières prémolaires et le tiers de la troisième.

Hyrax habessinicus, Hempr. et Ehr.

Hyrax abyssinicus, Gieber, *Mamm.*, p. 213.

Hyrax syriacus, Hempr. et Ehr., *Symb. phys.*, t. 2.

Hab. — Abyssinie, où on l'appelle *Ashkoko* (Cornwallis Harris).

Espèces du genre DENDROHYRAX.

a. Orbite complète (*Dendrohyrax*).

1. DENDROHYRAX DORSALIS.

Fourrure rude comme des soies de Cochon, noirâtre. Chez le jeune, fourrure douce, soyeuse, d'un brun rougeâtre. Bande dorsale large.

Hyrax dorsalis, Fraser, Verreaux, Cat.

Hyrax abyssinicus, Read, Gerrard.

Hyrax arboreus, Blainville (non Smith), Gerrard.

Hab. — Ouest de l'Afrique (Verreaux), Fernando-Po (Fraser), Ashantees (Read).

2. DENDROHYRAX ARBOREUS (le *Boomdaas*).

« Fourrure d'un fauve rougeâtre varié de noir. Côtés du corps d'un blanc rougeâtre, mêlé de noir. Dessous du corps et côté interne des membres blanchâtres, avec une ligne dorsale et centrale blanche. » (A. Smith). Chez le jeune, fourrure douce, abondante, à poils longs, et d'un gris noirâtre foncé, varié de gris plus pâle. Lèvres, menton, gorge, dessous du corps, côté interne des membres, blancs. Gray n'a pas vu le crâne.

Hyrax arboreus, Smith; Peters, Mossamb. 182? (non Blain-ville); Kirk, *Proceed. Zool. Soc.*, 1864, p. 656?.

Hab. — Sud de l'Afrique (A. Smith); Mossamb., Tete (Peters, Kirk). A Tete, on l'appelle *Mbira* (Peters).

b. Orbite incomplète (Heterohyrax).

3. DENDROHYRAX OU HETEROHYRAX BLAINVILLEI.

Crâne adulte du British Museum, sans sa mâchoire inférieure, sans aucun renseignement.

Prémolaires petites; molaires et prémolaires presque égales comme dimension, et disposées à peu près sur une ligne droite; grande longueur du diastema, si caractéristique dans cette section de la famille des *Hyrax*. Orbite incomplète en arrière, seul caractère qui le distingue des *Dendrohyrax*.

C'est ce crâne qui a été figuré par de Blainville comme *Hyrax ruficeps*.

Le docteur Gray ajoute que l'*Hyrax sylvestris* recueilli dans l'ouest de l'Afrique par le missionnaire Dieterle, et figuré par Jaeger, est probablement un *Dendrohyrax*. L'interpariétal en forme d'urne, plus large en avant et plus étroit en arrière, per-mettrait d'en faire une nouvelle espèce, le *Dendrohyrax syl-vestris*.

Le docteur Gray n'a pas classé l'*Hyrax sylvestris* de Tem-minck.

Le Musée Britannique ayant reçu de M. Jesse trois spécimens et un squelette d'*Hyrax* recueillis pendant l'expédition d'Abys-sinie, le docteur Gray y trouva deux espèces nouvelles et une variété de l'une d'elles (1), appartenant à son genre *Hyrax*.

Ces trois peaux avaient une fourrure douce et une ligne dorsale jaune. La première avait une tache dorsale jaune, allongée, bien marquée : le poil était jaune dans toute sa longueur. Poil du dos gris et noir, avec sommet blanc. Partie postérieure du dos et des reins lavée d'une teinte ferrugineuse, que le docteur Gray n'a observée dans aucune espèce. Pour cette raison il nomma cette espèce *Hyrax ferrugineus*.

La deuxième espèce ressemble beaucoup à celle-là ; mais elle a les poils plus longs, la tache dorsale plus petite ; le poil de la tache est noirâtre dans la moitié inférieure de sa longueur, et jaune dans la partie supérieure. Menton et dessous du corps blancs. Le docteur Gray nomma cette espèce *Hyrax irroratus*.

La troisième peau ressemblait à la deuxième, avec cette différence que les poils étaient plus courts, le menton et le dessous du corps d'un gris jaunâtre. La tache dorsale était comme chez l'*Hyrax irroratus*. Aussi le docteur Gray a considéré cet animal comme n'étant qu'une variété du précédent, et il l'a nommé *Hyrax irroratus* var. *luteogaster*. Mais il le croit distinct spécifiquement, et il espère qu'il deviendra plus tard une espèce.

Enfin, le « senhor » Barboza du Bocage ayant envoyé au docteur Gray un spécimen d'*Hyrax arboreus*, le docteur Gray (2) y trouva une espèce très-distincte du genre *Hyrax* proprement dit. En effet, la fourrure était douce, mais le petit sommet des poils était noir, et la tache dorsale allongée, d'un blanc pur. Le docteur Gray a trouvé que cet animal différait de toutes les autres espèces d'*Hyrax* par la longueur et l'étroitesse du nez dans le squelette. Il en fit par conséquent une nouvelle espèce sous le nom d'*Hyrax Bocagei*.

Récemment, le docteur Gray a créé encore une nouvelle espèce de *Dendrohyrax*, d'après un animal trouvé à Latiko (3 degrés N., Afrique orientale tropicale) par sir Samuel Baker, qui en donna la peau et le crâne au British Museum. Cette nouvelle espèce,

______
(1) *New Species of Hyrax*, by Dr J. E. Gray (*Ann. and Mag. of Nat. History*, 1869, t. III, p. 242).

(2) *Op. cit.*, p. 242-243.

nommée par le docteur Gray *D. Bakeri*, ressemble au *D. Blain-villei* par son orbite incomplète ; mais elle en diffère par les caractères suivants. Chez le *D. Blainvillei*, l'os intermaxillaire est carré, avec l'extrémité postérieure large et tronquée ; le trou sous-orbitaire est petit et placé au-dessous de l'angle antérieur de l'orbite. Chez le *D. Bakeri*, l'os intermaxillaire est triangulaire, allongé, aigu en arrière ; le trou sous-orbitaire est grand, et placé en avant du bord antérieur de l'orbite (1).

J'ai rapporté en détail la classification du docteur Gray, parce que c'est la plus complète qui ait été donnée, et celle qui présente avec le plus de détails les caractères différentiels des espèces. Cependant elle a donné prise à la critique. M. William Blanford (2), au retour de l'expédition anglaise d'Abyssinie, pendant laquelle il recueillit vingt-huit Damans de différentes localités, reprocha au docteur Gray d'avoir établi ses spécifications sur des caractères très-variables. La tache dorsale peut manquer chez les jeunes individus ; la couleur varie aussi du gris foncé au roux chez des animaux du même terrier ; la texture même de la fourrure peut varier dans une même espèce, et se montrer plus rude chez certains individus que chez d'autres. Enfin M. Blanford admet même que le diastema peut varier. Chez deux individus absolument semblables, adultes tous deux, et dont les peaux ne différaient que parce que l'une était d'une couleur un peu plus ferrugineuse que l'autre (caractère sans importance, suivant l'auteur), il a trouvé les différences suivantes en décimales du pouce :

	1er individu.	2me individu.
Longueur du diastema..................	0,35	0,45
Longueur des trois premières prémolaires...	0,48	0,48

Aussi tend-il à rejeter le genre *Euhyrax*, qu'il ne trouve pas, pour tous ces motifs, suffisamment distinct du genre *Hyrax*.

---

(1) *On Dendrohyrax Bakeri, a new Species from tropical North-Eastern Africa* (Ann. and Mag. of Nat. Hist., 1874, p. 132-136).

(2) *On the Species of Hyrax inhabiting Abyssinia and the neighbouring Countries*, by William T. Blanford (Proceed. Zool. Soc., 1869, p. 638-642 ; Observ. abyss., p. 249-257).

Il propose à son tour, mais seulement pour les espèces de l'Abyssinie, la classification suivante :

I. Bande dorsale noire.

a. Fourrure rude, marbrée ; taille moyenne.

1. HYRAX ABYSSINICUS.

H. habessinicus, Hempr. et Ehr.

HAB. --Les rives de la mer Rouge, près de Massowa et la baie d'Annesley.

b. Fourrure molle et longue ; grande taille.

2. H. CAPENSIS ?

Euhyrax abyssinicus, Gray.

HAB. --Shoa, dans l'Abyssinie méridionale.

II. Bande dorsale jaune.

a. Fourrure douce, variable pour la couleur, mais habituellement d'un gris brunâtre foncé ou brun et marbré.

3. H. BRUCEI.

Ashkoko de Bruce (Amhara, Abyssinie du sud).

Gihe de Salt (Tigré, Abyssinie du nord).

H. Brucei et *H. Alpini,* Gray.

H. ferrugineus, Gray.

H. irroratus, Gray.

H. irroratus var. *luteogaster,* Gray.

H. abyssinicus auct., nec Hempr. et Ehr.

HAB. — Le pays haut de Tigré, dans l'Abyssinie du nord, à plus de 2000 pieds au-dessus du niveau de la mer.

b. Fourrure rude, d'un brun jaunâtre ; taille moyenne.

4. H. DONGOLANUS.

H. ruficeps vel *dongolanus,* Hempr. et Ehr.

H. Burtoni, Gray.

HAB. — Dongolah (Hempr. et Ehr.), Égypte (Burton).

L'*Hyrax syriacus,* Schreb. (*H. sinaiticus,* Hempr., Ehr. et Gray) se rapproche de *dongolanus* par sa couleur, car il est d'une teinte isabelle un peu vive, avec une grande tache dorsale pâle. Mais sa fourrure est douce. Il habite la Palestine, la Syrie et le nord de l'Arabie. (Il paraît que jusqu'à présent on ne connaît aucune espèce d'*Hyrax* dans le sud de l'Arabie.)

On remarquera que cette classification ne contient que les espèces abyssiniennes et ne fait aucune mention des *Dendrohyrax*.

Je signalerai encore une nouvelle espèce récemment décrite, l'*Hyrax mossambicus*, d'abord considéré par Peters comme une variété de l'*H. arboreus*, puis séparé par l'auteur comme une espèce nouvelle (1), à laquelle il assigne les caractères suivants : Noir tacheté de gris, vers les lombes plus couleur de rouille. Au milieu du dos, une tache couleur de rouille. Jaune rouillé au-dessus de l'œil et sur le bord inférieur de l'oreille. En dessous, blanc sale. Les poils du dos, pris isolément, sont d'un brun noir, avec un anneau subapical d'un blanc jaunâtre, la pointe noire. Le poil de la barbe est noir. Le dessus du dos est de la couleur du corps, mais plus argenté. La lèvre supérieure et la lèvre inférieure, la partie nue de la plante du pied et les environs de l'anus sont nus, noirs. Le crâne n'a qu'un pariétal simple et unique ; aucun interpariétal. Il correspond le plus avec la description de l'*Hyrax Blainvillei*, Gray (*H. ruficeps*, Blainville, non Ehrenberg ; *H. abyssinicus*, Jaeger, non Ehrenberg). Il s'en distingue cependant par la forme de la partie supérieure de l'écaille occipitale, qui se termine par deux pointes divergentes et non pas parallèles, et aussi en ce que le trou sous-orbitaire se trouve au-dessus de la deuxième et non pas de la troisième molaire ; par l'os lacrymal plus grand et plus saillant au dehors ; par le palatin plus allongé, et qui s'avance plus en avant jusqu'à la troisième et non pas jusqu'à la quatrième dent molaire ; par son museau plus grêle ; par la région interorbitaire plus aplatie ; et enfin par les proportions des dents.

Les trois premières molaires supérieures ont ensemble la même étendue que la distance qui les sépare des dents incisives,

(1) *Sitzungsbericht der Gesellschaft naturforschender Freunde zu Berlin*. Am. 20. Juli 1869-1870, p. 25.

et que les deux molaires et demie suivantes ; tandis que chez
H. Blainvillei, les deux mâchelières antérieures sont beaucoup
plus courtes que le diastema, et non pas tout à fait aussi longues
que deux molaires suivantes. Extrémités des membres :

Longueur de la paume des mains.................. 0^m,058
—   de la plante des pieds .... 0^m,034

L'auteur n'a eu qu'un seul individu : c'était une femelle, non
pas tout à fait adulte, qu'il a prise, le 8 septembre 1843, sur la
presqu'île de Cabaçeira, située en face de l'île de Mozambique,
par 15 degrés de latitude S.

Il me reste maintenant à apprécier les diverses classifications
que j'ai rappelées, et dont aucune, à mon avis, n'est exempte de
reproches.

Pour vérifier ces classifications, j'ai eu à ma disposition, grâce
à l'obligeance de M. Alphonse Milne Edwards, vingt individus
montés, tant jeunes qu'adultes, et trois peaux appartenant à la
collection du Muséum d'histoire naturelle de Paris. Je vais com-
mencer par en donner l'énumération avec un numéro d'ordre,
auquel je renverrai dans le cours de leur description :

N° 1. Mâle adulte du cap de Bonne-Espérance, rapporté par
Delalande en 1820. Cat. 46.

N° 2. Femelle adulte du Cap. Delalande, 1820. Cat. 46.

N° 3. Femelle jeune du Cap. Delalande, 1820. Cat. 46. Il y a
quatre incisives en haut : les deux internes (dents de lait) sont
près de tomber ; en dehors, les incisives de remplacement sont
à moitié sorties. Cat. R. 570.

N° 4. Mâle adulte, mort à la ménagerie, 1826. Cat. R. 571.

N° 5. Un individu provenant de l'envoi de M. Lichtenstein,
1827, et désigné sous le nom d'*Hyrax syriacus*. Cat. R. 580.

N° 6. Daman du Cap, mars 1834. Cat. R. 576.

N° 7. Femelle du Cap, très-jeune (longueur du corps, 18 centimètres). Delalande, 1820, Cat. 46, R. 574.

N° 8. Individu très-jeune du Cap ; même taille. Delalande,
1820. Cat. 46, R. 575.

N° 9. Jeune Daman du Cap. Delalande. Longueur du corps, 22 centimètres. Cat. R. 572.

N° 10. Jeune mâle du Cap, donné par M. Verreaux, 1842. Même taille que le n° 9. Cat. R. 573.

N° 10 *bis*. Daman adulte, mort à la ménagerie le 19 septembre 1840 ; 1053. Animal en peau.

N° 11. Daman d'Abyssinie, encore jeune (les incisives inférieures sont encore divisées en dents de peigne dans la moitié de leur longueur). Envoi de M. Schimper, 1855, n° 208. Cat. R. 583.

N° 11 *bis*. Daman adulte, rapporté par MM. Petit et Dillon, mai 1840 ; 1052. Animal en peau.

N° 12. Oueber du mont Sinaï (Daman de Syrie, *H. syriacus*), donné par M. Léon de Laborde. 1829. Individu pas tout à fait adulte (dents incisives inférieures divisées en dents de peigne dans une petite étendue). Cat. R. 577.

N° 13. Daman adulte du Liban, donné par M. Botta. Cat. R. 578.

N° 14. Daman d'Éthiopie adulte, acheté à M. Burtau le 28 novembre 1835, mort à la ménagerie le 7 décembre 1835. Cat. R. 584.

N° 15. Daman adulte du Liban, donné par M. Botta. Cat. R. 579.

N° 16. Jeune Daman de Syrie (longueur du corps, 19 centimètres), donné par M. de Laborde fils, 1829. Cat. R. 581.

N° 17. Jeune Daman mâle, rapporté d'Égypte par M. Botta, 1835. Cat. R. 582.

N° 17 *bis*. Daman adulte des bords du Nil, par MM. Petit et Dillon, 1840. Animal en peau.

N° 18. Daman des arbres, mâle, du Gabon. Envoi de M. Aubry le Comte, 1856, n° 750 du Catalogue général. Cat. R. 583.

N° 19. *Hyrax dorsalis*, acquis à M. Gerrard (de Londres), 1869, n° 44 du Catalogue général. (C'est son crâne que j'ai décrit.)

N° 20. *Hyrax dorsalis* jeune (longueur du corps, 20 centimètres), acquis à M. Gerrard (de Londres), 1869, n° 45 du Catalogue général.

J'ajouterai à cette liste trois autres individus, deux adultes et un autre assez jeune, qui m'ont servi pour l'étude anatomique détaillée ci-dessus, et un quatrième, une jeune femelle rapportée par M. Botta, et conservée dans l'esprit-de-vin.

Les exemplaires que j'ai désignés sous les n°^s 1 à 10 *bis* appartiennent tous incontestablement à l'*Hyrax capensis*. Ils présentent tous une tache dorsale noire, et une bande dorsale de la même couleur. Cependant ils offrent des différences assez marquées sous le rapport de la taille, de la nature du pelage et de sa couleur.

Les n°^s 1 et 2 sont d'une taille beaucoup supérieure aux autres, presque le double. Le n° 4 est cependant aussi adulte qu'eux; mais cette seule différence de taille ne saurait permettre d'accepter une différence d'espèce.

Le pelage est beaucoup plus doux, plus long, presque laineux, non-seulement chez les jeunes (n°^s 7, 8, 9, 10), mais encore chez certains adultes (n° 4). Cette différence peut tenir à la saison, et ne saurait constituer un caractère spécifique.

La couleur varie également du gris de fer au brun rougeâtre. Je crois, avec M. Blanford, que ce caractère a peu d'importance, puisqu'on le retrouve chez des individus qui appartiennent manifestement à la même espèce.

Un caractère plus important est celui de la tache dorsale. Chez les n°^s 1 à 10 *bis*, la tache dorsale est noire; chez les n°^s 11 à 20, elle est jaune; mais il y a à faire une distinction entre tous ces individus. Chez les n°^s 11 et 11 *bis*, la bande dorsale est noire; le pelage est gris de fer ponctué de noir; les poils ont un anneau subterminal noir, et l'extrémité jaune; le dessous du cou, le dedans des pattes et le ventre sont d'un blanc pur, et la couleur du ventre et celle du dos sont séparées par une ligne nette et brusque sans transition. Chez les n°^s 12 à 17 *bis*, la bande dorsale est jaune; le pelage est uniforme, d'un jaune pâle ou foncé; le poil est de même couleur dans toute sa longueur, plus clair autour de la base des oreilles. La couleur du poil pâlit par dégradations insensibles du dos au ventre, comme chez l'*Hyrax capensis*.

Les n°s 11 et 11 *bis* appartiennent à l'espèce d'Abyssinie décrite par Bruce sous le nom d'*Ashkoko*, et comparée par lui au Lapin de garenne. Les sept autres appartiennent à l'espèce de Syrie.

Enfin les n°s 18, 19 et 20 se distinguent de tous les autres par leur pelage très-rude, comparable aux soies du Sanglier, d'un noir foncé teinté de roux, et par la tache blanche du dos qui offre une grande dimension. Mais ces caractères ne sont pas les seuls, ni les plus importants. Le crâne offre avec celui des autres espèces des différences si considérables, qu'on a pu sans exagération trouver là un caractère de distinction générique. Ces trois exemplaires appartiennent à l'*Hyrax dorsalis*, dont il convient de faire avec Gray le genre *Dendrohyrax*.

Examinons maintenant les diverses classifications qui ont été proposées pour les différentes espèces de Damans.

Sur les quatre espèces décrites par Ehrenberg et Hemprich, il y en a trois qu'il faut conserver : le Daman du Cap, celui de Syrie et celui d'Abyssinie. Le Daman du Dongolah (*H. ruficeps*) n'est qu'une variété du Daman de Syrie. Ces naturalistes ont attribué à tort une tache dorsale noire au Daman d'Abyssinie : il n'a aucune tache dorsale apparente ; mais en écartant les poils du dos, on trouve une touffe abondante de poils jaunâtres, qui occupe un espace long de 5 centimètres et large de 2. Le Daman des arbres manque dans cette classification, contemporaine de sa découverte.

La classification du docteur Gray présente tout à la fois des qualités et des défauts. Gray a fait avec raison du *Dendrohyrax* un genre à part : les caractères du crâne justifient cette séparation. Mais son genre *Euhyrax* me paraît reposer sur des caractères insuffisants : ce n'est probablement qu'une variété de l'*Hyrax habessinicus*, dont l'*Ashkoko* de Bruce est le type. Je crois donc qu'il faut supprimer l'*Euhyrax*. L'*Hyrax capensis* forme un groupe bien net que l'on doit conserver. Le docteur Gray a vu fort exactement que cette espèce est la seule qui ait une tache dorsale noire, et que chez le Daman de l'Abyssinie comme chez celui de Syrie, la tache dorsale est jaune. Mais je trouve plusieurs reproches à faire à sa classification : il rattache à son *Euhyrax* le *syriacus* et l'*habessinicus* de M. Ehrenberg, qui offrent des différences si tranchées, qu'il est impossible de les considérer comme une espèce identique. De plus, il rattache à son *Hyrax Brucei* (l'*Ashkoko* de Bruce) le Daman-Israël de Buffon et le *ruficeps* de M. Ehrenberg, deux variétés du *syriacus*. En un mot, le docteur Gray me paraît réunir là des espèces très-différentes, et en compensation séparer des espèces identiques ; car je crois qu'il faut rattacher à l'espèce de Syrie les espèces qu'il nomme *Burtonii*, *Alpini* et *sinaiticus*, et à l'espèce d'Abyssinie celles qu'il nomme *Welwitschii*, *Brucei* et son *Euhyrax*. J'aurais à faire des remarques analogues pour les *Hyrax ferrugineus*, *irroratus*, *luteogaster* et *Bocagei*. Je crois que les nombreuses espèces établies par le docteur Gray ont été admises par lui avec trop de complaisance, et sur des caractères qui peuvent être suffisants pour faire accepter une variété passagère, ou la variété héréditaire et fixée constituant une race, mais qui ont assurément trop peu de valeur pour autoriser la création d'autant d'espèces différentes.

La classification de M. Blanford, assez incomplète, puisqu'elle ne s'occupe que des espèces de l'Abyssinie, trouve sa critique dans le préambule même qui la précède. En effet, après avoir dit que la taille de l'animal, la couleur et la texture de la fourrure, sont très-variables dans une même espèce, et n'autorisent pas des distinctions spécifiques, cet auteur établit sa classification sur ces mêmes caractères qu'il vient de déclarer insuffisants. La critique qu'il adresse au docteur Gray se retourne donc contre lui, et enlève à sa classification la valeur qu'il refuse à celle de son compatriote.

Les caractères qui me paraissent devoir présider à la classification des différents groupes de la famille des Hyraciens sont d'abord ceux du squelette, et spécialement du crâne. Puis viennent les caractères de la tache dorsale, et enfin ceux de la bande dorsale et des colorations tranchées, soit du pelage, soit de chaque poil pris isolément.

D'après les caractères du crâne, on doit admettre deux grands

genres bien distincts : le genre *Hyrax* et le genre *Dendrohyrax*.

Genre HYRAX.

a. Tache dorsale noire.

Bande dorsale noire; poil sensiblement de même couleur
dans toute sa longueur, variant du gris de fer au brun rougeâtre. . . . . *H. capensis.*

b. Tache dorsale jaune.

* Bande dorsale noire; pelage gris de fer ponctué de noir;
poil avec anneau subterminal noir et extrémité jaune; ventre
blanc, séparé du dos par une ligne brusque. . *H. habessinicus.*

** Bande dorsale jaune; pelage uniforme, d'un jaune pâle
ou foncé; poil de même couleur dans toute sa longueur, plus
clair autour de la base des oreilles. . . . . *H. syriacus.*

Genre DENDROHYRAX.

Les espèces du genre *Dendrohyrax* sont encore trop mal
définies pour que je cherche à les caractériser. Dans les trois
exemplaires que j'ai sous les yeux, j'écarterai d'abord un jeune
individu dont le poil doux et laineux est bien différent de celui
des deux adultes, caractère qui tient uniquement à l'âge. Quant
aux deux adultes, chez l'un (n° 19) la tache blanche dorsale est
notablement plus grande que l'autre (n° 18); les flancs, le ventre
et le dedans des pattes, sont d'une couleur ferrugineuse plus
claire que chez l'autre; mais je ne saurais accorder une grande
importance à ces caractères, que j'ai trouvés insuffisants dans
les autres classifications pour la spécification des *Hyrax*. Je crois
qu'on pourra plus tard, avec des matériaux plus nombreux, établir plusieurs espèces dans le genre *Dendrohyrax*. Mais, pour le
moment, ces éléments me font défaut, et je préfère sur ce point
une sage réserve à une spécification hasardée, périlleuse pour
son auteur, et sans profit pour la science.

RÉSUMÉ.

Je crois utile, en terminant ce mémoire, de récapituler les principaux résultats de mes recherches, c'est-à-dire les faits nouveaux que j'ai ajoutés à l'histoire anatomique du Daman.

Pour l'appareil digestif, j'ai surtout fait des recherches histologiques qui sont toutes nouvelles sur la structure des amygdales, sur les papilles de la cavité buccale, sur la structure de l'œsophage, sur celle de l'estomac, et sur la localisation des glandes et des papilles dans ce viscère. J'ai également approfondi l'étude des papilles de l'intestin grêle, et constaté leur absence dans le gros intestin, ce qui permet de fixer exactement une frontière qui avait donné prise à quelques contestations. Enfin j'ai donné la description du péritoine, qui n'avait pas encore été faite.

Pour l'appareil circulatoire, j'ai donné la description complète des artères thoraciques et abdominales, viscérales et pariétales. J'ai, de plus, signalé plusieurs anomalies artérielles de la terminaison de l'aorte abdominale. J'ai étudié les gros troncs du système veineux, et leurs dispositions les plus importantes dans le thorax et l'abdomen.

Pour l'appareil respiratoire, j'ai étudié d'une façon détaillée et approfondie l'os hyoïde, le larynx et toutes les parties qui le composent. J'ai expliqué certaines divergences sur le nombre des rameaux trachéens et des lobes pulmonaires ; enfin j'ai étudié d'une façon précise la division des bronches dans chacun des deux poumons.

Pour le squelette, j'ai approfondi l'étude de tous les os en particulier, et j'ai donné spécialement un parallèle très-détaillé du crâne des *Hyrax* comparé à celui des *Dendrohyrax*.

Pour le système musculaire, après avoir revu tous les muscles, j'ai discuté les diverses déterminations contradictoires des auteurs. J'ai surtout démontré la subordination du système musculaire au système osseux ; et j'ai fait voir comment, chez notre animal, l'absence de clavicule et d'apophyse mastoïde entraînait forcément dans le système musculaire des modifications qu'il m'a été facile d'expliquer.

J'arrive au point principal de mon travail : le système nerveux. Le système nerveux central, que personne encore n'avait étudié, a été surtout l'objet de mon attention. Pour cette étude, j'ai eu à ma disposition trois cerveaux avec les crânes correspondants. J'ai étudié en détail les fosses cérébrales, les trous et les fentes du crâne, les méninges et leurs sinus veineux, l'isthme de l'encéphale, le cervelet, le cerveau. J'ai signalé, parmi les caractères les plus importants, le grand développement du lobe moyen du cervelet, le petit développement de ses lobes latéraux, la dimension des *testes* supérieure à celle des *nates*, les subdivisions de la glande pinéale à sa face inférieure, la saillie médiane inférieure de la voûte à trois piliers, la forme triangulaire du *tuber cinereum* enclavé dans l'éminence mamillaire. Enfin, j'ai fait une étude approfondie de la disposition des circonvolutions cérébrales, et j'ai constaté qu'elle se rapprochait de ce qu'on observe chez les Carnassiers.

J'ai fait également l'étude des nerfs crâniens, et j'ai signalé cette disposition singulière, qui fait que les trois avant-dernières paires crâniennes ne sortent pas par le trou déchiré postérieur, mais ont un orifice spécial situé beaucoup plus en arrière.

J'ai fait aussi l'étude détaillée des nerfs dorsaux et lombaires, des plexus brachial et lombo-sacré, et des branches qui se distribuent aux membres antérieurs et postérieurs.

Enfin j'ai étudié dans tous ses détails le système nerveux ganglionnaire et ses plexus, dont j'ai figuré les caractères les plus saillants, comme pour les autres parties du système nerveux.

Pour les organes des sens, j'ai étudié et décrit, dans l'appareil de la vue, la membrane nictitante et la glande lacrymale. Dans l'appareil auditif, où presque tout avait été fait, j'ai eu moins de recherches originales. Pourtant, la membrane du tympan et la disposition des osselets m'ont fourni quelques résultats inédits. Pour l'organe de l'odorat, j'en ai étudié et figuré les détails principaux : les cornets, les sinus et l'organe de Jacobson. Pour l'organe du goût, j'ai décrit les muscles de la langue, ses nerfs, ses papilles, et spécialement la *papilla foliata* qu'elle présente à sa base de chaque côté. Pour la peau, j'ai décrit ses papilles, ses glandes sudoripares et sébacées, la structure de la paume des mains et de la plante des pieds, et celle des différents poils.

Dans l'appareil uro-génital, il restait peu de recherches à faire ; cependant j'espère avoir démontré que les organes qu'on avait toujours considérés comme des vésicules séminales, sont des glandes de Cowper. J'ai aussi décrit et figuré l'ouverture des glandes accessoires dans l'urèthre, et leurs dispositions toutes spéciales. Pour l'appareil génital femelle, j'ai décrit l'ouverture très-singulière du canal de l'urèthre vers le milieu du vagin, et la présence des glandes de Duvernoy dans l'épaisseur des parois vaginales.

Dans la partie zoologique, je n'avais rien à découvrir. Tout ce que j'ai cherché à faire, c'est de grouper d'une manière méthodique les divers renseignements fournis par les zoologistes, y compris les maladies qu'on a signalées chez notre animal.

Pour la zootaxie, j'ai discuté la place assignée au Daman parmi les Mammifères, et j'ai conclu à la nécessité de le placer dans un groupe à part. Enfin, j'ai examiné les différentes espèces du genre ; et, après avoir discuté les classifications admises par Hemprich et Ehrenberg, de Blainville, le docteur Gray, M. William Blanford, j'ai cherché à simplifier les complications des dernières classifications, mais sans prétendre cependant à fixer définitivement l'état de la science sur ce point : les imperfections que j'ai signalées chez mes devanciers m'imposent une grande circonspection. C'est au temps qu'il faut s'en remettre pour une œuvre qui ne peut être faite sans lui.

EXPLICATION DES FIGURES.

PLANCHES 21 A 27.

Fig. 1. Appareil digestif. — *a*, estomac ; *b*, duodénum ; *c*, intestin grêle ; *d*, premier cæcum ; *e*, deuxième cæcum à deux cornes ; *f*, rectum ; *g*, tronc cœliaque ; *h*, artère gastrique, avec la veine correspondante ; *i*, artère hépatique ; *j*, artère duodénale ; *k*, artère splénique ; *l*, artère de la capsule surrénale gauche ; *m*, artère mésentérique supérieure ; *n*, veine grande mésentérique.

Fig. 2. Estomac fermé, avec l'étranglement qui le sépare en deux moitiés inégales.

Fig. 3. Estomac ouvert. — *a*, cardia ; *b*, cul-de-sac pylorique ; *c*, portion cardiaque

de l'estomac séparée de la portion pylorique *d* par le bourrelet *e*; *f*, débris d'épithélium de la portion cardiaque; *g*, duodénum ouvert.

Fig. 4. Premier cæcum ouvert. — *a*, cavité du cæcum; *b*, intestin grêle; *c*, valvule
iléo-cæcale; *d*, gros intestin; *e*, bourrelet circulaire qui limite le cæcum en haut;
f, poche en forme d'S qui constitue le commencement du gros intestin.

Fig. 5. *a*, artère aorte abdominale; *b*, tronc cœliaque; *c*, artère hépatique; *d*, artère
gastrique; *e*, artère duodénale; *f*, artère splénique; *g*, *g*, artère mésentérique supérieure; *h*, artère colique gauche; *i*, *i*, artères coliques droites; *j*, artère duodénale.

Fig. 6. Principaux lobes du foie (voy. l'explication pages 40 et 41). — *a*, portion
pylorique de l'estomac ouvert; *b*, duodénum ouvert, laissant voir l'embouchure du
canal cholédoque au-dessus de celle du canal pancréatique; *c*, pancréas; *d*, canal
cholédoque; *e*, aorte abdominale; *f*, veine grande mésentérique recevant successivement la veine splénique et la veine pancréatique avec lesquelles elle concourt à
former la veine porte *g*; *h*, veine cave inférieure; *i*, artère splénique accompagnée
de sa veine; *j*, artère gastrique accompagnée de sa veine qui va se jeter dans la veine
splénique; *k*, artère hépatique; *l*, artère pancréatico-duodénale; *m*, distribution de
l'artère hépatique dans le foie.

Fig. 7. Rate avec la terminaison de l'artère splénique.

Fig. 8. *a*, côlon descendant; *b*, rein droit avec sa capsule surrénale *c*; *d*, uretère
droit; *e*, vessie; *f*, testicule droit; *g*, canal déférent; *h*, veine cave inférieure formée
par la réunion des deux veines iliaques et recevant les veines lombaires, les veines
testiculaires et les veines rénales; *i*, veine grande mésentérique recevant les deux
petites mésentériques; *j*, aorte abdominale; *k*, tronc cœliaque; *l*, artère de la capsule surrénale gauche; *m*, artère grande mésentérique; *n*, artère petite mésentérique; *o*, artère testiculaire droite; *p*, veine testiculaire droite; *q*, veine rénale
gauche; *r*, artère iliaque primitive gauche; *s*, artère iliaque externe gauche; *t*, artère
iliaque primitive droite fournissant les deux hypogastriques; *u*, artère circonflexe
iliaque droite avec sa veine *v*; *x*, artère épigastrique droite avec sa veine; *y*, artère
iliaque externe droite; *z*, artère droite du dos de la verge.

Fig. 9. Aorte abdominale. — *a*, diaphragme; *b*, tronc cœliaque; *c*, artère mésentérique supérieure; *d*, petite mésentérique; *e*, artère diaphragmatique; *f*, artère cap-
sulaire; *g*, artères rénales; *h*, *h*, artères spermatiques; *j*, artère iliaque primitive
droite fournissant l'hypogastrique gauche *k*; *l*, iliaque primitive gauche; *m*, *m*, *m*,
m, *m*, *m*, *m*, *m*, *m*, artères musculaires abdominales et lombaires.

Fig. 10. *a*, *a*, aorte abdominale; *b*, *b*, *b*, artères rénales droites; *c*, *c*, artères rénales
gauches; *d*, *d*, petite mésentérique; *e*, *e*, artères spermatiques; *f*, *f*, *f*, artères lombaires; *g*, *g*, *g*, veines lombaires; *h*, veine cave inférieure; *i*, *i*, capsules surrénales;
k, *k*, reins.

Fig. 11. *a*, glande parotide; *b*, son canal excréteur; *c*, glande sous-maxillaire;
d, muscle masséter; *e*, larynx; *f*, trachée-artère; *g*, muscle mylo-hyoïdien; *h*, buccinateur.

Fig. 12. Pharynx ouvert. — *a*, dents incisives supérieures; *b*, dents molaires; *c*, face
supérieure de la langue avec l'empreinte des saillies de la voûte palatine; *d*, languette du milieu de la langue, avec la fossette située en avant *e*; *f*, *papilla foliata*;
g, saillies de la voûte palatine; *h*, papilles du voile du palais; *i*, bord postérieur du

voile du palais; *j*, orifice de la cavité tonsillaire; *k*, cavité tonsillaire ouverte avec l'amygdale qui est encore dans; *l, l*, piliers postérieurs du voile du palais; *m*, colonne charnue formée par la réunion de ces piliers à la paroi postérieure de l'œsophage; *n*, orifice du sinus sous-épiglottique; *o*, cordes vocales supérieures; *p*, épiglotte; *q, q*, cornes postérieures du cartilage thyroïde; *r*, œsophage; *s*, trachée-artère.

Fig. 13. Coupe longitudinale d'une dent incisive supérieure. — *a*, émail; *b*, dentine; *c*, cavité centrale de la dent.

Fig. 14. Coupe transversale de la même dent. — Mêmes lettres; *d*, débris desséchés de la membrane qui tapisse la cavité centrale.

Fig. 15. Coupe transversale de la paroi de l'œsophage. — *a*, fibres musculaires longitudinales; *b*, fibres musculaires circulaires; *c*, muqueuse et papilles dépouillées de l'épithélium; *d*, glandes situées dans le tissu cellulaire sous-muqueux.

Fig. 16. Coupe perpendiculaire des parois de l'estomac au niveau de la limite qui sépare la portion cardiaque de la portion pylorique; transition brusque des papilles aux glandes; différence d'épaisseur des couches musculaires sous-jacentes. — *a*, glandes; *b*, papilles; *c, c*, muscles sous-jacents.

Fig. 17. Cœur et poumons. — *a*, cœur recouvert du péricarde; *b*, lobe pulmonaire droit principal; *c, d*, deuxième et troisième lobes du poumon droit; *e*, lobe pulmonaire gauche principal; *f, g*, deuxième et troisième lobes du poumon gauche; *h*, lobe accessoire du poumon droit; *i*, quatorzième côte; *j*, œsophage; *k*, aorte thoracique avec les artères intercostales; *l*, veine cave ascendante.

Fig. 18. Lobes pulmonaires principaux avec les bronches ouvertes. — *a*, fin de la trachée-artère; *b, b*, naissance des bronches secondaires.

Fig. 19. Cartilage de l'épiglotte.

Fig. 20. Os hyoïde vu par devant. — *a*, corps de l'hyoïde; *b, b*, tige antérieure bifurquée de l'os hyoïde, ou baguettes hyoïdiennes; *c, c*, bandelette cartilagineuse reliant l'extrémité antérieure des deux baguettes hyoïdiennes; *d*, membrane interposée à ces deux baguettes et constituant la *fossette longitudinale* de Cuvier; *e, e*, cornes styloïdes; *f, f*, cornes thyroïdes.

Fig. 21. Les mêmes parties, après que la membrane de la fossette longitudinale a été enlevée. Mêmes lettres que pour la figure précédente. Les parties blanches *a, b, b* sont seules osseuses; les parties teintées *c, e, f* sont cartilagineuses. (Pièce provenant d'un individu très-âgé.)

Fig. 22. Os hyoïde vu de profil. Mêmes lettres que pour la figure 20; *g*, concavité postérieure de l'os hyoïde.

Fig. 23. Larynx vu de face. — *a*, cartilage thyroïde; *b*, ses cornes latérales; *c, c*, muscles crico-thyroïdiens; *d*, espace triangulaire qui les sépare en haut; *e*, trachée-artère.

Fig. 24. Larynx vu de côté par sa face extérieure. — *a*, cartilage thyroïde; *b*, sa corne latérale; *c*, sa corne postérieure; *d*, sa corne inférieure; *e*, cartilage cricoïde; *f*, cartilage aryténoïde; *g*, cartilage de Santorini; *h*, trachée-artère.

Fig. 25. Intérieur du larynx, coupe verticale antéro-postérieure. — *a*, cartilage thyroïde coupé par le milieu; *b*, sa corne latérale; *c*, sa corne postérieure; *d*, épiglotte fendue en deux; *e*, repli aryténo-épiglottique; *f*, sinus sous-épiglottique; *g*, ventricule droit du larynx ; *h*, cartilage de Santorini ; *i*, cartilage de Wrisberg ; *j*, cartilage aryténoïde ; *k*, corde vocale ; *l*, membrane crico-thyroïdienne ; *m*, cartilage cricoïde ; *n*, sa crête médiane postérieure ; *o*, sa crête latérale postérieure ; *p*, surface latérale postérieure pour l'insertion du muscle crico-aryténoïdien postérieur ; *q*, facette articulaire pour la corne thyroïdienne postérieure ; *r*, trachée artère.

Fig. 26. Cartilage thyroïde d'un individu très-âgé ; les parties blanches sont ossifiées ; les parties teintées sont restées cartilagineuses.

Fig. 27. *a*, cartilage aryténoïde ; *b*, cartilage de Santorini ; *c*, cartilage de Wrisberg.

Fig. 28. Les premiers anneaux de la trachée-artère fendus par derrière et étalés pour montrer leur irrégularité.

Fig. 29. *a*, larynx ; *b*, muscles crico-thyroïdiens recouverts de leur aponévrose ; *c*, trachée-artère ; *d*, corps thyroïde ; *e*, os hyoïde ; *f*, muscle thyro-hyoïdien ; *g*, muscle sterno-hyoïdien relevé ; *h*, muscle sterno-thyroïdien relevé.

Fig. 30. *a*, trachée-artère ; *b*, *b*, thymus ; *c*, ganglion lymphatique ; *d*, veine cave supérieure et ses affluents ; *e*, artère carotide primitive ; *f*, nerf pneumogastrique ; *g*, nerf grand sympathique.

Fig. 31. Face supérieure du cerveau et du cervelet. — *a*, lobe frontal ; *b*, *b*, lobe pariétal ; *c*, *c*, lobe temporal ; *d*, lobe occipital ; *e*, lobe médian du cervelet ; *f*,*f*, lobes latéraux ; *g*, *g*, lobules olfactifs ; *h*, grande scissure interlobaire du cerveau.

Fig. 32. Face inférieure du cerveau avec l'origine des nerfs crâniens. — *a*, chiasma des nerfs optiques ; *b*, tige pituitaire ; *c*, tubercule cendré ; *d*, éminence mamillaire ; *e*, scissure interpédonculaire ; *f*, pédoncules cérébraux ; *g*, fente de Bichat ou grande fente cérébrale ; *h*, protubérance annulaire ; *i*, pyramides du bulbe ; *j*, bulbe rachidien ; *k*, première paire de nerfs crâniens (lobules olfactifs) ; *l*, deuxième paire (nerf optique) ; *m*, troisième paire (moteur oculaire commun) ; *n*, quatrième paire (pathétique) ; *o*, cinquième paire (trijumeau) ; *p*, sixième paire (moteur oculaire externe) ; *q*, septième et huitième paires (facial et acoustique) ; *r*, neuvième, dixième et onzième paires (glosso-pharyngien, pneumogastrique, spinal) ; *s*, douzième paire (grand hypoglosse) ; *t*, saillie cordiforme postérieure des deux tractus olfactifs.

Fig. 33. Encéphale vu par sa face externe. — *a*, lobe frontal ; *b*, lobe pariétal ; *c*, lobe temporal ; *d*, lobe occipital ; *e*, lobule olfactif ; *f*, pédoncules cérébraux ; *g*, cinquième paire crânienne ; *h*, protubérance annulaire ; *i*, septième et huitième paires ; *j*, cervelet.

Fig. 34. Coupe verticale antéro-postérieure de l'encéphale. — *a*, empreintes de l'artère cérébrale antérieure ; *b*, coupe du corps calleux ; *c*, *septum lucidum* séparant les deux ventricules latéraux ; *d*, coupe du trigone cérébral ; *e*, plexus choroïde et toile choroïdienne se réunissant pour former la veine de Galien *j* ; *f*, commissure grise formée par la réunion des couches optiques ; *g*, extrémité interne de l'hippocampe ; *h*, coupe de la glande pinéale ; *i*, aqueduc de Sylvius ; *j*, grande veine de Galien ; *k*, tubercule *natis* ; *l*, tubercule *testis* ; *m*, pie-mère cérébelleuse ; *n*, cervelet ; *o*, ouverture commune antérieure ou trou de Monro ; *p*, lobule olfactif ; *q*, coupe du chiasma des nerfs optiques ; *r*, commissure blanche antérieure ; *s*, ventricule moyen ; *t*, tige pituitaire ; *u*, glande pituitaire ; *v*, coupe du tubercule mamillaire ; *x*, ouverture commune postérieure ; *y*, commissure blanche postérieure ; *z*, coupe de la protubérance annulaire : *a'*, valvule de Vieussens ; *b'*, coupe du bulbe rachidien.

Fig. 35. Isthme de l'encéphale vu par sa face supérieure. — *a*, piliers antérieurs du trigone cérébral ; *b*, pédoncules antérieurs ou *rênes* de la glande pinéale ; *c*, bandelette demi-circulaire (*tænia semicircularis*) ; *d*, corps genouillé externe ; *e*, corps genouillé interne ; *f, f*, tubercules *nates* ; *g, g*, tubercules *testes* ; *h*, valvule de Vieussens ; *i*, ventricule cérébelleux ou quatrième ventricule ; *j*, pédoncule cérébelleux antérieur ; *k*, racines du nerf auditif et du nerf facial ; *l*, *calamus scriptorius* ; *m*, bulbe rachidien ; *n*, corps restiforme ; *o*, pédoncule cérébelleux postérieur ; *p*, pédoncule cérébelleux moyen ; *q*, ruban de Reil ; *r*, couches optiques ; *s*, glande pinéale ; *t*, corps strié.

Fig. 36. Isthme de l'encéphale vu par sa face externe. — *a*, corps restiforme fournissant des fibres qui passent sous la racine du nerf acoustique et du nerf facial pour former le pédoncule cérébelleux postérieur ; *b*, racine du nerf acoustique et du nerf facial ; *c*, pédoncule cérébelleux postérieur ; *d*, pédoncule cérébelleux moyen ; *e*, tubercule *testis* ; *f*, tubercule *natis* ; *g*, corps genouillé interne ; *h*, corps genouillé externe ; *i*, *tænia semicircularis* ; *j*, corps strié ; *k*, bulbe rachidien ; *l*, racines du nerf trijumeau ; *m*, racine du nerf pathétique ; *n*, pédoncules cérébraux ; *o*, corps mamillaire ; *p*, bandelette optique ; *q*, chiasma des nerfs optiques ; *r*, nerf optique.

Fig. 37. Isthme de l'encéphale recouvert par l'hippocampe (face latérale externe). — *a*, bulbe rachidien ; *b*, hippocampe ; *c*, corps mamillaire ; *d*, bandelette optique ; *e*, corps strié.

Fig. 38. Hémisphère gauche, vue latérale externe. — *a*, extrémité postérieure de l'hippocampe ; *b*, son extrémité antérieure ; *c*, saillie inférieure de cette extrémité.

Fig. 39. Glande pinéale vue en dessous, grossie huit fois. — *a*, lobe médian ; *b, b*, lobes latéraux gauches se réunissant pour former le pédoncule gauche ; *c, c*, lobes latéraux droits se réunissant pour former le pédoncule droit.

Fig. 40. Glande pituitaire vue par dessus (grandeur naturelle). — *a*, point où la tige pituitaire s'attache à la glande pituitaire.

Fig. 41. Artères de la face inférieure de l'encéphale. — *a, a*, lobules olfactifs ; *b, b*, nerfs optiques ; *c*, face inférieure du cervelet ; *d*, face inférieure du bulbe rachidien ; *e, e*, tronc basilaire ; *f, f*, artères cérébelleuses postérieures ; *g, g*, artères cérébelleuses antérieures ; *h, h*, artères cérébrales postérieures ; *i, i*, artères communicantes postérieures ; *j, j*, artères carotides internes ; *k, k*, artères cérébrales antérieures ; *l, l*, artères cérébrales moyennes.

Fig. 42. Coupe verticale médiane antéro-postérieure de l'encéphale. — *a, a*, branches de l'artère cérébrale postérieure ; *b*, artère cérébrale antérieure.

Fig. 43. Face extérieure latérale du cerveau. — *a, a, a, a*, branches de l'artère cérébrale postérieure ; *b*, artère cérébrale moyenne.

Fig. 44. Base du crâne (face intérieure) et nerfs crâniens. — *a*, os frontal ; *b*, sinus frontaux ; *c*, muscle temporal ; *d, d*, nerfs optiques ; *e*, première branche du nerf trijumeau (branche ophthalmique) ; *f*, deuxième branche du même nerf (nerf maxillaire supérieur) ; *g*, troisième branche du trijumeau (nerf maxillaire inférieur) ; *h*, crête du rocher évidée en forme de languette osseuse et constituant une sorte de promontoire par-dessus l'origine du trijumeau ; *i*, coupe de l'os temporal ; *j*, gouttière basilaire constituant la fosse postérieure du crâne ; *k*, coupe de l'os occipital ; *l*, moelle épinière ; *m*, les trois avant-dernières paires de nerfs crâniens s'engageant par le trou déchiré postérieur ; *n*, nerf acoustique ; *o*, nerf facial ; *p*, origine du trijumeau ; *q*, nerf pathétique ; *r*, partie latérale de la fosse moyenne du crâne ; *s*, glande pinéale ; *t*, nerf moteur oculaire commun ; *v*, partie latérale de la fosse antérieure du crâne ; *x*, apophyse *crista-galli* ; *y*, fossette ethmoïdale criblée de trous pour le passage des rameaux du nerf olfactif.

Fig. 45. Appareil lacrymal de l'œil gauche. — *a*, glande lacrymale ; *b*, ses canaux excréteurs ; *c. c*, ses artères (venant de l'ophthalmique) ; *d, d*, ses nerfs (venant de la branche ophthalmique et du rameau lacrymal du maxillaire supérieur ; *e*, muscle temporal ; *f*, globe de l'œil dont on voit la saillie en arrière *g* ; *h*, corps clignotant ; *i*, caroncule lacrymale ; *k. k*, points lacrymaux ; *l*, ruban fibreux qui ferme l'orbite en dehors chez le Daman du Cap.

Fig. 46. Sac lacrymal.

Fig. 47. Os tympanique du côté droit. — *a*, conduit auditif externe ; *b*, demi-cercle osseux qui sépare l'oreille externe de l'oreille moyenne ; *c*, cellules mastoïdiennes.

Fig. 48. Paroi externe de l'oreille moyenne du côté gauche grossie une fois et demie. — *a*, cercle tympanique ; *b*, membrane du tympan ; *c*, enclume ; *d*, marteau ; *e*, son muscle interne ; *f*, nerf facial ; *g*, corde du tympan.

Fig. 49 à 53. Osselets de l'ouïe de l'oreille droite grossis trois fois et demie.

Fig. 49 et 50. Marteau. — *a*, sa tête ; *b*, facette pour son articulation avec l'enclume ; *c*, col du marteau ; *d*, grosse tubérosité adhérente à la circonférence de la membrane du tympan dont elle porte un débris *e* ; *f*, petite tubérosité donnant attache au muscle interne du marteau ; *g*, manche du marteau qui adhère par son extrémité à la membrane du tympan dont on voit un débris *h*.

Fig. 51 et 52. Enclume. — *a*, corps de l'os ; *b*, branche supérieure horizontale ; *c*, branche verticale descendante et s'articulant avec l'os lenticulaire *d* ; *e*, facette pour l'articulation avec le marteau.

Fig. 53. Étrier. — *a*, sa tête articulée avec l'os lenticulaire ; *b, b*, ses branches rectilignes circonscrivant un espace triangulaire ; *c*, sa base elliptique présentant en dessous un renflement ovalaire.

Fig. 54. Face interne du rocher du côté droit montrant la pénétration du nerf facial *a* et du nerf acoustique *b*.

Fig. 55. Pharynx ouvert après l'ablation du voile du palais. — *a*, dents molaires supérieures ; *b*, saillies de la voûte palatine ; *c*, ouverture postérieure des narines ; *d, d*, ouverture pharyngienne de la trompe d'Eustache ; *e*, sa portion tympanique allant déboucher dans la caisse du tympan ; *f*, poche gutturale ; *g*, cavité de cette même poche ; *h*, fenêtre ronde ; *i*, fenêtre ovale ; *k*, promontoire.

Fig. 56. Coupe médiane des fosses nasales, la cloison enlevée. — *a*, fosse temporale ; *b*, trou maxillaire inférieur ; *c*, trou maxillaire supérieur ; *d*, trou sphéno-orbitaire ; *e*, coupe du sphénoïde ; *f*, trou et nerf optique ; *g*, sinus sphénoïdal ; *h*, sinus frontal ; *i*, lame criblée de l'ethmoïde ; *j*, sinus maxillaire ; *k*, grande volute ethmoïdale ; *l*, méat supérieur ; *m*, cornet supérieur ; *n*, méat moyen ; *o, p*, extrémité inférieure et orifice du canal nasal ; *q*, narine droite ; *r*, dent incisive droite ; *s*, os incisif ;

t, canal de Sténon : *u*, organe de Jacobson ; *v*, méat inférieur ; *x*, cornet inférieur ; *y*, orifice qui met les sinus maxillaires en communication avec la fosse nasale ; *z*, *a'*, *b'*, volutes ethmoïdales ; *c'*, canal faisant communiquer le sinus sphénoïdal avec les fosses nasales ; *d'*, coupe de la voûte palatine ; *e'*, orifice postérieur des fosses nasales ; *f'*, fosse sphénoïdale où vient se loger la glande pituitaire ; *g'*, coupe de l'os basilaire.

Fig. 57. Orifice antérieur des fosses nasales. — *a*, fausse narine ; *b*, narine vraie ; *c*, sillon médian séparant les deux narines et la lèvre supérieure ; *d*, cercle pigmentaire entourant la narine ; *e*, dent incisive.

Fig. 58. Face inférieure de la langue. — *a*, muscle sterno-thyroïdien ; *b*, angle de la mâchoire inférieure ; *c*, ganglion lymphatique ; *d*, *d*, muscle génio-glosse ; *e*, voûte palatine ; *f*, extrémité antérieure de la langue ; *g*, symphyse du menton ouverte ; *h*, *h*, dents incisives supérieures ; *i*, artère carotide ; *j*, nerf grand hypoglosse ; *k*, muscle stylo-glosse ; *l*, nerf lingual ; *m*, muscle digastrique ; *n*, muscle ptérygoïdien interne ; *o*, nerf glosso-pharyngien ; *p*, glande sublinguale ; *q*, muscle mylo-hyoïdien.

Fig. 59. Coupe verticale de la languette insérée au milieu de la langue. — *a*, derme ; *b*, papilles coniques ; *c*, épithélium.

Fig. 60. Coupe verticale de la langue au voisinage de la *papilla foliata*. — *a*, muscles de la langue ; *b*, glandes placées dans le tissu cellulaire ; *c*, papilles coniques dépouillées de leur épithélium.

Fig. 61. *Papilla foliata*, coupe verticale dans le sens de la longueur. — *a*, papilles composées formant une série de douze environ et continuées par des papilles coniques isolées *b* ; *c*, glandes situées à la base des papilles ; *d*, *d*, couches musculaires sous-jacentes ; *e*, amas graisseux.

Fig. 62 et 63. Deux des papilles composées de la *papilla foliata*, à un grossissement plus considérable, avec les glandes situées à leur base et les papilles coniques dont elles sont hérissées.

Fig. 64. Paume de la main gauche.

Fig. 65. Un des doigts de cette main vu de profil pour montrer la forme de son ongle.

Fig. 66. Plante du pied gauche.

Fig. 67. L'ongle de l'orteil interne gauche grossi pour montrer sa bifurcation.

Fig. 68. Pied droit vu de côté et montrant la phalange bifide où s'engage le prolongement de l'ongle de l'orteil interne.

Fig. 69. Coupe perpendiculaire de la peau (paume de la main). — *a*, *a*, glandes sudoripares ; *b*, *b*, leurs canaux excréteurs ; *c*, *c*, papilles du derme au sommet desquelles débouchent les conduits sudoripares.

Fig. 70. Mêmes papilles à un grossissement plus considérable. — *a*, conduit sudoripare s'ouvrant au sommet d'une papille à trois pointes ; *b*, *b*, *b*, vaisseaux des papilles.

Fig. 71. Groupe de poils dans un seul follicule (coupe longitudinale). — *a*, paroi du follicule ; *b*, poils qui y sont contenus ; *c*, *c*, follicules sébacés ; *d*, surface de la peau.

Fig. 72. Coupe transversale du follicule précédent après l'arrachement des poils. — *a*, paroi du follicule ; *b, b*, section des loges où sont contenus les poils.

Fig. 73. Coupe longitudinale de la base d'un poil blanc. — *a*, enveloppe du poil ; *b*, cellules superposées remplies d'air.

Fig. 74. Coupe du même poil, près de sa pointe, au niveau du point où cesse la couleur blanche. Mêmes lettres.

Fig. 75. Système artériel. — *a*, crosse de l'aorte ; *b, b*, artères carotides primitives ; *c, c*, artère vertébrale ; *d, d*, artère transversale du cou ; *e*, artère sous-clavière ; *f*, artère mammaire interne ; *g*, artères intercostales supérieures droites au nombre de six ; *i. j*, artères intercostales supérieures gauches au nombre de sept ; *k*, aorte thoracique ; *m, m*, artères intercostales aortiques gauches.

Fig. 76. Terminaison de l'aorte abdominale. — *a*, aorte abdominale ; *b*, veine cave inférieure ; *c, c*, artère iliaque primitive ; *d, d*, artères hypogastriques naissant toutes les deux de l'iliaque primitive droite ; *d', d'*, artères ischiatiques ; *e, e*, artère sacrée moyenne, double en haut, simple en bas ; *f, g*, artère circonflexe iliaque (celle de droite ne traverse pas les parois abdominales,; *h*, artère épigastrique droite fournissant l'artère perforante de la paroi abdominale ; *i. j*, artère épigastrique gauche composée de deux branches séparées dès leur origine ; *k, k*, artère iliaque externe ; *l, l*, nerf génito-crural ; *m, m.* nerf fémoral cutané externe (à droite une partie du petit psoas a été enlevée pour montrer ses origines); *n*, nerf fémoral antérieur ; *o*, plexus sacré ; *p*, symphyse pubienne ouverte ; *r*, petit psoas ; *s*, grand psoas.

Fig. 77. Autre mode de terminaison de l'aorte abdominale. — *a*, aorte abdominale ; *b, b*, artères iliaques primitives ; *c*, artère iliaque interne ; *d*, artère hypogastrique ; *e*, artère ischiatique ; *f*, artère sacrée moyenne ; *g*, artère circonflexe iliaque ; *h*, artère épigastrique ; *i*, artère iliaque externe.

Fig. 78. Système nerveux ganglionnaire (côté gauche). — *a*, cordon cervical du grand sympathique ; *b, b*, pneumogastrique ; *c, c*, nerf diaphragmatique ; *d*, ganglion cervical moyen ; *e*, rameau du plexus brachial ; *f*, ganglion cervical inférieur ; *g*, chaîne ganglionnaire thoracique.

Fig. 79. Chaîne ganglionnaire thoraco-abdominale (côté droit). — *a*, nerf intercostal ; *b*, racines du ganglion sympathique ; *c*, quatorzième côte ; *d*, quinzième côte ; *e*, nerf petit splanchnique ; *f*, plexus rénal ; *g*, nerf grand splanchnique ; *h*, ganglion semi-lunaire ; *i, i*, plexus abdominaux ; *j, j*, nerfs lombaires.

Fig. 80. Ensemble de l'appareil génito-urinaire mâle. — *a*, rein ; *b*, capsule surrénale ; *c*, uretère ; *d*, vessie urinaire ; *e*, portion membraneuse de l'urèthre ; *f*, racine du corps caverneux ; *g*, verge ; *h*, gland ; *i*, testicule ; *j*, canal déférent ; *k*, glandes séminales ; *l*, prostates ; *m*, glandes de Cowper.

Fig. 81. Canal de l'urèthre fendu dans toute sa longueur. — *a, a*, glandes séminales ; *b, b*, leur orifice dans l'urèthre ; *c, c*, canaux excréteurs des prostates ; *d, d*, leur orifice dans l'urèthre ; *e, e*, glandes de Cowper ; *f*, saillie longitudinale médiane postérieure de la muqueuse uréthrale ; *g*, portion spongieuse de l'urèthre ; *h, h*, corps caverneux ; *i*, bulbe de l'urèthre ; *k*, verumontanum.

Fig. 82. Ensemble de l'appareil génito-urinaire femelle vu par derrière. — *a, a*, ovaires ; *b, b*, trompes de Fallope ; *c, c*, cornes de l'utérus ; *d*, corps de l'utérus ; *e*, utérus ouvert à sa partie postérieure ; *f*, museau de tanche ; *g, g*, glandes de Duvernoy ;

h, h, leur orifice dans l'intérieur du vagin ; *i*, colonne antérieure du vagin ; *j*, vagin ouvert en arrière ; *k*, vessie ; *l, l*, uretères ; *m*, canal de l'urèthre ; *n*, son embouchure dans le vagin ou méat urinaire ; *o*, clitoris réniforme ; *p*, capuchon du clitoris ; *q*, petites lèvres ; *r*, vulve et entrée du vagin ; *s*, rectum ; *t*, anus.

Fig. 83. Verge avec le prépuce dans sa position normale laissant une grande partie du gland à découvert.

Fig. 84. Verge avec le prépuce relevé.

Fig. 85. Gland vu de face, montrant la position du méat urinaire au sommet d'un tubercule médian.

Fig. 86. Modification du museau de tanche dans la gestation.

Fig. 87. Utérus en état de gestation. La corne droite a été ouverte pour en retirer le fœtus ; ligne de villosités en rapport avec le placenta.

Fig 88. Corne utérine ouverte montrant la position du fœtus dans son intérieur, avec la disposition du placenta zonaire.

Fig. 89. Fœtus retiré de la corne utérine et entouré de son placenta. Les enveloppes ont été ouvertes dans la région céphalique.

ARTICLE N° 5.

DEUXIÈME THÈSE

PROPOSITIONS DONNÉES PAR LA FACULTÉ

BOTANIQUE. — 1° Structure anatomique des feuilles et phénomènes respiratoires dont elles sont le siége.

2° Caractères de la classe des Caryophyllinées (Brongn.) et des familles qu'elle comprend.

GÉOLOGIE. — Du Gault. Sa composition dans le bassin de Paris. Nappes d'eau qu'il peut fournir aux puits artésiens. Ses relations stratigraphiques et paléontologiques avec la craie et avec l'étage néocomien.

Vu et approuvé, le 16 décembre 1874.

Le Doyen de la Faculté des sciences,
MILNE EDWARDS.

Permis d'imprimer, le 17 décembre 1874.

Le Vice-recteur de l'Académie de Paris,
A. MOURIER.

TABLE DES MATIÈRES

PARIS. — IMPRIMERIE DE E. MARTINET, RUE MIGNON, 2

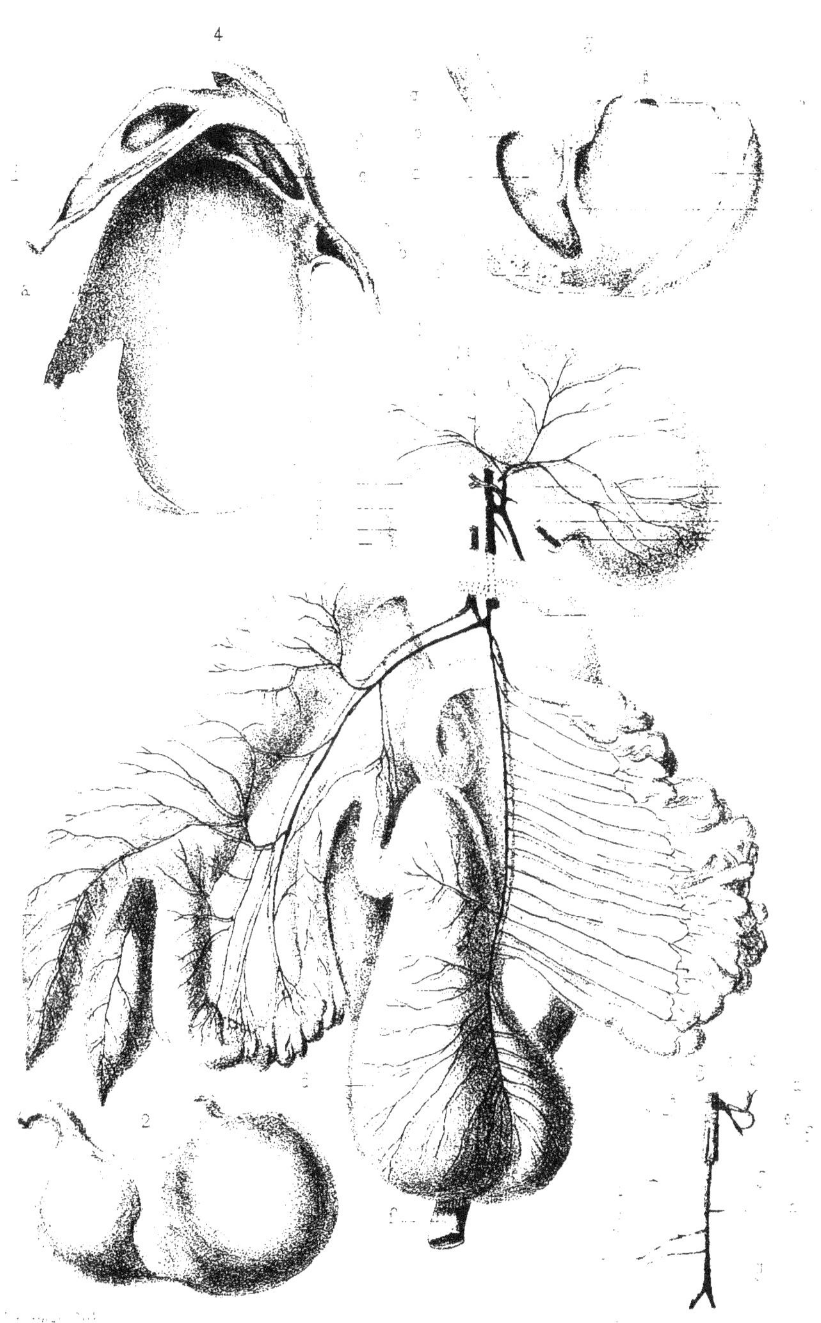

Anatomie du Daman.

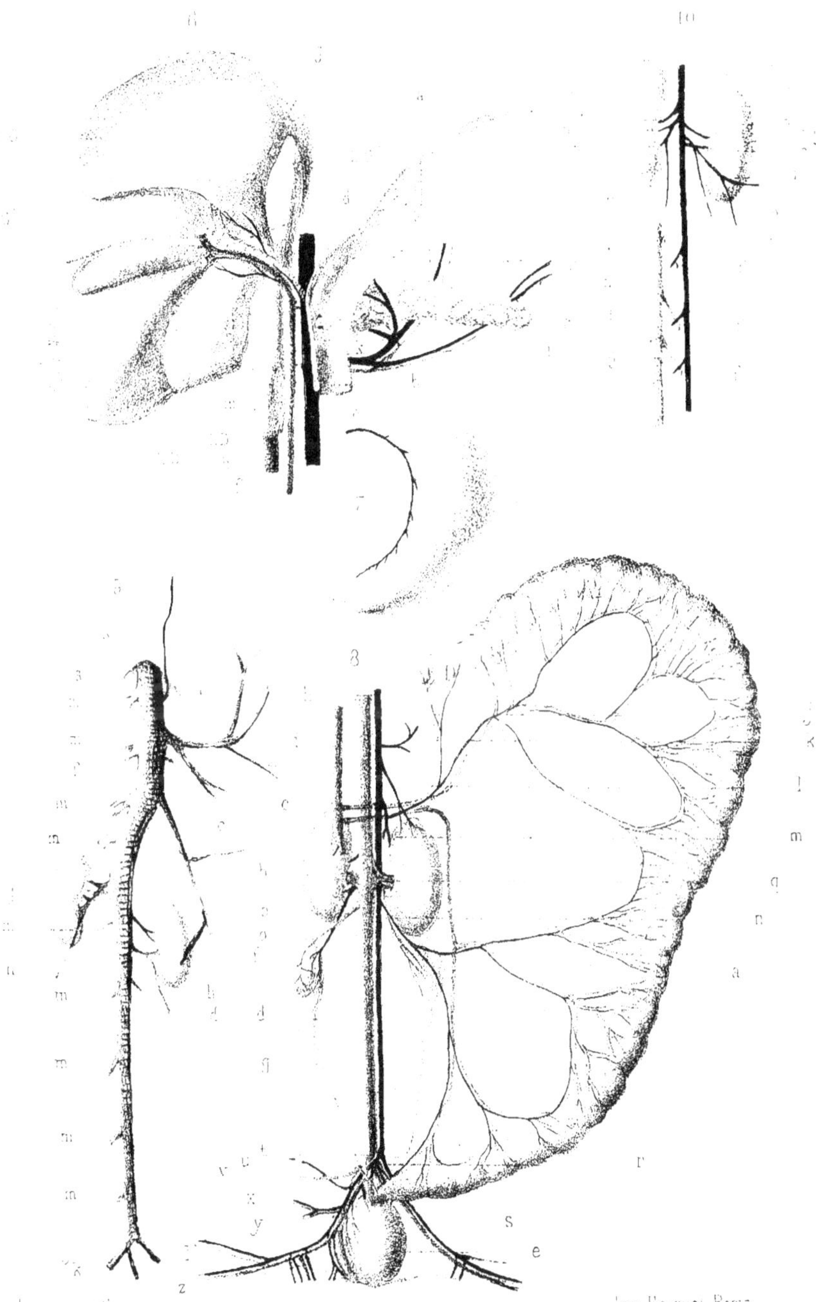

Anatomie du Daman.

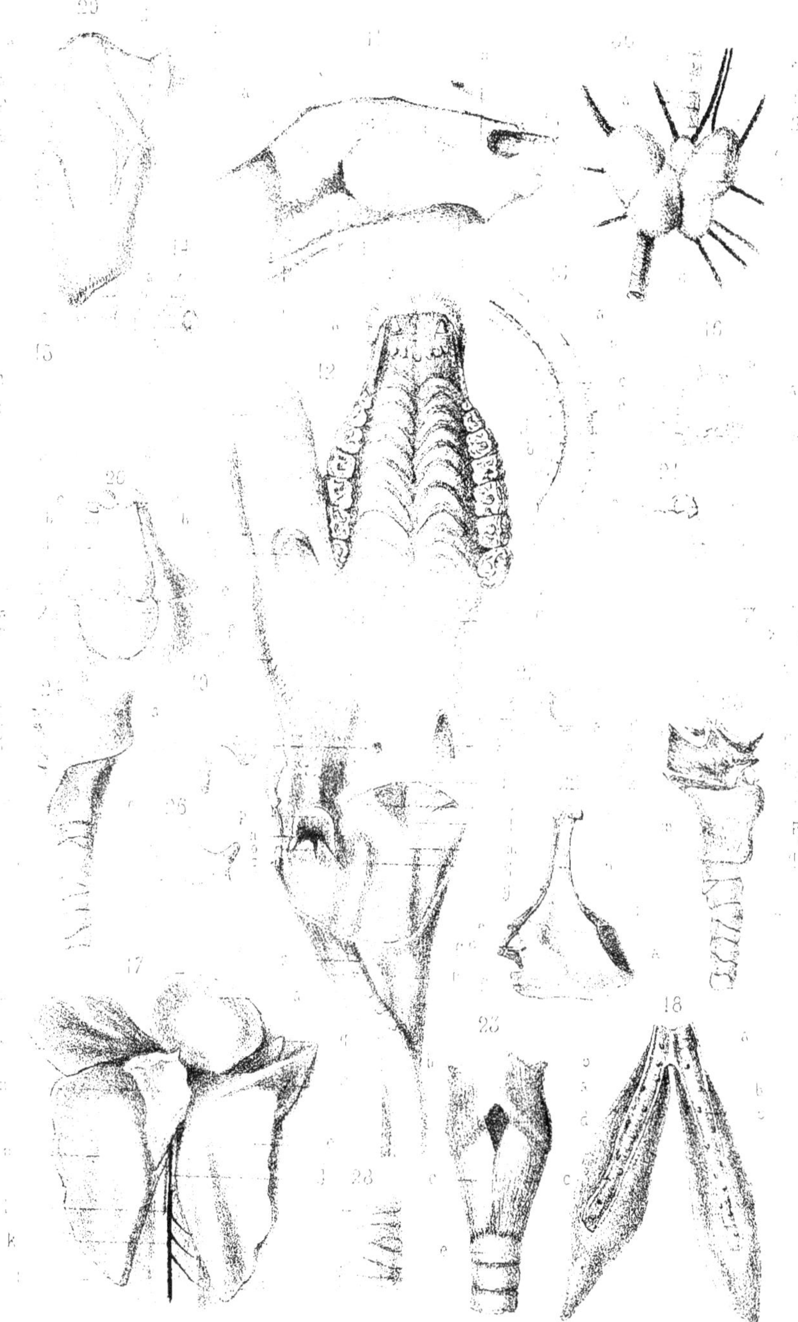

Anatomie du Daman.

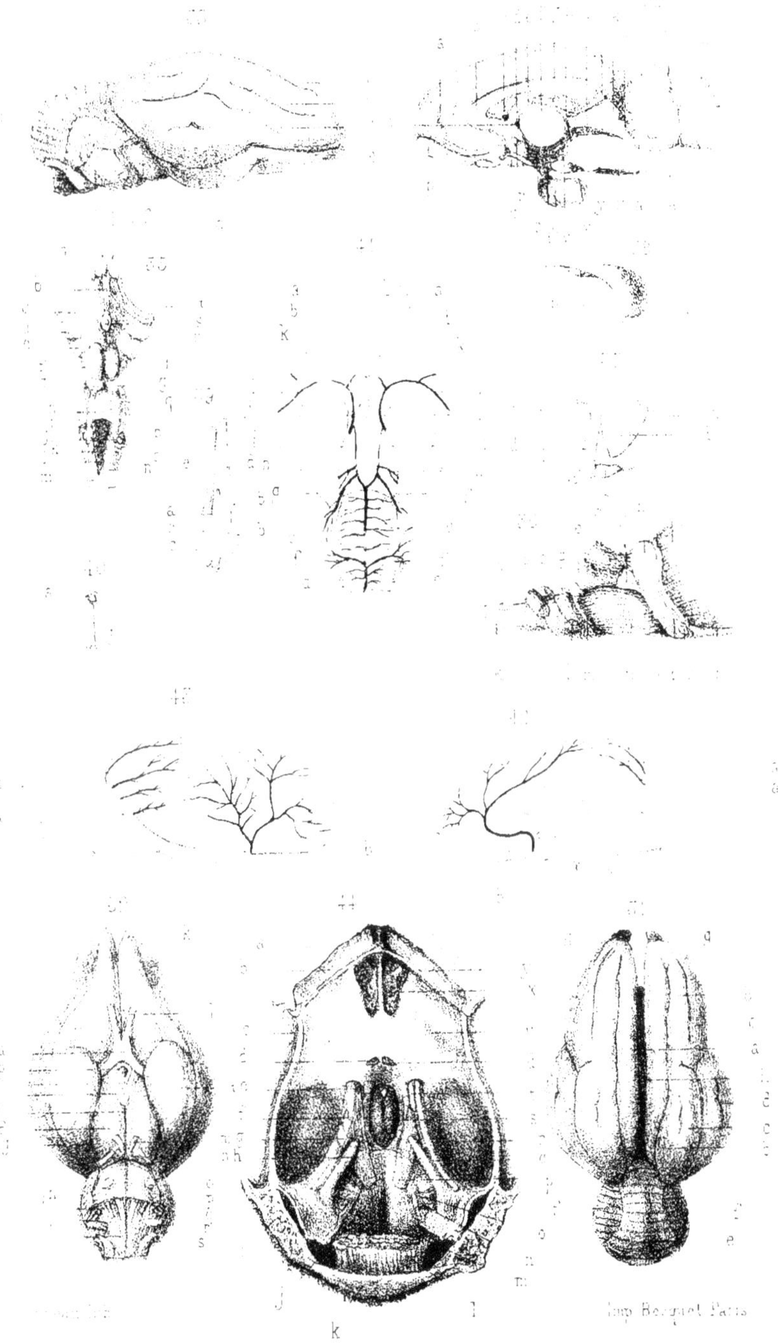

Anatomie du Daman.

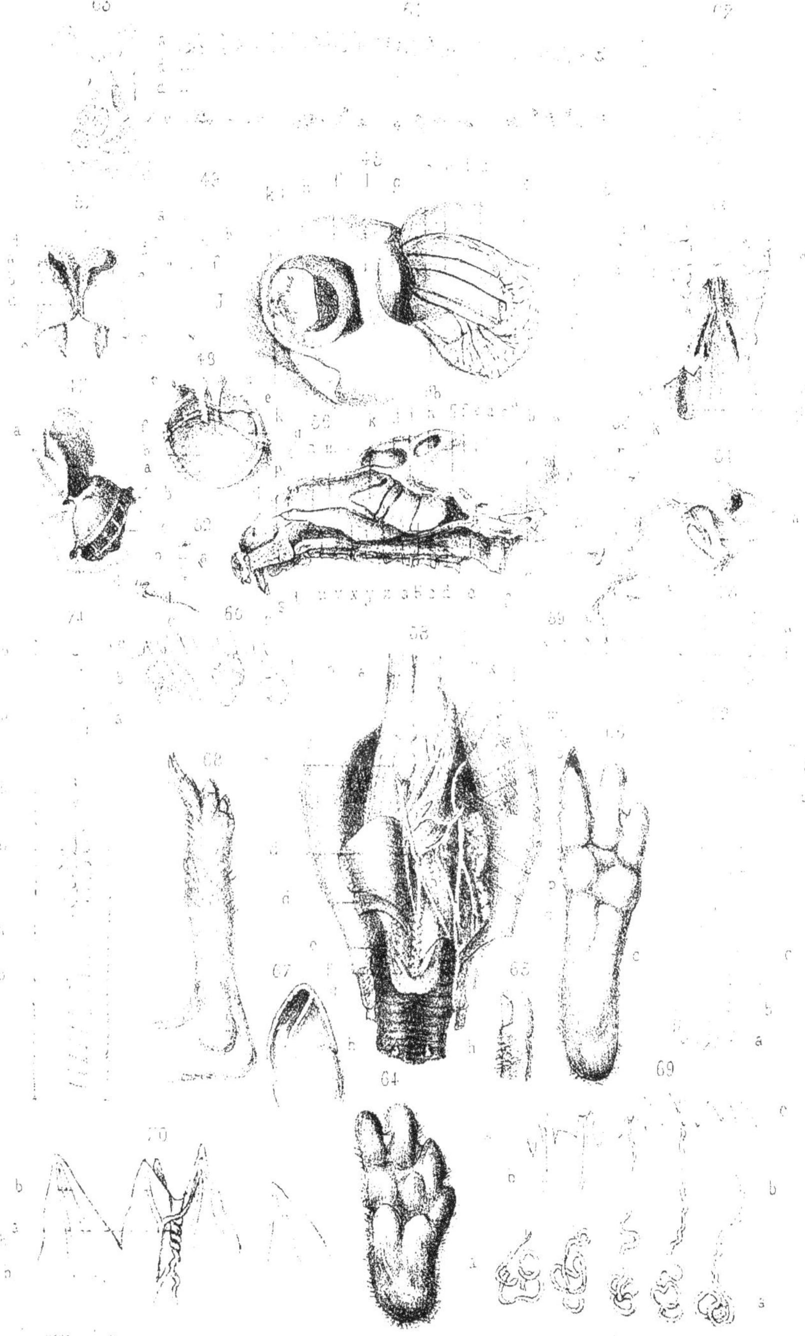

Anatomie du Daman.

Anatomie du Daman.

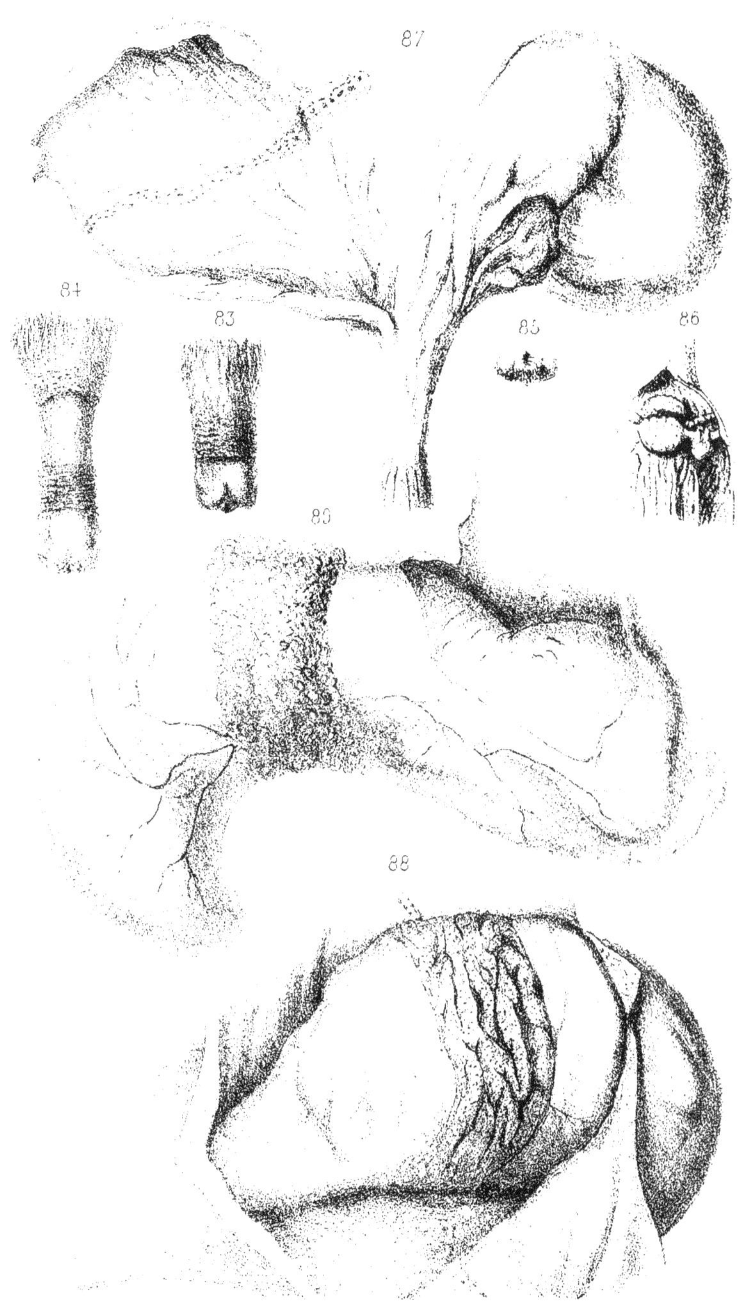

Anatomie du Daman.